조명과 색채의 디자인 지침서

빛과 색의 환경디자인
Environment Design

일본건축학회 편저 | 윤혜림 엮

빛과 색의 환경디자인

Original Japanese edition
Hikari to Iro no Kankyo Design
By Shadan Houjin Nihon Kenchiku Gakkai

Copyright © 2001 by Shadan Houjin Nihon Kenchiku Gakkai
Published by Ohmsha, Ltd.

This Korean Language edition co-published by Ohmsha, Ltd.
and SEONG AN DANG Publishing co.

Copyright © 2005

머리말

빛과 색은 우리의 생활 여러 곳에서 활용되고 있습니다. 복잡하게 얽혀 있는 기호와 정보를 색으로 구분하여 그 이해와 취사선택을 돕고, 때로는 화려한 조명으로 공간의 매력을 한껏 즐기며, 차분한 느낌의 엄숙한 분위기를 연출할 수도 있습니다. 이렇게 빛과 색은 너무나도 가까이 있어 자칫 그 존재와 효과를 의식하지 못하기도 하지만, 사실은 좀더 고민하고 연구하면 보다 밝고 풍부한 색의 세계와 조명 환경을 만들 수 있습니다.

건축가나 인테리어 디자이너는 빛과 색에 대한 지식을 갖추어야 할 뿐 아니라, 이를 자유롭게 다룰 줄도 알아야 합니다. 그런데 빛과 색이 지닌 장점을 효과적으로 살린 공간은 현실적으로 많다고 하기 어렵습니다. 그 원인의 하나로 디자이너를 양성하는 단계에서 이러한 교육이 충분히 이루어지지 않았다는 점을 들 수 있습니다. 예를 들어, 대학의 건축학과의 수업에서는 빛과 색의 이론이나 계산 방법, 또 시각적으로 해를 주지 않기 위한 빛환경의 기준 등에 중점을 두다보니, 빛과 색이 지닌 매력과 그 연출 방법 등은 뒤로 제쳐두거나 거의 다루지 않거나 하는 것이 현실입니다. 우리들은 이러한 상황을 반성하며 우선 빛과 색이 지닌 매력과 즐거움 그리고 그 능력과 무한한 가능성을 건축가가 이해하도록 하는 것이 중요하다고 생각하게 되었습니다. 그래서 빛과 색에 의한 창의적인 환경디자인의 발상을 북돋을 수 있는 교재를 만드는 데 착수했습니다.

본 서의 가장 큰 목적은 빛과 색이 환경의 어떤 곳에서 어떤 식으로 쓰여야 하는지, 빛과 색의 올바른 디자인 프로세스는 무엇인지를 이해하도록 하는 데 있습니다. 건축 설계나 인테리어 디자인의 부교재로도 이용될 수 있도록 가능한 한 많은 사례를 담아 이해하기 쉽도록 했습니다. 또한 건축 조명이나 건축 색채의 교과서로서 사용할 수 있도록 기본적인 사항에 대해서도 초심자들이 알기 쉽도록 정리했습니다.

빛과 색에 관한 사항은 매우 여러 분야에 걸쳐 있기 때문에 이 책에서 모두 망라하기는 어렵습니다. 따라서 중요한 사항과 독자의 흥미를 끌 수 있는 내용으로 그 범위를 좁혀 항목을 설정했습니다. 그것도 지면이 허락하지 않아 각 항목 안에서 다루고 있는 이론이나 수식, 실무적인 기술의 많은 부분은 편집 단계에서 삭제할 수밖에 없었습니다. 따라서 본 서만으로는 약간 부족함을 느끼는 독자들도 있을 것입니다. 학술적·기술적인 내용을 보다 깊게 공부하고자 한다면 전문서를 참고해야 합니다만, 본 서를 계기로 그러한 독자가 한 사람이라도 늘어났으면 하는 것이 저자들의 바람입니다.

끝으로, 본 서는 일본건축학회의 시환경 디자인 WG에서 기획·편집한 것입니다. 기획에서 간행까지 오랜 기간에 걸쳐 편집 위원 이외에도 많은 분들이 조언을 주셨을 뿐만 아니라 그 중 몇 분은 직접 집필까지 해주셨습니다. 지면을 빌어 감사의 말씀 올립니다.

(사단법인)일본건축학회 시환경 디자인 WG 주사
小林茂雄(고바야시 시게오)

차례

Chapter 1

옥외 공간의 빛환경

Chapter 2

실내 공간의 빛환경

옥외 공간의 빛환경

1.1 도시의 야경

>> 시가지 전체의 빛환경

도시의 야간 조명에서 우선적으로 고려해야 되는 것은 교통 안전과 범죄 방지일 것이다. 그러나 쾌적한 도시 환경을 조성한다는 관점에서 보면 경관에 대한 배려 또한 결코 소홀해서는 안 된다. 지역성과 예술성이 내재된 도시 환경에 어울리는 야간 경관을 연출하기 위해서는 라이트업과 같이 단일 건물에 대한 빛의 디자인뿐만 아니라, 가로를 따라 진행되는 선적인 빛과 면적으로 확산되는 규모에 대한 디자인도 함께 요구된다.

■ 빛의 조닝

도시에서 옥외 공공 공간의 조명은 그 곳 관계자와 시민이 공유할 수 있어야 한다. 그러기 위해서는 도시 전체에서 가로와 지역을 어떻게 위치시킬지를 고려해서 각각의 조명을 설정해야 한다. 도시 전역을 대상으로 한 계획에서는 먼저 심벌이나 골격이 되는 주요 시설에 대해 목표를 정하고, 이어서 개개의 거리에 대해서도 기대되는 역할과 거리 상호간의 관계를 검토해가는 것이 좋다(표 1).

거리와 지역의 조명 계획에서는 도시의 전체 계획에서 그 거리나 지역이 차지하는 위치와 역할을 중시한다. 예를 들어 번화함과 화려함을 자아내는 지역은 조용함이나 차분함을 지닌 지역과는 구별된다. 광고의 조명은 상업 지역에서는 밝고 자극적이라도 적당한 매력을 낳는 법이지만, 일반적인 주택 지역에서는 조명에 대해 절제와 절도가 요구된다. 특히 네온사인 등 고채도의 빛은 지역의 특성에 따라 규제될 수 있어야 한다. 이렇게 장소에 따라 빛의 강약을 조절하고 폭주하는 빛을 정리하

● 표 1. 통로, 광장, 공원, 주차장의 조도 기준 (한국산업규격 KS A3011)

구분	장소	조도 범위[lx]
통로	옥외 시설(건물 외부)	30~60
	주택(현관)	6~15
교통 관계 광장	매우 복잡한 장소	30~60
	복잡한 장소	15~30
	일반 장소	6~15
공원	전반	6~15
	주된 장소	15~30
주차장	버스 터미널(차량 많은 장소)	60~150
	버스 터미널(일반 장소)	30~60
	유료(대규모)	30~60
	유료(소규모)	15~30
	부속 시설(공공, 레저, 상업용) (이용 적은 장소)	6~15
	부속 시설(공공, 레저, 상업용) (일반 장소)	15~30

는 것이 도시 빛환경 계획의 전제 조건이 된다.

■ 야간 경관의 연출

야간 경관 중에서도 상업 지역은 활기에 넘치는 공간을 연출한다. 도로면의 밝기보다는 공간의 화려함과 번화함을 우선하는 곳이라면 수평 방향이나 상향으로 빛을 제어하는 대신 전방향 확산형의 조명 기구를 사용한다. 네온사인, 서치라이트와 같이 등기구 자체의 발광이나 빛의 움직임을 적극적으로 보여주는 것도 효과적이다. 이러한 다양한 일루미네이션은 그 거리에 모이는 즐거움을 더해 주는 동시에 낮과 밤에 따라 달라지는 도시의 매력을 만들어낸다. 또한 다양한 행사에서는 가로에 고정된 조명 설비뿐만 아니라 수목에 감는 전구 장식 같은 가설적인 조명 설비도 함께 사용하여 옥외 공간의 분위기를 고조시킬 수 있다(그림 1).

■ 높은 곳에서 내려다보는 야경

공기가 맑은 밤에 전망대 같이 높은 위치에서 도시를 내려다보면 아래에는 보석을 뿌려 놓은 듯한 빛의 텍스처가 펼쳐진다. 도시의 야경이 아름답게 보이는 장소는 높은 곳에 위치해서 시각이 넓다는 점과 시야의 확산이 크고 전망이 다이내믹하다는 점이 특징이다.

일본의 하코다테(函館)나 고베(神戶)처럼 지형적으로 높은 위치에서 해안을 향해 펼쳐지는 도시는 유명

▲ 그림 1 싱가포르의 일루미네이션
싱가포르에서는 일년에 네 번 일루미네이션 이벤트가 열린다. 각 민족의 가장 중요한 이벤트인 중국 신년, 단식절 축제(Hari Raya Puasa), 디파밸리(Deepavali), 크리스마스의 4대 축제와 관련된 장소에 화려한 일루미네이션을 장식한다.

◀ 그림 2, 3 수변의 빛
수면에 비친 빛은 야경의 매력을 더욱 부각시킨다. 일본의 도시 중에도 풍부한 수변은 많지만 아름다운 조명을 연출하고 있는 장소는 의외로 적다.
위 : 싱가포르강과 싱가포르의 오피스 거리
아래 : 도나우강과 부다페스트

한 야경 감상 지역으로 알려져 있다. 또한 최근에는 고층 빌딩의 스카이라운지처럼 도시 내부에서 관찰할 수 있는 장소도 많아지고 있다. 바로 위에서 내려다보는 야경은 빛과의 거리도 가깝고 도시의 활력을 보다 더 직접적으로 느낄 수 있다(그림 4~7).

야경이 매력적으로 보이는 이유 중 하나는 무수한 작은 빛이 촘촘하게 집합함으로써 반짝반짝 빛나는 데 있다. 야경은 상상 이상으로 실제 휘도가 낮기 때문에 관찰 지점의 주변은 가능한 한 어둡게 하는 편이 감상하기에 좋다. 특히 건물 등의 유리를 통해 보는 경우에는 내부의 반사상이 유리에 비쳐 보이지 않도록 한다.

도시 야경의 빛은 주로 도로 조명용의 폴 조명과 건물에서 새어나오는 빛으로 구성된다. 야경은 지역에 따라 그 분산의 정도나 광색에 차이가 있다. 미국이나 유럽 등에서는 전체적으로 오렌지색의 점광원이 집합되어 보이는데, 이는 도로 조명의 광원으로 일반적으로 나트륨 램프를 사용하고 있기 때문이다. 한편, 일본 도시에서는 푸른 색조의 흰색 빛을 띠는 야경을 볼 수 있는데, 이는 도로 조명으로 수은 램프를 사용하는 곳이 많고 건물 내부에서도 형광 램프를 많이 사용하고 있기 때문이다.

▼ 그림 5, 6, 7 높은 곳에서 본 야경
산 위, 탑 위, 빌딩 상층부 등 높은 곳에서 보는 도시의 야경은 입체적인 건물에서 새어나오는 빛으로 양감을 가진다.
위 : 키토(에콰도르)의 야경. 오렌지색 나트륨 램프의 빛
가운데 : 신주쿠(일본)의 야경. 네온사인에 의한 선명한 색의 빛
아래 : 홍콩의 야경. 고밀도의 고층 빌딩에 의해 겹겹으로 싸여 있는 빛

▲ 그림 4 도시의 축을 보여주는 빛
간선 도로나 철도 등은 멀리서 보는 도시의 야경에서 마치 골격과 같은 축선을 보여준다. 도시의 축선은 낮 동안보다도 훨씬 두드러지는데, 이는 랜드마크적인 움직임을 나타냄과 동시에 야간 도시 경관을 파악하기 쉽게 하고, 아이덴티티를 부여하는 역할을 한다.
사진 – 뉴욕 브로드웨이

1.2 광해

 주변 환경에 대한 배려

광해(光害)란 부적절한 옥외 조명이나 네온사인 등에서 필요 이상으로 나오는 빛에 의한 장해를 말한다. 이로 인해 밤하늘의 별이 보이지 않게 되어 천문학의 발전을 저해한다거나 동·식물의 생육 또는 인간의 정신 상태에 앞으로 어떠한 영향을 미칠지 우려되고 있다. 야간의 옥외 조명은 보행자의 안전 등 도시 기능으로서 반드시 있어야 하는 것이지만, 과도한 조명은 에너지 절약의 관점에서도 간과할 수 없는 것이다.

■ 우주에서 본 지구

과학 기술의 위대한 발전은 인류를 우주로 보내어, 멀리 우주의 시점에서 지구의 모습을 보여주었다(그림 1). 이들 사진은 지구상의 인류가 우주 공간을 밝히는데 사용하는 과도한 빛으로 인해 대량의 에너지가 낭비되는 모습을 나타내고 있다. 한편, 그림 2에서 알 수 있듯이 인류가 이렇게까지 밤을 밝게 한 것은 그다지 오래 전의 일은 아니다.

▲ 그림 1 우주에서 본 지구 ⓒ IDA
일본열도가 뚜렷하게 나타난 것을 보면 일본이 밤하늘을 밝혀 광해를 발생시키는 주요 국가의 하나라는 점을 알 수 있다.

▼ 그림 2 로스앤젤레스의 야경
1908년 당시 　　　　　　현재

 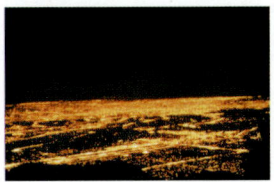

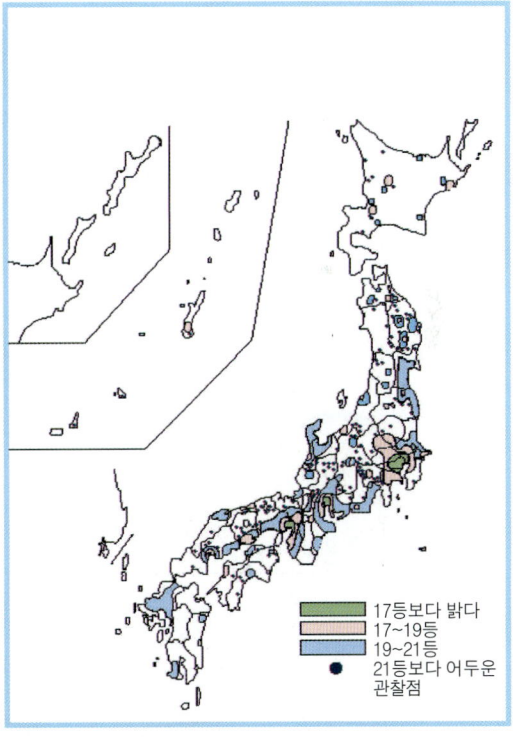

17등보다 밝다
17~19등
19~21등
● 21등보다 어두운 관찰점

▲ 그림 3 일본에서의 별의 관찰
1등급의 차이는 약 2.5배, 5등급의 차이는 100배에 상당한다. (출전: 일본 환경청 대기보전국 대기생활환경실/전국 별하늘 계속 관찰 결과의 보고서)

Chapter 1 옥외 공간의 빛환경

● 표 1. 조명 환경 유형 및 가로 조명 기구의 상방 광속비

환경 유형	키 워드	별하늘의 키 워드	장소의 이미지	상방 광속비	
				단기적 목표	행정에 의한 정비
조명 환경 I	안전	별이 내리는 마을	자연공원·시골·전원	0%	
조명 환경 II	안심	은하수	시골·교외	0~5%	
조명 환경 III	평온함	북두칠성	지방 도시 대도시 주변부	0~15%	0~15%
조명 환경 IV	즐거움	–	도시 중심부	0~20%	

● 표 2. 장해광의 제어에 대한 권장 상한치 (CIE에 의한 장해광의 규제 가이드에 기초해서 작성)

기술적 지표	적용	권장 상한치			
		상업 지역	주택 지역		어두운 주위환경
		상업지역과 주택지역의 경계	주위가 밝다	주위가 어둡다	국립공원
연직면 조도 E_V[lx]	Pre-curfew : 만종 시간 전	25	10	5	2
	Curfewed hours : 만종 시간	4	2	1	0

(주) 공공 도로 조명은 제외한다.

■ 광해 대책의 기술적 지침

그림 4는 조명에 의해 주변 환경에 미치는 영향을 나타낸 모식도이다. 조명 기구에서 새어나오는 빛은 밤하늘을 밝게 함으로써 천문 관측에 장애를 줄 뿐 아니라, 불쾌 글레어로 자동차의 안전 운행을 방해하거나 동·식물의 성장에 악영향을 미친다. 또한 라이트업

▲ 그림 5 광해를 고려한 조명 기구

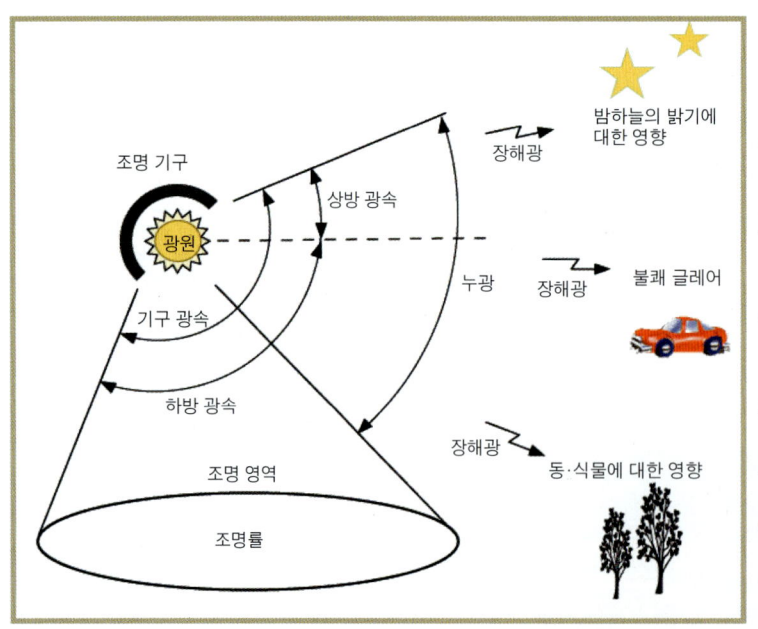

◀ 그림 4 조명에 의한 주변 환경에 대한 영향
(광해 대책 가이드라인에 기초하여 작성)
누광(漏光) : 조명 기구에서 조사되는 빛으로 목적하는 조명 대상의 범위 밖으로 조사된 것
장해광 : 누광 중 빛의 양 또는 방향 또는 양쪽 모두 인간의 활동이나 생물 등에 악영향을 미치는 빛
기구 광속 : 조명 기구로부터 밖으로 나오는 광속
조명률 : 램프 광속 중에서 조명 영역에 도달하는 비율
상방 광속 : 램프 광속 중에서 수평에서 위를 향하는 광속
하방 광속 : 램프 광속 중에서 수평에서 아래를 향하는 광속

된 건물의 인근 주민들로부터는 너무 밝아 잠을 이룰 수 없다는 불만의 소리가 높다.

이런 이유로 일본의 경우 환경청이 1998년 3월에 「광해 대책 가이드라인－양호한 조명 환경을 위해－」를 책정하여 조명률, 상방 광속비, 글레어, 에너지 절약성의 평가 항목에 의해 가로 조명 기구의 권장 기준을 규정하였다(표 1). 마찬가지로 환경청은 2000년에 지방 공공 단체가 지역의 특성 등을 고려해서 지역 조명 환경 계획을 책정하는 데 필요한 지침을 마련할 목적으로 「지역 조명 환경 계획 책정 매뉴얼」도 작성했다. 한편, 국제조명위원회(CIE)는 환경 구역, 시간대에 따른 장해광의 규제치를 제시하였다(표 2).

■ 별이 보이는 밤하늘

마을 이름에 아름다운(美) 별(星)의 의미가 담긴 일본 오카야마현(岡山縣) 비세초(美星町)에서는 전국에서 가장 먼저 광해 방지 조례를 제정하여 전 주민이 마을의 불을 꺼서 아름다운 별이 보이

▲ 그림 6 비세초(美星町) 초등학교에 전시된 아이들의 그림

는 「별의 고향」 만들기에 착수했다. 흔히 빛의 밝기를 마음의 밝기에 비유하면서 밤에 어둡고 주민도 적은 마을의 거리 조명을 정비해서 마을의 분위기를 밝게 하고자 했던 도시 계획이 안일했다는 생각이 들게 하는 일이다. 이 비세초(美星町)에서는 조례에 의해 가로등의 상방 배광을 엄격하게 규제하여 마을 전체를 어둡게 함으로써, 많은 천문 관측을 즐기는 사람들이 모이는 활기찬 마을 만들기에 성공을 거두었다.

라이트업

>> 밤의 랜드마크

전기 에너지에 의한 라이트업의 역사는 20세기 전반 제1차 세계 대전 후 유럽에서 시작되었다. 조명을 설치한 역사적 건조물의 아름다움에 대한 인식이 파급되고, 여기에 저렴한 전기 에너지가 보급되면서 유럽 각지에서는 새로운 야간 경관이 탄생하게 되었다.

일본에서는 약 반세기 늦은 1980년대 이후 각지에서 본격적인 라이트업이 시작되었다. 행정 주도에 의한 지역 전체의 라이트업 계획을 비롯하여 상업 목적에 의한 건축물의 라이트업, 거기에 개인 주택에서의 사례도 늘어나는 등 라이트업은 매력적인 도시 경관에서 빠뜨릴 수 없는 요소로 일반에게 정착되었다고 할 수 있다. 한편, 충분한 검토 없이 안이한 계획으로 만들어낸 라이트업은 다양한 폐해를 불러일으키므로 이에 대한 대책을 강구해야 한다.

■ 라이트업(light-up)이란

기본적으로는 투광 조명을 가리키는 말로 사용되는 경우가 많은데, 넓은 뜻으로는 경관 조명 전반, 특히 야간 경관의 향상을 주된 목적으로 하는 조명(건축적·도시 계획적·상업적 등 어떠한 가치가 인정되는 건축물이나 구조물 및 수목·분수·조각 등의 대상물을 야간에 빛을 이용하여 연출한 것) 전체를 의미하기도 한다. 한편, 영어의 light up(＝ 불을 켜다)과는 의미가 다르므로 주의한다.

■ 라이트업의 폐해

라이트업의 가치로 우선 미관적인 측면의 효과를 들 수 있다. 적절하게 라이트업 되어 암흑 속에 떠오른 대상물은 낮과는 사뭇 다른 표정을 보여주며 매력적인 야경을 만들어 낸다. 또한 도시 계획적인 관점에서 보면 야간에 랜드마크로서의 역할을 한다. 그 밖에 지역의 이미지 향상과 활성화, 관광 촉진, 야간의 치안 유지, 생활 시간의 확대 등에 대한 기여도 무시할 수 없다. 이러한 것은 모두 쾌적하고 안전한 현대 생활을 위해 반드시 있어야 할 요소이기 때문이다. 한편, 라이트업은 유럽에서 시작되었을 때부터 평화와 번영의 상징으로, 때로는 전쟁이나 재난으로부터의 부흥의 상징으로 시민들에게 용기를 북돋아 주었다는 점도 기억해 두자.

▲ 그림 1 낮과 밤의 표정의 차이

라이트업에 대한 부정적인 측면으로는 에너지 낭비, 광해, 미관상의 문제 등이 있다. 에너지 절약의 관점에서 보면 라이트업은 시각적으로 두드러지기 때문에 낭비의 주범으로 몰리기 쉬우며, 광해의 측면에서 보면 조명 기구에 의한 글레어와 주변으로 조명의 부자연스러운 색광이 침투하는 등의 피해를 들 수 있다. 그런데 이러한 예들은 잘못된 수법을 사용한 결과로 발생하는 경우가 많고, 그 중의 대부분은 적절한 대책을 강구함으로써 피할 수 있다. 예를 들어, 주위 환경 자체에 불쾌한 빛이 너무 많은 경우라면 단순히 대상물을 밝게 하는 것만으로 돋보이게 할 수 있는 것은 아니다. 또한 주거 지역에서의 라이트업은 광해에 대한 배려와 함께 라이트업으로 인해 관광객이 모여들었을 때 발생하는 폐해까지도 고려해야 한다.

■ 라이트업의 수법

라이트업의 수법은 대상물의 외부를 투광기로 비추는 방법(투광 조명)이 기본이다. 유럽에서는 오래된 석조 건축물에 대한 투광 조명의 좋은 예를 많이 볼 수 있다. 광택이 없고 표면에 요철(凹凸)이 있는 벽면에는 예각으로 빛을 조사하면 강한 인상의 효과를 만들 수 있다. 한편 유리를 많이 써서 개구부를 크게 한 현대 건축 등은 건조물 내부의 조명광을 외부로 확산시키는 방법이나, 대상물 외부에 조명 기구를 설치하여 그 자체의 빛을 보여주는 방법 등 종래의 라이트업의 틀에 얽매이지 않는 다양한 수법으로 야간 경관 형성의 일익을 담당하고 있다.

▶ 그림 3 투광 조명(교량)

◀ 그림 2 밤의 랜드마크

15

모든 수법에서 공통적으로 주의해야 할 점은 주변 환경의 밝기, 대상물의 형상 및 표면의 재질(특히 반사율이나 투과율), 조명 수법 및 시점·조명 기구·대상물의 위치 관계, 광원의 효율·수명·색온도·연색성 등이다.

라이트업의 조명 계획에 있어서는 대상면 조도의 결정(주위의 밝기 및 재질에 따라 설정치가 달라진다), 조명 수법의 결정, 광원의 선정 후에 계산에 의해 조명등의 개수를 결정한다. 그 후 반드시 현장 실험에 의해 조명 효과를 확인해 두어야 한다. 또한 조명 기구의 배치에 관해서는 특히 주간의 경관을 해치지 않을 것, 글레어를 발생시키지 않을 것, 보수가 가능할 것 등의 조건을 고려해야 한다.

■ 코스트

라이트업에 관한 비용으로는 초기 설비비(조명 기구의 비용 등) 및 운영비(램프 교환비·보수비·전력비 등)가 있다. 이 중에서 특히 에너지 소비와 직접 관계되면서 운영비의 대부분을 차지하는 것이 전력 소비인데, 실제로는 일반적으로 생각하는 것보다 낮은 경우가 많다. 조명 설계의 측면에서는 이러한 점을 고려해서 라이트업과 에너지 효과와의 관계를 명확하게 설명할 수 있는 능력도 요구된다.

◀ 그림 5 조명 기구 자체의 발광

▲ 그림 4 내부로부터의 확산광

▲ 그림 6 투광 및 조명 기구

◀ 그림 7 동상의 라이트업

동상에 빛을 너무 강하게 비춘 결과, 주위와의 명암차가 지나치게 커져서 글레어가 생겼을 뿐 아니라 뒤쪽의 건물 벽면에 불필요한 그림자를 만들었다. 이러한 예도 미리 충분한 조명 계산과 실험이 있었다면 피할 수 있는 경우이다.

1.4 도로의 조명

 안전하고 쾌적한 주행을 위한 조명

가로 조명의 목적은 방범 효과·교통 사고의 감소·야간 경관의 형성에 있다. 한편, 차량 통행을 위한 도로 조명에서는 안전성의 관점에서 도로 구조, 노면의 상태, 장애물, 맞은편의 차량, 주변 상황 등이 잘 보이도록 하는 데 그 목적을 둔다. 또한 최근에는 환경을 배려하는 차원에서 노면 이외의 부분에 빛을 조사하는 광해(光害)에 대한 규제도 거론되고 있다.

차량의 통행을 위한 조명으로서 터널 조명을 빠뜨릴 수 없다. 산악국인 일본에서는 고속도로 총연장의 약 8%가 터널이며, 이것이 고속도로 정체의 한 원인이 되고 있다. 터널마다 교통량은 다양하고 이 교통량에 따라 터널 내의 환경도 달라지므로 각각에 적합한 조명 방식이 검토되어야 한다.

■ 도로 조명 계획

이용자가 안전하고 쾌적하게 주행할 수 있는 도로 조명의 요건으로서 ① 노면의 밝기 확보, ② 균일한 조명, ③ 눈부심 방지, ④ 시선의 유도성을 고려한 조명 배치가 있다.

노면의 밝기를 확보하기 위해 표 1과 같은 노면의 평균 휘도가 기준으로 정해져 있다. 조명 방식에는 폴 조명 방식, 구조물 설치 조명 방식, 하이마스트 소녕 방식, 커티니리 조명 방식 등이 있는데,

● 표 1. 운전자에 대한 도로 조명의 기준(한국산업규격 KS A3701)

도로의 종류	교통의 종류와 자동차 교통량	평균 노면 휘도 L_r[1] [cd/m²]	종합 균제도 U_s	차선촉 균제도 U_l	눈부심 조절마크 G[2]
상하선이 분리되고 교차부는 모두 입체 교차로서, 출입이 완전히 제한되어 있는 도로	주로 야간의 자동차 교통량이 많은 고속 자동차 교통	2	0.4	0.7	6
자동차 교통 전용의 중요한 도로, 대부분의 경우 속도가 느린 교통용으로 독립된 차선, 보행자용의 도로 등을 수반한다. 중요한 도시부 및 지방부의 일반 도로		2	0.4	0.7	5
	주로 야간의 자동차 교통량이 많은 중속 자동차 교통 또는 자동차 교통량이 많은 중속의 혼합 교통	2	0.4	0.5	5
시가지 혹은 상점가 내의 도로 또는 관청가로 통하는 도로, 여기서는 자동차 교통은 교통량이 많은 저속 교통, 보행자 교통 등과 혼합되어 있다.	주로 야간의 교통량이 매우 많고 그 대부분이 저속 교통 또는 보행자인 혼합 교통	2	0.4	0.5	4
주택 지역(주택 도로)과 위의 도로를 연결하는 도로	비교적 느린 제한 속도가 주로 야간, 중정도의 교통량이 있는 혼합 교통[3]	1	0.4	0.5	4

주 (1) 도로 주변의 조명 환경이 어두운 경우에는 L_r의 값을 1/2로 하여도 좋다.
　　(2) 도로 주변의 조명 환경이 어두운 경우에는 G의 값을 1증가시키는 것이 바람직하다.
　　(3) 교통량이 적은 경우에는 L_r의 값을 1/2로 하여도 좋다. 다만, 주(1)의 규정에 관계없이 L_r의 값을 0.5cd/m² 미만으로는 할 수 없다.

높이 15m 이하의 기둥(폴) 끝에 조명 기구를 설치해서 도로를 따라 배치하는 폴 조명 방식이 가장 일반적이다(그림 1). 폴의 배치 방법으로는 ① 한쪽 배열, ② 지그재그 배열, ③ 마주보기 배열, ④ 중앙 배열 등이 있다. 폴 조명 방식으로 평균 휘도 1cd/m²를 얻기 위해서는 아스팔트 노면에서는 약 15[lx], 콘크리트 노면에서는 약 10[lx]의 조도가 필요하다고 한다(표 2).

대표적인 도로 조명 기구를 그림 2에 나타내었다. 종래에는 그림 2 (a)와 같이 유리 글로브가 있는 타입이 일반적이었지만, 요즘에는 고압 나트륨 램프를 이용한 그림 2 (b)의 평평한 타입의 기구가 늘고 있다. 그림 2 (b)와 같은 평평한 타입의 기구는 운전자에 대한 눈부심을 억제할 뿐 아니라 하늘 위로 빛이 샐 염려가 없다. 또한 직선 폴 상부에 설치함으로써 주간의 경관에 적합하다는 평가를 받고 있다. 한편, 주위에 미작지대가 있는 경우, 조명 기구에 의해 피해를 입을 수 있으므로 차광 루버 등을 이용하여 등기구 뒤쪽으로 비추는 빛을 차광해 주어야 한다.

■ 터널 조명 계획

조명은 일반적으로 야간에 이용되지만 터널 조명의 경우, 밤낮에 관계없이 사용되므로 항시 안전하고 쾌적하게 주행할 수 있는 빛환경이 요구된다. 이를 실현하기 위해 터널 조명 계획에서는 터널

▲ 그림 1 폴 조명 방식

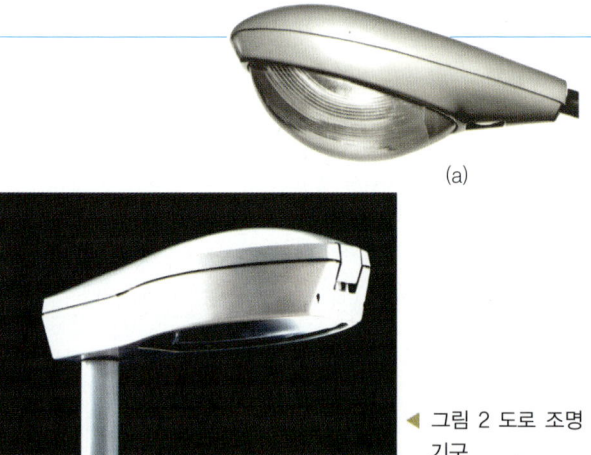

(a)

(b)

◀ 그림 2 도로 조명 기구

● 표 2. 평균 조도 환산 계수(단위 : lx/(cd/m²))

노면	도로 조명 (폴 조명 방식)	터널 조명
아스팔트	15	18
콘크리트	10	13

● 표 3. 깜빡거림 방지를 위해 피해야 하는 조명 기구의 간격

설계 속도 V [km/h]	조명 기구 간격 S [m]
100	1.5~5.6
80	1.2~4.4
60	0.9~3.3
40	0.6~2.2

전체를 입구 완화 조명, 내부 기본 조명, 출구 조명의 3부분으로 나누고, 거기에서 다시 밤, 낮, 맑은 날, 흐린 날 같은 외부 조건별로 각부의 조명 패턴의 상세를 결정한다. 이 중에서 밝은 야외에 순응된 운전자에게 있어 터널 진입 직후에 터널 내부가 완전히 암흑처럼 보여 안전 운전에 지장을 주는 블랙홀 현상을 피한다는 의미에서 입구부의 조명은 특히 중요하다. 이에 관해 지금까지는 밝음에서 어둠으로의 순응 변화가 천천히 일어날 수 있도록 조명 기구를 적절하게 설치하는 방법이 적용되어 왔으나, 최근에는 여기에 조명 기구의 배광을 제어한 카운터 빔 방식 또는 일본의 독자적인 프로 빔 방식 등의 적용이 부가적으로 검토되고 있다.

그 밖에 내부 기본 조명 계획에서는 5~18Hz의 명암 변화가 운전자에게 깜빡거림에 의한 불쾌감을 증가시키는 일이 없도록 깜빡거림 방지를 위해 피해야 하는 조명 기구의 간격에 주의하도록 한다.

사용 광원의 경우, 종래에는 효율을 우선하여 HID 램프가 이용되어 왔지만, 최근에는 고효율 고연색 광원으로서 형광 램프가 이용되고 있다. 형광 램프는 HID 램프에 비해 1대당 광속이 작기 때문에 연속적으로 배치되며, 이에 의해 시선의 유도성도 향상되었다(그림 3).

▲ 그림 3 터널 조명

▼ 그림 4 대칭 조명 및 카운터 빔 조명의 비교

	대칭 조명(종래의 방식)	카운터 빔 조명
특징	• 조명 기구의 도로 횡단 방향(차량 진행 방향)의 배광은 거의 대칭이며, 측벽에 설치된 것은 도로 횡단 방향의 배광을 제어한다.	• 조명 기구의 배광이 도로 횡단 방향(차량 진행 방향)에 대해 비대칭이며, 60°에서 피크를 이룬다.
이미지 도면	차량 진행 방향 / 장애물	차량 진행 방향 / 장애물 / 이 부분의 빛이 차단되어 어둡게(검게) 보인다.
도로 종단 방향의 배광	진행 방향 / 조명 기구	진행 방향 / 조명 기구
도로 횡단 방향의 배광	측벽 배치형 • 기구의 중심축에서 최대 광도를 갖는다. 조명 기구 조명 기구	• 기구의 중심축에서 좌우로 거의 대칭 조명 기구 / 2차선 도로의 각 차선 위에 설치한 예

1.5 보행자를 위한 빛

>> 가로의 조명 계획

야간의 가로는 단순한 통행이나 산책 외에도 쇼핑을 하거나 누군가를 기다리는 등 다양하게 이용된다. 가로의 조명은 그것이 어떻게 이용되고 있고, 또 어떤 역할을 담당하고 있는지를 고려해서 계획해야 한다. 특히, 주변 환경과의 조화는 매우 중요하다. 여기서는 야간 가로에서 요구되는 빛환경에 대하여 자동차 교통을 주로 하는 도로 조명과 비교했을 때의 특징적인 점을 중심으로 설명한다.

■ 안전을 위한 빛

가로의 조명은 먼저 보행이 가능하도록 노면이 명확하게 보여야 한다. 다음은 보행자의 안전을 위해 노상의 범죄를 방지하고, 만약 발생한 경우라도 발견이나 대책에 지장을 주지 않도록 해야 한다. 이를 위해서는 노면의 밝기 및 다른 사람이 가까이 다가왔을 때 상대의 모습을 보고 대응이 가능한 거리에서 인식할 수 있는 밝기가 확보되어야 한다. 이들의 개략치는 표 1 한국산업규격(KS A3701)「도로 조명 기준」의 수평면 조도와 연직면 조도로 나타내었다. 이 값을 참고로 가로 특유의 조건 등을 고려하여 조도 레벨을 결정한다.

■ 목적에 적합한 높이의 빛

가로 조명은 가로의 스케일에 따라 다양한 응용이 가능한데, 특히 광원의 높이는 땅 속에 묻는 것부터 수십 미터 높이의 것까지 여러 가지가 있다.

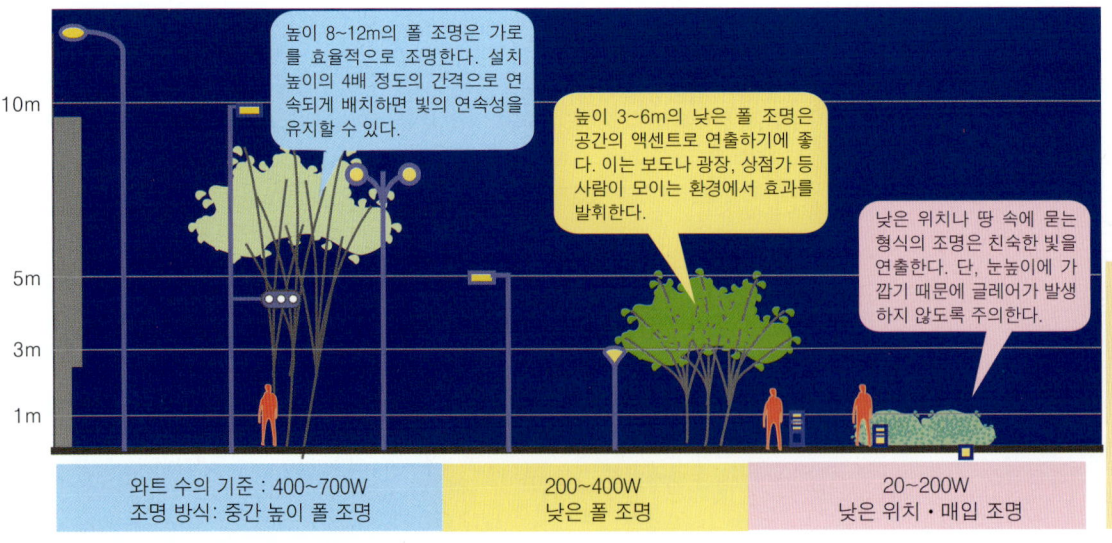

▲ 그림 1 가로 조명 광원의 높이

● 표 1. 보행자에 대한 도로 조명 기준(한국산업규격 KS A3701)

야간의 보행자 교통량이 많은 도로(단위 : lx)			야간의 보행자 교통량이 적은 도로(단위 : lx)		
	주택 지역	상업 지역		주택 지역	상업 지역
수평면 조도[1]	5	20	수평면 조도[1]	3	10
연직면 조도[2]	1	4	연직면 조도[2]	0.5	2

주 (1) 수평면 조도는 보도의 노면상 평균 조도
주 (2) 연직면 조도는 보도의 중심선상에서 노면으로부터 1.5m 높이의 도로축과 직각인 연직면상의 최소 조도

이를 가로의 용도나 연출 의도 등에 따라 구분해서 사용한다(그림 1).

낮은 위치의 조명 방식은 정원이나 산책로 등의 섬세한 연출에 효과적이다(그림 2, 3). 지중 매입형 기구는 인물을 위로 올려 비추거나 발 부분을 부분적으로 조명할 때 이용된다. 이들은 램프를 교환하거나 하는 등의 보수 관리는 쉽지만, 파손되기 쉽고 광원이 여러 개 필요하다는 단점이 있다.

4m 높이 정도의 폴 조명은 산책로와 주택 가로 등에서 많이 이용된다. 노면을 균일하고 경제적으로 조명하려면 높이를 8~12m 정도로 하는 것이 효과적이며, 일반적으로 고압 나트륨 램프나 수은 램프 등의 고휘도 방전등이 사용된다. 그 밖에 상업 지역과 같이 눈에 띄게 하거나 화려하게 장식하고자 할 때는 광원의 높이를 이용한 디자인을 활용하도록 한다.

■ 경관에 융화되는 빛

산책로나 광장 등 사람이 많이 모이는 장소는 가로등의 난립을 피하여 공간을 깔끔하게 보이도록 한다. 조명 기구는 점등하지 않는 낮 동안에도 보이게 되므로 외관까지 고려해야 한다. 예를 들어, 전

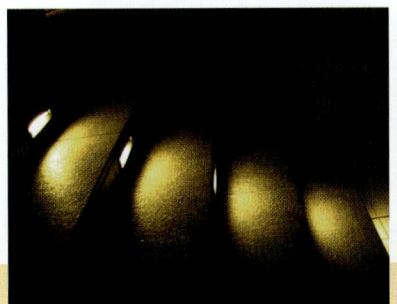

▲ 그림 2 계단의 단차 조명
계단 차가 두드러짐으로써 안전성을 확보하고, 계단의 액센트로서도 작용한다.

▲ 그림 3 풋라이트
소형 등기구를 규칙적으로 배치함으로써 발 부분을 비추고, 동시에 보행자의 시선을 유도한다. 지향성이 강한 빛은 노면에 풍부한 텍스처를 만들기도 한다.

▲ 그림 4 가로에 면한 점포의 조명
따뜻한 느낌을 주는 색의 빛으로 점포 전면을 연출하였다. 점포의 파사드를 비추는 조명은 가로에 밝기감을 부여한다. 한편, 건물의 조명은 가로의 방범에 대한 효과로도 이어질 수 있다.

신주와 가로등 기둥의 배색에서 조화를 꾀하거나, 스트리트 퍼니처와 일체화되도록 디자인 하는 등의 방법이 있다(그림 4~7). 또한 옥외 공간은 실내에 비해 설치 조건이 혹독하므로 조명 기구의 오염과 오염되었을 때의 지저분한 인상을 방지하기 위한 대책도 필요하다.

공원 등 자연이 풍부한 장소에서는 주위 경관과의 조화를 꾀하도록 한다. 자연 환경 속에 조명 기구를 배치할 경우에는 시각적인 위화감이 생기기 쉬우므로, 너무 두드러지거나 해서 자기 주장이 강한 디자인은 피하도록 한다. 또한 목재나 석재 등의 소재를 적극적으로 활용하여 조화를 꾀하는 방법도 있다. 그러나 어설프게 자연을 모방해서는 위화감만 커질 수 있으며, 오히려 무기적인 디자인이 쉽게 받아들여질 수도 있다.

■ 따뜻한 느낌의 빛

백열 전구, 전구색 형광 램프, 고압 나트륨 램프 등 색온도가 낮은 빛은 심리적으로 안정감을 주어 겨울에도 따뜻한 느낌을 주는 거리를 만든다. 특히 눈높이보다도 낮은 위치의 빛은 보행자를 부드럽게 유도한다. 또한 주택 또는 점포의 문이나 창 등의 개구부로부터 새어나오는 빛은 인기척이나 따스함을 느끼게 해 주며 이와 동시에 주변을 부드럽게 조명한다. 가로에 면한 쇼윈도는 폐점 후에도 조명을 켜 두면 가로에 안도감과 활기를 부여한다(그림 6). 이와 같이 건물의 내부로부터 나오는 빛도 가로의 분위기를 만드는 중요한 요소가 되므로 조명 계획에서 적극적으로 활용할 것을 권한다.

◀ 그림 5 상업 지역의 가로 조명
보도 조명과 일체화 된 상점가의 일루미네이션. 노면의 밝기를 확보하고 동시에 공간의 화려함도 연출한다. 공간 구조의 특징을 살려 기구를 배치함으로써 조명에 의한 연출 효과가 향상된다.

▶ 그림 6 쇼윈도의 조명
폐점 후에도 점등되어 있는 쇼윈도의 빛은 가로등으로는 얻기 어려운 온화함과 안도감을 느끼게 한다.

▶ 그림 7 도로 조명의 가로 경관에 대한 배려의 예
완만한 명암 대비에 의해 쉽게 친숙해질 수 있는 경관을 만들어야 한다.

천공으로 빛이 새는 것을 방지한다.

보도와 차도의 광원의 위치를 구분해서 사용한다.

가로수, 버스 안내 표지, 쓰레기통 등 다른 구성물과 일체가 된 디자인

벽면의 빛이 액센트가 되어 거리에 활기를 불어넣는다.

내부가 비쳐 보이는 셔터 너머의 쇼윈도 불빛

빛의 연속성에 의한 축선의 강조

사람의 안색이 명료하게 보이는 고연색성 광원

노면의 텍스처를 두드러지게 하는 풋라이트

1.6 중세 도시의 색채

≫ 건축 재료로 정해지는 경관의 색

건축의 색채는 생각보다 매우 많은 부분이 그 재료의 선택에 의해 결정된다. 건축 재료에는 지역성이 있으므로 건축물 더 나아가 경관의 색채에도 지역성이 생기게 된다. 예를 들어, 석조 건축 외벽의 색은 그 지역에서 생산되는 돌에 따라 조금씩 다르다. 한편 외벽에 칠하는 색은 중세까지는 어느 곳이나 흰색 일색이었지만 중세 말기 이후의 유럽에서는 지역에 따라 조금씩 색채가 달라졌다.

■ 석재의 색

공업 제품의 건축 재료가 세계적으로 유통되면서 전 세계의 도시는 완전히 동질화되어 버렸다. 어디를 가도 유리 빌딩, 벽돌 타일을 붙인 빌딩이 있고 같은 금속 가공품, 조립식 제품, 플라스틱 제품이 넘쳐나고 있다. 그 결과, 어느 도시건 비슷비슷한 색채가 범람하게 되었다. 그러나 옛 석조 건축은 그렇지 않았다.

중세 유럽의 도시들은 마치 독립 국가처럼 시장이 열리는 광장에 면한 교회나 시청 등을 중심으로 민가가 모여 있고, 그 주변은 벽으로 완전히 둘러싸여 있었다. 벽 바깥은 숲으로 우거져 있는데, 유럽의 숲은 바다와 같이 매우 광대했다. 어떤 도시에도 개성, 즉 '우리 도시는 다른 곳과는 다르다.'고 하는 고유성이 있었다. 그 고유성은 풍토나 소재와 연관되어 있으므로 주변 도시와 비교하여 극단적으로 다른 것은 아니었다. 오히려 미묘한 차이지만 거리를 두고 보면 확연히 달랐다.

런던 북서부의 코츠월즈(Cotswolds) 지방의 도시들, 예를 들어 격조 높은 하이스트리트로 알려져 있는 치핑·캠든이나 윌리엄 모리스가 「영국에서 가장 아름다운 도시」라고 한 바이버리(Bibury)

▲ 그림 1 바이버리(영국)의 경관
코츠월즈 지방의 약한 노란빛을 띤 회색 석회석으로 덮여 있다.

▲ 그림 2 오르시발(프랑스)의 도시
오벨뉴 지방의 검은 화강암에 어울리도록 지붕의 기와도 검정으로 통일되어 있다.

등은 어디에서든 그 지방에서 생산되는 물고기 알 모양의 석회석이 사용되었다. 색채는 노란빛이 나는 회색이 대부분인데, 때로는 금색과 같이 진한 것이 있는가 하면 반대로 거의 색감을 느낄 수 없을 정도로 연한 것도 있다. 이들은 영국의 다른 지역에 있는 벽돌색과는 분명히 다르다.

프랑스 중부의 오벨뉴 지방의 화산 지대에서는 암갈색의 흐릿한 검정색 화강암이 생산되기 때문에, 이를 사용한 클레르몽 페랑의 거리나 주변의 로마네스크 교회는 거무스름하게 보인다. 클레르몽 페랑에서는 지금도 도시의 기조색을 검정이라고 생각하고 있으며, 현대 건축에서도 검정을 모티브로 한 예가 있다.

같은 프랑스라도 남부의 도르도뉴 지방에서는 노란빛을 띠거나 갈색의 석회석이 눈에 띈다. 지중해 연안 지방에까지 이르면 유럽에서도 상당히 남쪽으로 왔다는 생각이 들만큼 붉은 갈색의 석회석이 우세를 이룬다. 한편, 이탈리아 시에나의 '불타는 시에나'라고 불리는 색은 석회석을 구워서 생긴 붉은빛이 강한 카키색을 가리킨다.

■ 회칠의 색

지중해 연안에는 오래 전부터 하얗게 회반죽을 바른 벽이 집중적으로 모여 있는 도시가 눈에 띄게 많다. 이들 대부분은 지금도 흰색을 유지하고 있지만, 일부에서는 알프스 주변의 내륙부를 중심으로 적어도 16세기경부터 회칠한 벽에 색을 입히기 시작했다.

15세기에 뒤러(Dürer)가 그린 몇 가지 인스브루크의 판화에서는 아직 어느 하나 색을 띤 건물을

▲ 그림 3 캬레나크(프랑스)의 가옥
도르도뉴 지방의 노란빛을 띤 석회석이 눈에 띈다.

▲ 그림 4 대성당이 내려다보이는 시에나(이탈리아)의 경관
붉은빛이 강한 카키색 경관 속에서 대성당의 흰색이 돋보인다.

발견할 수 없었다. 그러나 17세기 작자 미상의 잘츠부르크의 파노라마풍 유화에서는 대부분의 시민 주택은 아직 흰색이지만, 이따금 회색, 녹색, 황토색 등으로 채색된 파사드가 섞여 있다. 1905년이라고 기록되어 있는 빈의 어떤 화가가 그린 잘츠부르크 시장의 수채화에는 뒤쪽에 위치한 건물에 현대와 똑같은 색이 사용되어 있는 것을 볼 수 있다.

이를 보면 회반죽을 바른 벽에 색을 입힌 것은 중세 말기 이후라는 것이 확실한 듯 하다. 다만, 회칠은 오래 전부터 재도장이 빈번했기 때문에 색을 입히기 시작한 초기의 회칠의 색은 정확하게 추측하기가 어렵다. 따라서 아무리 보존 상태가 좋은 역사적 건축물이라도 현재 칠해진 색에 대해서는 신빙성이 없다고 보아야 할 것이다.

오스트리아의 도시들의 경우, 본격적으로 색을 사용한 것은 도료나 안료가 발달한 1920년대 이후라고 한다. 또한 인스브루크나 잘츠부르크에서는 파스텔 컬러로 톤을 일치시키고, 색상만 달리하는 기법을 볼 수 있는데 이러한 현대풍의 기법이 패턴화 된 것은 2차 세계 대전 이후라고 한다.

▲ 그림 5 잘츠부르크(오스트리아)의 구시가
외벽의 회벽은 파스텔 컬러로 톤을 일치시키고 색상만 달리하였다.

자연의 색채

>> 자연 경관과의 조화

자연 경관 속에 세워지는 건물인 경우, 도시보다 더욱 조화를 배려해야 한다. 도시에서라면 의도적으로 주위보다 두드러지는 화려한 색채를 사용했다 하더라도 건물의 특징으로서 허용될 수 있다. 그러나 자연 경관에서의 색채의 부조화는 곧 자연 경관을 해치는 요소로 작용해서 건물 자체의 부정적인 이미지로 연결될 수 있다. 여기에서는 자연 경관과의 조화를 고려한 색채 계획에 대해 알아보도록 한다.

■ 시점을 설정한 색채 계획

먼저, 건물과 조화를 이루어야 하는 자연 경관의 범위를 파악한다. 건설지와 이웃한 자연이 상당히 떨어진 장소에서 의외의 모습으로 보이는 경우가 있기 때문에, 보다 넓은 범위를 시야에 넣어 계획해야 한다. 삼림지의 계곡 사이에 건설하는 경우라면 위에서 보았을 때를 고려하여 지붕면, 옥상과 그 주변의 자연색과의 조화를 꾀하도록 한다. 바다의 경우에는 맞은편 해변에서도 보이는 경우가 있으므로 주의해야 한다.

원거리에서 보면 날씨에 따라서는 모든 색이 회색에 가깝게 보이고 색차를 거의 알 수 없게 된다. 예를 들어, 눈에 띌 목적으로 채도가 높은 색이나 명도가 높은 색을 사용해도 멀리서는 희미하게 보

◀ 그림 2 시점의 설정
위에서 바라보았을 때는 지붕의 색과 주변의 자연과의 조화가 중요하다.

▲ 그림 1 거리에 따라 변하는 자연의 색
한 장의 잎은 채도가 높아도 거리가 멀어지면 다양한 색과 섞여 그다지 두드러지지 않는다.

▲ 그림 3 거리가 멀어지면 감소하는 색채의 차이
원거리나 악천후에는 모든 것의 색이 회색에 가까워져서 색의 차이가 크게 지각되지 않는다. 만약 자연 경관과 대비를 이루도록 색을 계획한 경우라면 이런 점에 주의한다.

여 효과를 기대하기 어렵다. 근거리의 경우에도 기후가 온습하고 항상 안개가 끼는 지역에서는 마찬가지의 현상이 일어난다.

한편, 거리가 달라지면 자연물의 색도 달라진다. 인공물은 근거리와 원거리를 비교해도 색감에 그다지 변화가 없는데 비해, 자연물은 거리가 멀어지면 나뭇잎 한 장의 색은 한 그루의 나무의 색이 되고 마침내 숲의 색으로 변화하여 어두운 색이 되기도 하고, 탁한 색이 되기도 한다. 또한 바다의 색 등은 빛이 반사하거나 해저면의 색이 떠올라 보이기도 한다. 따라서 어떤 시점에서의 색채 계획을 중시할 것인지를 결정해야 한다.

■ 사계절을 고려한 색채

우리나라에서는 자연 경관의 색이 계절에 따라 변하는 지역이 많다. 건물의 색은 연중 같은데 수목의 색은 여름에는 녹색, 가을에는 붉은색, 겨울에는 눈에 덮여 흰색이 된다. 스키장과 같이 겨울철 눈이 내릴 때에만 볼 수 있는 건물이나 반대로, 여름철에만 볼 수 있는 건물이라면 볼 수 있는 계절에 한정하여 색채 조화를 검토하는 것이 좋다. 그러나 계절에 관계없이 항상 볼 수 있는 건물은 자연의 계절 변화를 고려하여 색채를 결정해야 한다. 만약 수목이 낙엽수인 경우에는 가을에서 봄에 걸

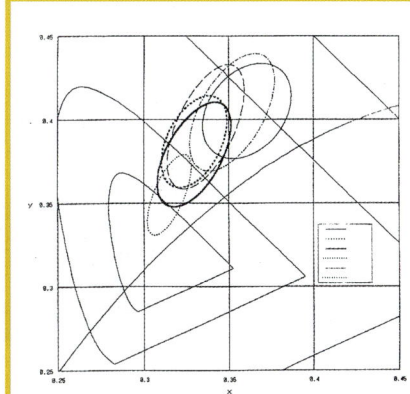

◀ 그림 4 날씨에 따른 색채 분포의 변동
날씨에 의한 색채 분포의 변동(상록수)

▲ 그림 5 계절이 변하는 자연 경관과 변하지 않는 구조물
1년 중 계속해서 볼 수 있는 구조물의 색채는 자연 경관 색채의 계절적인 변화를 고려해서 계획한다.

▲ 그림 6 자연 경관 속에서의 고채도 색의 사용법
자연 경관과의 부조화는 좋은 이미지를 줄 수 없다. 고채도의 색은 액센트 색으로 이용하는 것이 좋다.

쳐 흙이나 바위의 색이 보인다는 점도 고려해야 한다.

■ 유사 조화와 대비 조화

일반적으로 건물과 자연 경관이 유사한 경우가 조화를 더 잘 이룬다고 생각하는데, 이 경우 유사의 의미를 단순히 '비슷한 색'이라고 판단해서는 안 된다. 특히 어느 정도 면적이 넓고, 이미 인공물이라는 것을 확실히 알 수 있는 건물에 자연의 색을 그대로 적용하면 오히려 부자연스럽게 보인다. 굳이 인공적으로 착색하기보다는 소재의 색을 그대로 이용하는 편이 자연과 조화한다. 사계절의 변화가 있는 자연 경관에 건물을 세우는 경우라면 어느 계절과도 조화하는 YR 계통의 색을 사용하는 것이 무난하다.

한편, 건물과 자연 경관이 어느 정도 대비를 이루는 경우에도 조화로워 보일 수 있다. 단, 이러한 경우의 대비란 반대색을 사용한다는 의미가 아니다. 건물에 자연 경관의 색과 반대색을 사용하면 도시 경관에서 볼 수 있는 현란한 배색이 되어 마치 도시의 잡다함을 옮겨 놓은 듯 보인다. 자연 속에서 인공물은 존재하는 것만으로도 눈에 띄는 것이므로 지나치게 색으로 그 존재를 표현할 필요는 없다. 예를 들어, 베이스 컬러를 무채색으로 하면 어느 정도의 대비를 얻을 수 있다. 좀더 강한 대비를 원한다면 베이스 컬러가 아니라 액센트 컬러로 유채색을 사용하는 것이 좋다.

▼그림 8 리조트의 색채 계획
왼쪽 위 : 벽면이 무채색·고명도이므로 바다와 대비 조화를 이룬다.
오른쪽 중간 : 모래사장과 흰색벽이 유사 조화를 이룬다.
왼쪽 아래 : 건물은 나무의 소재색을 사용해서 주위의 수목과 유사 조화를 이룬다.

▲ 그림 7 조화·부조화의 종류
위 : YR 계통으로 한 경우—소재색으로 유사 조화를 계획했다.
왼쪽 아래 : 무채색·고명도로 한 경우—대비의 조화를 이룬다.
오른쪽 아래 : GY 계통으로 한 경우—반드시 자연의 색과 같은 색이 유사 조화를 이루는 것은 아니다. 오히려 자연스럽지 못해 부조화를 느낄 수 있다.

 색채가 만드는 경관

일본 대도시의 경관을 아름답다고 하기 어려운 이유 중의 하나가 바로 색채이다. 색채 조사를 실시해 보면 건축물 외벽면의 색채는 색상으로는 YR를 중심으로 한 R에서 Y에 걸친 난색계 일부, 명도는 8~9에 걸친 고명도, 채도는 2 이하의 저채도에 해당하는 좁은 범위에 있다. 이렇게 사용되고 있는 색채가 한정되어 있다보니 어느 지역을 가더라도 이러한 경향을 벗어나는 경우가 극히 드물다.

여기에 건축에 사용되는 액센트색은 전체적으로 조화를 이루지 못하고, 옥상 광고탑은 빨강의 고채도색 일색이며, 여러 가지 잡다한 간판·광고류 그리고 디자인성이 결여된 스트리트 퍼니처(street furniture)와 자동차가 추한 모습을 더해주고 있다.

앞으로는 경관 조례 등 행정적인 지도뿐만 아니라 시민의 수준에서 아름다운 도시를 만드는 방향성을 모색해야 할 것이다. 여기서는 비교적 최근에 건설된 개성있는 건축으로서 그 자체로서의 평가뿐 아니라 주변 환경에도 바람직한 파급 효과를 미칠 수 있는 건축물을 예로 들어 색채가 만드는 경관에 대해 살펴보기로 한다.

■ 고채도의 색을 활용한다

그림 1은 워터 프론트에 출현한 대규모 상업 시설이다. 바다의 마린 블루에는 흰색이 어울리고 그 흰색은 이 건축의 거대함을 완화시켜 고채도의 색을 허용하였다. 이로써 방문객에게 리조트 감각에 가까운 비일상적인 이미지를 부여한다.

그림 2는 오사카 시의 공원에 근접한 복합 건축물이다. 파란색 유리에 빨간색의 큐브가 인상적인 이 건물은 그 주역인 아이들 뿐 아니라 어른들에게도 친근한 느낌을 준다. 바로 앞 오른쪽에 위치한 빨간색 모뉴먼트(monument)는 이 건축물을 완결시킬 뿐 아니라 공원을 중심으로 한 외부 환경에

▶ 그림 1 아시아 태평양 트레이드 센터(오사카 시)

적극적으로 작용하고 있다는 인상을 준다.

　그림 3은 모래톱이 내려다보이는 강변에 세워진 호텔이다. 세련되지 않은 주변 환경을 환기시키려는 듯 개구부 없는 단정한 파사드에 녹색의 철골이 긴장감을 부여한다. 벽돌색에 녹색의 철골은 붉은 땅에 자라는 초목의 녹색을 연상시켜 에콜로지컬한 느낌을 자아낸다.

　그림 4는 인공의 수변을 둘러싸고 지은 건물의 집합이다. 상당한 고채도의 색을 사용하고 있는데, 이를 무리없이 받아들일 수 있는 것은 세련된 곡면의 우아함 때문일 것이다. 대도시에서 살아가는 사람들에게 심리적인 쉼터를 제공하는 물의 존재와 맞물려 비일상적인 외부 공간을 연출하고 있다.

■ 색을 절제한다

　그림 5는 문자 그대로 대도시 번화가의 한가운데 세워진 상업 건축이다. '빌딩의 최상부는 광고탑'이라는 통념을 버리고, '색을 절제'함으로써 의연하게 그 존재감을 호소하고 있다. 또한 해가 저물면 빛의 탑으로서 또 다른 모습을 보여준다.

　그림 6은 기존의 오래된 파사드를 활용하여 건축물 자체를 재생시킨 예이다. 건물 앞을 지날 때 시선을 위로 올리지 않으면 새롭게 지어진 부분을 간혹 못 본 채 지나칠 수도 있을 것이다. 이렇듯 새것과 옛것의 조화에 있어서도 '색의 절제'는 중요한 도구가 된다. 주변 환경에 영향을 주기보다는 주위의 분위기를 받아들이고 거기에 자연스럽게 융화된 예라고 할 수 있다.

▲ 그림 2 오우기마치 키즈 파크(오사카 시)

▲ 그림 3 호텔 일 팔라조(후쿠오카 시)

이상의 6가지 예를 통해 고채도의 색을 활용하는 수법과 의도적으로 색을 절제하는 의의를 추측할 수 있을 것이다.

▲ 그림 4 캐널 시티(후쿠오카 시)

▲ 그림 5 기린 플라자 오사카(오사카 시)

◀ 그림 6 일본화재 요코하마 빌딩(요코하마 시)

거대한 건축물과 같은 구조물에서는 심리적인 압박감을 받는 경우가 많다. 압박감이나 크기감을 줄이는 방법으로 형태를 작게 분할하는 방법 등이 있지만, 색을 이용하는 것도 효과적이다. 건물의 한 면을 몇 가지 색으로 배색하거나, 면마다 색을 구분해서 칠하거나 부재에 따라 색을 달리하거나 한다. 이때 공통적인 것은 고채도의 색은 좁은 면적에 사용한다는 것이다. 넓은 면적에 사용하면 너무 현란해서 오히려 크게 느껴질 수 있기 때문이다.

또한 광장이나 강 주변에 건물이 연속되어 경관을 형성할 때는 건물 한동 한동의 색을 조금씩 다

▲ 쿠마모토현 : 쿠마모토 시영 택지 단지

▲ 쿠마모토현 : 쿠마모토 현영 아트폴리스 단지

▲ 오키나와현 : 나고시 시청사

▲ 후쿠오카현 : 카시이하마 집합 단지

▲ 오스트리아 : 훈데르트바서 하우스

르게 사용하면 경관에서 변화를 느낄 수 있어 건물군의 양감도 쉽게 경감된다. 단, 경관으로서의 조화도 필요하므로 색상·명도·채도의 삼속성 중 한 가지만 변화시키고 나머지는 일치시키는 것이 중요하다.

큰 면적에서 조화를 꾀하고 작은 곳에 변화를 줌으로써 색채에 의한 절제를 시도해 보도록 하자.

▲ 체코 : 텔치

▲ 프랑스 : 아네시

▲ 프랑스 : 크레테유

Chapter 02

실내 공간의 빛환경

2.1 주택의 빛과 색

>> 주생활의 빛환경

주택은 일반적으로 생활 행위로 간주할 수 있는 거의 대부분의 행위가 일어나는 장소이다. 더구나 각각의 공간에서 행해지는 행위가 특정 행위로 한정되기보다는 하나의 공간을 때와 경우에 따라 다양하게 이용하는 경향이 있다. 이러한 공간의 다목적성이 주택의 큰 특징이라 할 수 있다.

■ 주택의 기능과 빛환경

주택은 단순히 「생존을 위해 필요한 행위를 하는 장소」가 아니라 「생활을 즐기는 장소」로써의 의의를 갖는다. 따라서 주택은 더욱 안전하고 건강하며 편리하고 쾌적한 공간이어야 한다. 그러기 위해서는 기능적이어야 할 뿐 아니라, 그 기능이 실현되어 있음을 거주자가 느낄 수 있어야 한다. 빛환경은 기능을 실현하는 수단임과 동시에 정보로서의 의미를 지닌다. 예를 들어, 책을 편하게 읽기 위해서 일정한 밝기가 필요하다고 하면 그 밝기를 실현함과 동시에 실제로 책을 읽어보지 않더라도 책을 읽는데 적당한 밝기임을 지각할 수 있도록 해야 한다.

● 표 1. 조도 기준(한국산업규격 KS A3011)

조도 분류와 일반 활동 유형에 따른 조도값

활동 유형	조도 분류	조도 범위[lx]	참고 작업면 조명 방법
● 어두운 분위기 중의 시식별 작업장 ● 어두운 분위기의 이용이 빈번하지 않은 장소 ● 어두운 분위기의 공공 장소 ● 잠시 동안의 단순 작업장 ● 시작업이 빈번하지 않은 작업장	A B C D E	3~4~6 6~10~15 15~20~30 30~40~60 60~100~150	공간의 전반 조명
● 고휘도 대비 혹은 큰 물체 대상의 시작업 수행 ● 일반 휘도 대비 혹은 작은 물체 대상의 시작업 수행 ● 저휘도 대비 혹은 매우 작은 물체 대상의 시작업 수행	F G H	150~200~300 300~400~600 600~1,000~1,500	작업면 조명
●비교적 장시간 동안 저휘도 대비 혹은 매우 작은 물체 대상의 시작업 수행 ● 장시간 동안 힘든 시작업 수행 ● 휘도 대비가 거의 안 되며 작은 물체의 매우 특별한 시작업 수행	I J K	1,500~2,000~3,000 3,000~4,000~6,000 6,000~10,000~15,000	전반 조명과 국부 조명을 병행한 작업면 조명

비고 1. 조도 범위에서 왼쪽은 최저, 밑줄친 중간은 표준, 오른쪽은 최고 조도이다.
　　　2. 장소 및 작업의 명칭은 가나다순으로 배열하고 동일행에 배열된 것은 상호 연관 정도를 고려하여 배열하였다.

주택			
장소/활동	조도 분류	장소/활동	조도 분류
1) 공공 주택 공용 부분		● 서재	
● 계단, 복도	E	공부[2], 독서[2]	H
● 관리사무실	G	전반	E
● 구내 광장	A	욕실, 화장실	E
● 로비, 집회실	F	● 응접실	
● 비상 계단, 차고, 창고	D	소파[2], 장식 선반[2], 테이블[2][21]	F
● 세탁장	F	전반	D
● 엘리베이터, 엘리베이터 홀	F	● 정원	
		방범	A
2) 주택		식사[2], 파티[2]	E
● 가사실, 작업실		테라스 전반	D
공작[2]	G	통로[2]	B
바느질[2], 수예[2], 재봉[2]	H	● 주방	
세탁[2]	F	식탁[2], 조리대[2]	G
전반	E	싱크대[2]	F
● 객실		전반	E
앉아 쓰는 책상[2]	F	● 차고	
전반	D	전반	D
● 거실		점검[2], 청소[2]	G
단란[2], 오락[2]	F	● 침실	
독서[2], 전화[2], 화장[2][5]	G	독서[2], 화장[2]	G
수예[2], 재봉[2]	H	심야	A
전반	D	전반	C
● 계단, 복도		● 현관(안쪽)	
심야	A	거울[2]	G
전반	D	신발장[2], 장식대[2]	F
● 공부방		전반	E
공부[2], 독서[2]	H	● 현관(바깥쪽)	
놀이[2]	F	문패[2], 우편 접수[2], 초인종[2]	D
전반	E	방범	A
● 대문[현관(바깥쪽) 참조]		통로[2]	B
벽장	D		

■ 공간에 따른 생활 행위와 빛환경

주거 공간에서의 생활 행위는 수면이나 식사와 같이 모든 사람이 공통적으로 하는 행위와 조리, 재봉, 공부, 피아노 연습과 같이 개인에 따라 다른 행위가 있다. 이러한 생활 행위가 주로 일어나는 장소를 생각해보면 어느 정도 그 범위가 한정된다는 것을 알 수 있다.

현재의 주택은 예전에 비하면 생활 공간이 기능에 따라 분화되어 특정 생활 행위를 위한 독립된 공간이 마련되었다고 할 수 있다. 그러나 개인 공간은 기능보다는 그 공간의 이용자를 중심으로 분화된 경우가 많으므로, 빛환경의 관점에서 보면 어느 공간에서도 다양한 시작업과 행위가 이루어진다고 할 수 있다.

실내 공간에서 일어나는 행위는 밝아야 하는 행위, 어두워야 하는 행위, 밝음과 어둠이 어느 정도 함께 요구되는 행위로 크게 나눌 수 있다. 밝음이 요구되는 행위는 '거실에서 공부를 한다.' 등의 시작업을 동반하는 행위이고, 어둠이 적극적으로 요구되는 행위는 '자신의 방에서 수면을 취한다.', '거실에서 음악을 듣는다.' 등이다. '자기 방에서 휴식을 취한다.', '거실에서 생각을 한다.' 등은 밝음과 어둠이 함께 요구되는 행위라고 할 수 있다. 흥미로운 것은 같은 행위라도 장소나 상황에 따라 밝기에 대한 요구가 달라진다는 점이다. 예를 들어, 자신의 방에서 공부를 하는 경우 사무실에서의 사무 작업 정도의 밝기는 필요 없다. 식사의 경우에는 사람들이 많을 때와 둘이 있을 때가 크게 다르며, 둘인 경우라면 어두운 것을 더 선호할 수도 있다. 이는 경험적인 조명 디자인의 방향성을 뒷받침해주는 것이라 할 수 있으며, 주택의 경우 유사한 행위가 일어나는 주택 이외의 다른 장소의 조명 디자인을 그대로 적용해서는 곤란하다는 점을 시사하는 것이다.

■ 주택 조명 디자인의 기초

공간에서 필요한 밝기는 행위(시작업)에 따라 다르다. 그 기준으로서 한국산업규격(KS A3011)에서는 활동 유형 및 각종 시설의 장소와 작업에 따른 조도 범위를 제시하고 있다. 재봉, 독서 등 작은 물체를 대상으로 한다거나 세밀한 작업일 경우에는 높은 조도가 필요하고, 같은 내용의 시작업이라도 고령일수록 최저 소요 조도는 높아지게 된다. 한편, 조명은

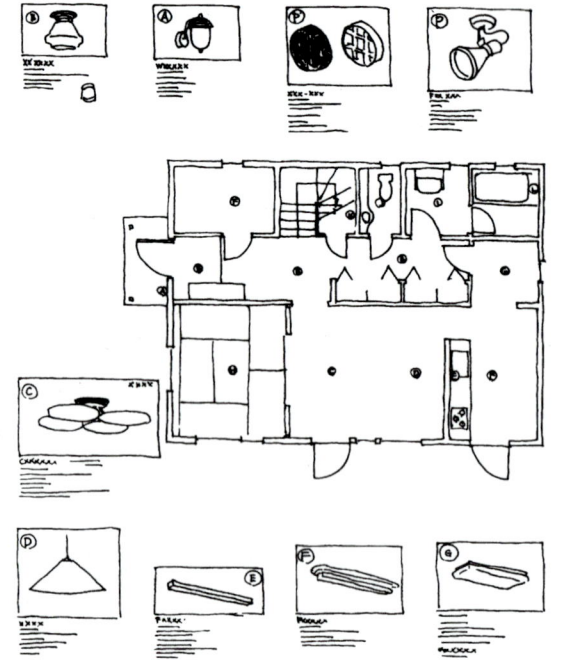

▶ 그림 1 전체적인 조명 계획을 패널로 제시한다. 평면도 위에 조명 기구의 설치 위치를 표시하고, 주변에 기구의 사진이나 관련 데이터를 배치한다. 빛의 효과를 나타내는 스케치도 첨부한다.

무조건 밝은 것이 바람직한 것은 아니다. 같은 공간에서도 밝기의 대비와 명암 패턴과 같은 밝기의 밸런스를 고려해야 하고, 방과 통로, 방과 방의 밝기의 밸런스 역시 중요하다.

조명 디자인에서 중요한 것은 광원보다는 빛이므로, 특히 주택인 경우에는 주간의 조명으로서 주광을 기본으로 생각해야 한다. 주광에 대해서는 3-8절 「주택의 채광」에서 자세히 설명하기로 하고, 여기서는 주로 인공 조명의 계획에 대해서 알아보기로 한다.

기본적으로 광원은 드러내지 않는 편이 바람직하다. 종래는 중앙에 조명 기구를 배치하는 방식이 많았는데, 이런 경우 상대적으로 벽이 어두워져 닫혀 있는 듯한 느낌을 받기 쉽다. 반대로 일단 벽이나 천장에 빛을 비추어 그 반사광으로 조명하게 되면 공간이 확대된 듯 넓게 느껴진다.

대부분의 주택에서 빛의 질이 문제되는 이유는 일반적으로 조명 기구의 개수가 적기 때문이다. 광원의 수를 늘리면 개개의 광원은 반드시 밝지 않아도 되고, 이렇게 각 광원의 밝기가 상대적으로 작아지면 글레어가 생길 염려도 줄어든다. 또한 책상이나 카운터, 테이블 등 필요한 지점을 제각각 조명할 수 있다는 이점도 있다. 단일 광원으로는 평균적으로 충분한 밝기를 확보할 수 있을지 몰라도 개개의 작업이나 장소에 적절한 양의 빛을 얻기는 곤란하다.

조명은 공간 내부 장식의 색채나 텍스처와 별개로 생각할 수 없다. 만약 공간 내부의 벽면이나 가구의 색이 전체적으로 어둡다면 조명 기구의 개수를 늘리는 것만으로는 방 전체를 밝게 느껴지도록 하기 어렵다. 이러한 점은 사용자가 의외로 깨닫지 못하는 경우가 많으므로, 빛과 색을 디자인한다는 입장에서 내부 장식의 색채에 대해 다시 한번 체크하고 검토해 볼 필요가 있다. 이와 반대로 조명도 색채나 텍스처에 영향을 줄 수 있다. 백열 전구의 빛은 따뜻한 느낌에 노란빛을 띤 색으로 다른 색의 보임에 영향을 주어 푸른 계통의 색이 다소 칙칙하고 생기 없는 느낌이 들게 한다. 일반적인 형광등은 산뜻한 흰색 빛을 내며 주광 아래에서 보는 색에 가깝게 지각된다.

■ 주택 조명 디자인의 프로세스

현재 일반 주택에서 치밀한 조명 설계가 이루어지는 경우는 그다지 많지 않다. 조명 디자인에는

▲ 그림 2 주택 공간을 컴퓨터 그래픽에 의해 시뮬레이션 한 것. 같은 공간 및 내부 장식에서 조명 기구만 달리한 것이다.

다양한 패턴이 존재하지만, 조명만 단독으로 설계하거나 또는 주택 설계의 일부로서 조명을 계획하거나 결국 기본 설계의 개략은 다음과 같다.

먼저, 예산과 설계 범위, 기간 그리고 의뢰인의 요구를 전제 조건으로 들 수 있다. 그 다음은 건축 공간 및 가구, 내부 장식에 대해 파악한다. 그 후 주광의 활용 방법을 포함해서 빛과 색을 디자인하게 된다. 조명 효과의 이미지가 결정되면 조명 계산 결과와 빛의 효과, 이미지를 나타내는 스케치를 첨부해서 그림 1과 같은 방식으로 제시하는 것이 일반적이다.

최근에는 컴퓨터 그래픽(CG)이 발달하여 디자인 부문에서도 널리 이용되고 있다. 건축 공간의 형상을 나타내는 데이터만 입력되어 있다면 조명 기구를 배치한 시뮬레이션도 어렵지 않게 만들 수 있다(그림 2). 그러나 사실적으로 표현되는 만큼 자칫 과장되거나 잘못된 이미지가 전달되지 않도록 각종 변수의 취급에는 매우 신중해야 한다.

2.2 리빙 룸의 조명

>> 다목적 모임의 장소

현대의 리빙 룸이야말로 진정한 의미의 다목적 공간이라고 할 수 있다. 모여서 쉴 수 있어야 하고 동시에 작업에도 대응할 수 있어야 하며, 장식적인 요소도 갖추어야 한다. 또한 외관이 보기 좋아야 하고 이를 거주자가 만족할 수 있어야 한다. 리빙 룸이 다양한 행위를 동시에 만족시킬 수는 없더라도 각각의 장면(scene)에 맞추어 구분해서 사용할 수 있도록 설계하는 것은 가능하다.

■ 다기능실로서의 리빙 룸

리빙 룸은 주택 안에서 가장 다양한 목적과 기능을 갖는 공간으로서, 굳이 전용 장소가 마련되지 않아도 되는 여러 유형의 행위가 일어나는 장소이다. 대부분의 주택의 리빙 룸에서는 책을 읽거나 친구를 초대하며 아이들이 놀거나 숙제를 하는 일상적인 행위가 일어난다. 또한 취미 활동의 공간이 되기도 하고 세밀한 작업을 하는 장소가 되기도 한다. 이러한 행위를 분류해서 빛환경을 디자인하는 방법에는 여러 가지가 있겠지만, 그 중 하나로서「활동적·대인적↔정적·개인적」,「긴장↔완화」,「비일상적↔일상적」의 세 가지를 대표적인 평가 축으로 하는 방법을 들 수 있다. 이들 컨셉트를 밝음·어둠, 빛의 균일·불균일 같은 빛의 상태와 효과적으로 연결시킴으로써 다기능실로서의 역할을 발휘할 수 있는 리빙 룸의 빛환경을 디자인한다.

■ 리빙 룸의 조명 기구

실용적인 면과 미적인 면 양쪽 모두를 만

▲ 그림 1 백열 전구 다운라이트와 스탠드의 조합   ▲ 그림 2 백열 전구의 업라이트에 의한 간접 전반 조명

족시키기 위해서는 전반 조명, 작업용 조명, 액센트 조명을 효율적으로 조합해야 한다(그림 1). 생활 양식이 변화하면 공간의 기능도 변하므로 가구의 구성도 달라지게 된다. 예를 들어 다운라이트 같은 고정된 조명 기구를 사용하는 경우에는 세심한 주의가 필요하다. 전반 조명에는 필요에 따라 이동 가능한 스탠드 또는 자립식 업라이트를 이용할 수 있다(그림 2).

리빙 룸의 조명 기구로는 라이팅 덕트를 이용한 가동식 스포트라이트도 적당하다. 고정식 기구를 설치하는 경우 변화시키기 어려운 요소와의 조합을 고려한다. 예를 들어 브래킷은 소파의 양쪽 옆보다는 벽의 움푹한 곳이나 창의 위치에 맞추어 설치한다. 테이블 스탠드나 플로어 스탠드는 사람이 앉는 장소에 친근한 빛의 띠를 만들어 공간에 움직임을 준다. 또한 종류가 다양해서 내부 장식의 스타일이나 색채와도 쉽게 조화시킬 수 있다.

리빙 룸의 조명은 공간에서 보여주고 싶은 요소를 강조하고, 감추고 싶은 요소를 눈에 띄지 않도록 한다. 공간이 좁은 경우에는 벽이나 천장에 빛을 반사시킴으로써 공간이 넓어 보이도록 한다. 천장에 노출된 대들보 등 건축적인 특징이 있을 때는 업라이트가 가장 적당하다. 한편, 공간이 넓을 때는 스탠드나 스포트라이트에 의한 보다 국소적인 빛의 효과를 이용해서 공간을 분절하고, 이를 통해 넓이를 살리면서도 차분한 느낌이 들도록 한다. 장식적인 조명이 없으면 공간은 무미건조해진다. 양초처럼 그 자체가 아름다운 오브제인 조명 기구는 공간에 중심을 만들기도 한다(그림 3). 파티 등으로 사람들이 모이는 공간에는 양초와 같은 천연의 광원은 특히 의미가 있다(그림 4). 이러한 빛은 강하지 않으므로 더 큰 효과를 얻으려면 인공 조명을 함께 사용해야 한다.

광원에 관해서는 백열 전구류를 선택하는 것이 바람직하다. 백열 전구는 원래 따뜻한 느낌을 주어 긴장을 완화시키고 쾌적한 느낌을 준다. 보통 백열 전구보다는 빛이 약간 희고 색이 확실하게 보이는 할로겐 램프는 색과 텍스처를 적극적으로 보이고자 하는 장소에 효과적이다. 한편, 리빙 룸의 조명은 빛의 양을 조절할 수 있어야 한다. 조도 레벨을 변화시키면 다른 장면이나 시간에 따른 분위기

▲ 그림 3 조명의 기본인 양초는 점광원으로부터의 빛이 퍼져 나가 불빛을 똑바로 쳐다볼 수 있다는 점이 매력이다.

▲ 그림 4 불꽃에 의한 빛은 친근감을 준다. 빛의 중심을 만드는 스탠드가 독서용으로 적당한 위치에 있다.

나 요구에 대응할 수 있기 때문이다.

■ 리빙 룸에서의 시작업

리빙 룸에서 독서를 하려면 책을 비출 조명이 필요하게 된다. 그런데 주위의 밝기의 대비가 지나치게 크면 눈이 피로해진다. 조명의 이상적인 위치는 의자 측면에서 약간 위쪽으로 그리고 다시 뒤쪽의 위치다(그림 4). 이렇게 하면 책장의 면에 그림자나 반사가 생기지 않게 직접 조명할 수 있다.

우리들 대부분은 특별히 의식하지 않지만 TV 시청에 상당한 시간을 보내고 있다. TV 화면은 일종의 광원인데 적절한 조명이 없으면 대비가 강해져서 피로의 원인이 된다. 반대로 공간이 너무 밝아도 화면이 잘 보이지 않는다. 화면과 주위의 대비를 줄이려면 조명을 TV 옆 또는 후방에 배치하고, 다소 어두운 확산 전반 조명을 더해준다. 조명이나 창의 위치가 보는 사람의 뒤쪽 또는 화면과의 사이에 있으면 반사가 일어나서 화면이 잘 안보이게 된다(그림 5).

■ 리빙 룸의 소품과 조명

리빙 룸은 가구나 다양한 소품 등으로 장식하는데 가장 힘을 기울이는 장소이다. 그러나 이에 어울리는 적절한 조명이 없으면 모처럼의 장식도 빛을 잃게 된다(그림 6). 저압 할로겐 램프는 장식품에 캐치라이트(catchlight) 효과를 주면서도 기구 자체는 눈에 두드러지지 않아 전통적인 장식이나 모던한 장식에 비교적 잘 어울린다. 다운라이트는 대상물을 독립시키고 극적인 효과를 주기도 한다. 아래 또는 뒤쪽에서 조명을 비추면 대상물에 신비한 실루엣을 만든다. 또한 옆에서 조명을 비추면 텍스처나 형태가 돋보인다. 유리의 반짝이는 투명감을 강조하려면 직접 아래나 뒤에서 비춘다. 장식장 아래나 유리 선반 아래에 스포트라이트나 형광 램프를 감추어 조명하면 특히 효과적이다. 그림을 조명하는 경우에는 액자나 그림 표면에 조명이 반사되지 않도록 적절한 각도를 골라 그림 전체를 균일하게 비춘다.

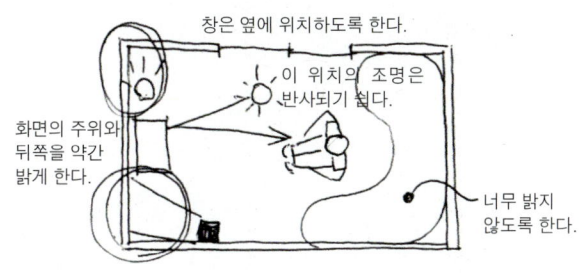

창은 옆에 위치하도록 한다.

이 위치의 조명은 반사되기 쉽다.

화면의 주위와 뒤쪽을 약간 밝게 한다.

너무 밝지 않도록 한다.

▲ 그림 5 TV와 컴퓨터 화면은 조명 기구나 창에 의한 반사 또는 대비의 저하가 일어나지 않도록 배치에 주의한다.

▲ 그림 6 장식과 소품을 조명한다. 스포트라이트에만 한정하기보다는 그 자체가 오브제가 되는 스탠드도 활용한다.

2.3 식사를 위한 공간의 조명

>> 가족과 식사

요사이 부엌은 음식을 만드는 공간뿐 아니라 거실의 일부처럼 가족들이 가볍게 이용하는 장소가 되었다. 공간 효율과 편리함을 요구하는 경향, 가족간의 식사 시간의 차이 등으로 인해 독립된 다이닝 룸은 점차 주택에서 사라져가고 있다. 그러므로 부엌도 정서적·미적인 요구와 함께 실용적인 조명을 고려하여 계획해야 한다.

■ 부엌의 조명

부엌은 대표적인 작업 공간이지만, 주택에 있어서는 조리나 설거지 등의 정리뿐만 아니라 작업을 하면서 대화를 하기도 하므로 순수하게 작업만을 위한 공간으로 생각하기는 어렵다.

부엌의 조명 계획은 먼저 기능적인 면부터 검토하기 시작하여 장식적인 조명이나 국부적인 조명을 더해가는 것이 좋다. 부엌에서의 싱크대, 오븐, 가스 레인지 등의 배치는 잘 바꾸지 않으므로 다운라이트나 천장에 설치하는 스포트라이트 같은 고정식 조명 기구를 많이 사용한다.

부엌의 조명 기구를 선택할 때는 다른 공간과 달리 특별히 주의할 점이 있다. 자립식 기구나 스탠드는 공간을 차지하는데다 전원 코드에 걸려 넘어질 위험이 있다. 또한 기구에 먼지나 기름이 붙기 쉽다는 점도 고려해야 한다. 부엌에는 상당히 높은 조도의 전반 조명과 작업 조명이 필요하다. 전체적으로 가능한 한 그림자와 글레어가 생기지 않도록 한다. 부엌은 일반적인 식사 준비에도 칼을 사용하며, 뜨거운 물이나 가스의 불꽃 등을 취급하므로 무엇보다도 안전성이 중요하다. 따라서 눈을 침침하게 하는 글레어는 위험하다. 레서피를 읽고, 음식을 맛있게 보이도록 하려면 충분한 밝기와 적절한 배치, 우수한 연색성을 모두 갖춘 조명이 필요하다.

전반 조명을 위해서는 천장면을 반사면 또는 설치 장소로 이용한다.

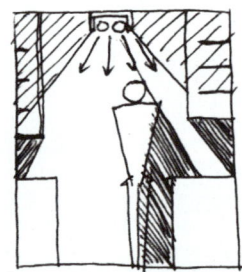

▲ 그림 1 한 가지 등만으로는 중요한 곳에 그림자가 생기기 쉽다. 이 때는 천장을 활용하는 전반 조명과 광원을 드러내지 않는 작업 조명을 고려한다.

▲ 그림 2 다운라이트와 레인지 후드 조명, 가동식 스포트라이트를 병용함으로써 손 그림자가 생기지 않도록 한 부엌

벽면 최상부의 코니스에 감추어진 형광 램프는 천장을 밝게 비출 수 있다. 벽에 부착하는 위를 향하는 스포트라이트나 브래킷형의 업라이트도 같은 효과를 얻을 수 있다. 다운라이트도 부엌의 전반 조명으로 적당하다. 매립형의 기구는 눈에 띄지 않으면서 글레어가 잘 생기기 않는다.

작업용 조명은 필요한 장소가 효과적으로 조명되고, 작업자 자신의 그림자가 방해되지 않아야 한다. 작업대나 레인지, 싱크대 앞에 섰을 때 조명이 등 뒤로 오게 배치하는 것은 피하고, 앞 또는 옆쪽에서 빛이 오도록 조명 기구를 배치한다. 효과적인 것은 스포트라이트나 형광 램프를 벽면 수납 유닛의 아래쪽에 감추어 조명하는 것이다(그림 1). 기능적으로 디자인 된 부엌 전용의 기구도 많으며, 조명이 내장된 환기팬 후드도 있다. 또한 도어를 열면 자동으로 점등되는 식기장 또는 식품 저장고의 내부 조명 등은 사용에 매우 편리하다(그림 2).

액센트 조명이나 장식용 조명은 부엌에 필수적인 것은 아니지만 일상용품을 디스플레이 하는데 이용할 수 있다. 액센트 조명은 작업용 조명이 꺼진 후에도 은은한 배경 조명으로 사용할 수 있다.

광원은 저압 할로겐 램프가 흰색 빛이 강해서 기능적이며 아름다운 부엌의 조명에 적합하다. 할로겐 램프 아래에서는 색을 쉽게 구분할 수 있으므로, 식품의 상태를 조사하거나 구이 등의 표면 상태를 보거나 할 때 효과적이다. 주위가 나뭇결 무늬나 테라코타 같은 자연의 색이 많은 경우에는 일반적으로 백열 전구의 빛이 적당하다. 지금까지 형광 램프는 부엌의 조명으로 적합하지 않다고 여겨졌다. 그러나 최근에는 연색성이 개선된 제품이 생산되고, 전등갓을 씌우는 등 광원을 직접 드러내지 않게 하여 실용적으로 사용되고 있다. 색온도가 비교적 낮은 것을 사용하고 무엇보다 연색성이 우수한 광원과 조합시키는 것이 바람직하다.

부엌이 식사 공간과 겸하는 경우라면 부엌에서 식사 공간으로 중심을 옮기는데 조명의 조도 조절이 효과적인 수단이 된다. 또한 액센트 조명이나 작은 램프도 분위기를 바꿀 수 있다. 스위치는 전반 조명과 작업용을 따로 제어할 수 있도록 하여 빛의 분포나 밝기 조절에 유연성을 부여한다.

▲ 그림 3 아침 식사 때 가장 어울리는 주광을 활용한 조명. 창가의 선반이나 놓여진 물건에 의해 직사광을 안으로 확산시킨다.

▲ 그림 4 축하나 차분한 느낌의 디너용 조명으로는 양초를 기본으로 해서 주위의 조명을 구성하기도 한다.

■ 식사를 위한 공간의 조명

식사 공간의 조명 계획은 다목적 공간 안에서 친밀한 분위기를 만들 수 있도록 해야 하며, 하루 중 다른 시간대와 상황에 적용될 수 있도록 고려해야 한다. 예를 들어, 아침 식사에 어울리는 주광을 활용한 조명과 단 둘이서 즐기는 친밀한 디너 그리고 가족의 특별한 축하 식사에 어울리는 빛의 분위기는 서로 다르다(그림 3, 4). 식사 공간의 조명은 테이블에서 시작된다. 요리가 더욱 맛있어 보이게 빛을 연출하면 식욕을 돋구기도 한다.

심플한 금속제 전등갓에서 샹들리에에 이르기까지 펜던트 조명은 식사 공간을 비추는 주역이라고 할 수 있다. 펜던트 조명은 사물을 보는데 필요한 빛과 그 빛이 부여하는 쾌적함의 중심적 역할을 한다. 광원으로는 백열 전구가 색을 충실히 재현하고 안색을 좋게 보이게 하므로 적합하다.

펜던트는 광원으로부터 글레어가 발생하지 않도록 테이블 위의 충분히 낮은 위치에 오도록 설치해야 하는데, 너무 낮을 경우 테이블 너머의 시야나 대화에 방해가 될 수 있다. 또한 펜던트는 형태 자체도 중요해서 전구가 기구 안에 감추어질 수 있도록 전등갓이 긴 것이 전구가 노출되어 있는 디자인보다 바람직하다. 긴 테이블의 경우, 그 전체 길이를 비추려면 여러 개의 펜던트가 필요하다(그림 5, 6). 임의의 장소에 기구를 설치할 수 있는 라이팅 덕트도 이러한 경우에 적합하다.

다운라이트는 펜던트 라이트를 대신하기도 하지만, 배치가 어렵고 테이블의 위치가 바뀌지 않을 경우에만 실용적이라 할 수 있다. 머리 바로 위에 있는 다운라이트는 그 사람만 강조하게 되어 불쾌한 느낌이 든다거나 얼굴에 보기 싫은 그림자를 만들기도 한다.

테이블 조명과 배경 조명은 분위기 또는 강조하는 장소의 조명을 미묘하게 조절할 수 있도록 각각 빛의 양을 제어할 수 있어야 한다. 이는 독서와 같은 다른 행위가 식사 공간에서도 일어날 수 있고, 식사 공간이 따로 구획되지 않고 전체 공간의 일부로 사용되는 경우에 특히 중요하다.

▲ 그림 5 큰 테이블에 작은 펜던트를 두 개 사용해서 밝기의 얼룩을 줄인다.

▲ 그림 6 밝아야 하는 경우에도 커다란 등 하나가 아닌 슬림한 디자인의 등을 여러 개 사용하는 것이 좋다.

2.4 이동 공간의 조명

>> 현관 · 복도 · 계단

여기에서는 그 공간에 머무른 상태에서 행위가 일어나는 것이 아니라 실외와 실내, 방과 방을 연결하는 이동을 위한 공간에 대해 생각해 본다. 먼저 현관은 그 집의 얼굴이며 손님을 맞이하는 첫 장소임과 동시에 거주자에게는 자신의 집으로 돌아와 처음으로 안도의 숨을 쉬는 장소이기도 하다. 그러므로 이동을 위한 기능뿐 아니라 좋은 인상을 주는 분위기가 중요하다. 일반적으로는 친근하고 따뜻한 느낌이 선호된다. 계단이나 복도는 안전하게 이동할 수 있는 것이 가장 큰 조건이며, 그 다음으로 실과 실을 이어주는 공간으로서의 분위기가 요구된다.

■ 현관

현관문 바깥쪽에는 방범을 위해 방문객의 모습을 확인할 수 있도록 문의 개폐에 방해가 되지 않는 위치에 조명을 설치한다. 바깥쪽의 조명은 안쪽에서 문을 연 사람의 얼굴을 비추는 역할도 하므로 현관 안과 밝기의 차가 너무 크지 않도록 주의한다.

현관 안은 전체를 밝게 해서 귀가하는 사람과 방문객, 가족의 얼굴을 명확하게 비추도록 한다. 신발장 등의 수납 공간 내부도 그림자가 지지 않도록 유의한다. 주간에는 실외가 밝으므로 상대적으로 현관 안이 어둡게 보이지 않도록, 또한 사람의 모습이 실루엣이 되지 않도록 주광을 살려서 계획한다. 문의 상부 또는 문 자체에 창을 내는 것은 밝은 장소에서보다 어둡고 둘러싸인 장소로 빛을 유입하는데 효과적이다. 또한 거울을 효과적으로 배치하면 공간에 깊이감을 주고 자연광의 반짝임도 배가시킬 수 있다. 광원은 방문객을 신속하게 맞을 수 있도록 순간적으로 점등되며 따뜻한 느낌이 드는 색광의 램프를 사용한다. 컴팩트형 형광 램프는 점등 직후에 빛의 양이 적어 어두운 느낌이 들기 때문에 적당하지 않다. 그림 1은 브래킷형의 간접 조명을 설치한 예이다. 현관이 좁다면 야간에는 이 정도 밝기로 충분하다. 그림을 보면 문 주위를 반투명 유리의 채광창으로 하고 벽면도 밝은 색으로 해서 주간에는 인공 조명 없이도 충분히 밝도록 설계되어 있다.

현관 홀은 오랜 시간 머무는 공간이 아니므로 대부분 좁고 기능도 많지 않다. 벽면은 디스플레이를 위해 사용될 수도 있지만 가구를 위한 공간은 넉넉하지 않다. 이런 요소가 조명에도 제한을 주지만, 한편으로 조명은 유효한 공간을 희생하지 않고도 공간에 특징을 부여하는 방법이 될 수 있다. 현

◀ 그림 1 현관의 간접 조명 기구와
채광 창

관 홀에는 천장등 또는 브래킷 타입의 등이 적합하다. 매립형 다운라이트는 현관문에서 집 안으로 가는 통로를 나타내는 액센트가 된다. 브래킷형 업라이트는 극적 효과를 내서 건축 공간을 돋보이게 한다. 현관 홀의 벽이 그림을 장식하는 등 디스플레이를 위해서 사용될 때는 스포트라이트나 라이팅 덕트에 의한 조명으로 시선을 끌 수 있다. 현관 홀의 폭이 충분하다면 좁은 테이블이나 입구 부근의 선반 위에 작은 테이블 램프를 두어 따뜻한 느낌을 더해 줄 수 있다. 또한 펜던트 라이트도 너무 낮으면 곤란하겠지만 특별히 장식적인 의미라면 좋은 방법이라고 하겠다. 현관 홀로 내려가는 계단이 있는 경우에는 시각적으로 중심을 집중시키려는 아이 캐처(eye catcher)로서 샹들리에나 색유리 랜턴을 써도 좋다. 그러나 이 경우에는 조명 기구가 아래에서 뿐만 아니라 위에서도 볼 수 있어야 하며, 계단을 내려오는 사람이 잘 보이고 어느 방향에서도 글레어로 인한 불쾌감이 없는 것을 반드시 확인하도록 한다.

■ 복도

복도는 실과 실을 연결하는 공간이므로 이동할 때 눈에 들어오는 빛환경을 일련의 연속으로 생각할 필요가 있다. 밝기는 방에 들어갈 때 어둠침침하지 않을 정도로 하고, 방에서 복도로 나올 때도 위험이나 불쾌감이 없도록 균형을 생각해서 설정한다. 기능적으로도, 분위기면에서도 밝기의 얼룩이 큰 것은 바람직하지 않으므로 작은 기구를 균형 있게 설치해서 어느 정도 균일한 밝기가 되도록 한다. 주택의 복도는 폭이 좁고 천장도 높지 않은 경우가 많은데, 매립형 다운라이트는 공간에 돌출되지 않는다는 점에서는 바람직하지만, 벽 상부가 어두워지지 않도록 비교적 각이 넓은 것을 선택해야 한다. 그림 2는 좁은 공간을 활용하여 복도의 조명을 정면 벽의 픽처 라이트와 겸한 예이다. 수납과 조합해서 벽감을 만들어 조명을 설치하는 방법도 자주 사용된다. 상부에 낮은 다운라이트를 설치하면 그림을 장식하거나, 꽃이나 물건 등의 입체물을 장식하는 등 장식품에 의해 변화를 즐길 수 있다(그림 3).

▲ 그림 2 벽면의 조명까지 고려한 복도의 다운라이트

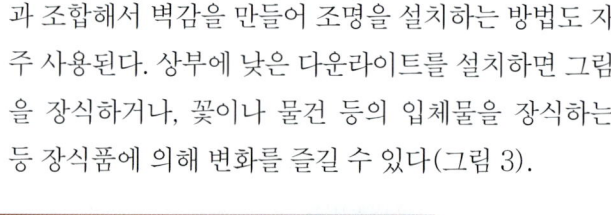

◀ 그림 3 벽감에 설치한 다운라이트

■ 계단

계단의 조명에서 고려해야 할 점은 오르내리기에 충분한 밝기일 것, 사람의 그림자가 많이 생기지 않고 계단이 잘 보일 것, 그리고 어느 위치에서도 글레어가 되는 광원이 직접 보여서는 안 된다는 것이다. 천장이 오픈 된 공간에 면한 계단의 경우, 다른 조명 기구나 창으로부터 유입되는 빛에도 주의해야 한다. 펜던트와 브래킷은 계단에 쓰이는 조명 기구로 매우 이상적이다. 위에서 비추는 조명은 계단 끝이 잘 보이게 해서 굴러 넘어지거나 하는 위험을 줄인다. 홀과 계단 위에 같은 조명 기구를 사용하면 통일성과 연속감이 느껴진다. 작은 조명을 계단에 가까운 벽 아래 또는 계단면에 매입해서 조명된 통로를 만들면 건축 공간에 극적 효과를 줄 수 있다. 그림 4, 5는 계단참 부근의 벽면에 브래킷을 설치한 예이다. 조명 기구로 세로로 긴 형태의 글로브를 사용했기 때문에 오르기 시작할 때 위를 올려다보아도(그림 4), 내려오기 시작할 때 아래를 내려다보아도(그림 5) 광원은 직접 보이지 않는다. 벽면은 오프 화이트의 직물 벽지를 바른 것으로 적당히 반사된 간접광으로 계단이 잘 보이게 된다.

■ 공통되는 포인트

현관 홀과 복도·계단의 조명 계획에서 기억해 두어야 할 몇 가지 포인트가 있다. 야간에 현관을 들어설 때 어둠 속에서 집 안의 스위치를 찾지 않도록 현관문을 들어섰을 때 바로 손이 닿을 수 있는 곳에 스위치를 설치한다. 마찬가지로 복도의 각 장소나 계단의 아래·위에도 스위치를 계획적으로 배치한다. 또한 시점이 이동하므로 여러 방향에서 발생하는 글레어에 주의해야 한다. 방향을 바꿀 수 있는 스포트라이트나 계단에서 보이는 업라이트 등은 문으로 들어오는 사람이나 계단에서 내려오는 사람이 눈부시지 않도록 적절한 위치에 설치해야 한다. 어떤 경우라도 출입할 때 눈의 순응을 도울 수 있도록 다양한 주광의 조도 레벨에 대응되는 조광 장치를 설치하는 것이 좋다.

▲ 그림 5 계단의 브래킷(내려다보았을 때)

▶ 그림 4 계단의 브래킷(올려다 보았을 때)

2.5 사무 공간의 조명

>> 사무 작업을 위한 빛환경

오피스는 생산의 장이자 긴 시간을 보내는 거주 공간이기도 하다. 따라서 사물이 잘 보여야 한다는 기능성의 확보는 물론 거주 환경으로서의 쾌적성도 함께 고려해야 한다. 또한 환경을 조성하고 유지하기 위한 비용과 생산성의 균형이라는 문제에 대해서도 배려가 필요하다.

■ 데스크 주위의 빛환경

사무실에서 이루어지는 작업은 서류를 읽고 쓰고, 누군가와 대화를 하고, 곰곰이 생각하고 판단하는 등 매우 다양하다. 또한 최근에는 일반 사무실에서의 컴퓨터 사용이 증가하면서 화면을 통해 서류를 열람하고 작성하는데 소비하는 시간이 점차 증가하고 있다.

이러한 사무 작업이 보다 효율적으로 이루어지기 위해서는 다음과 같은 조명 환경이 필요하다.

(1) 필요한 조도를 확보할 것

(2) 시작업을 방해하는 글레어(눈부심)가 없을 것

필요한 조도는 시작업의 대상이나 내용에 따라 다른데, 일반적인 작업을 수행하는 사무실의 책상면의 권장 조도는 750[lx], 세밀한 작업을 동반하는 경우나 주광의 영향으로 창 밖이 밝아 실내가 어둡게 느껴지는 경우에는 1,500[lx]가 권장되고 있다.

작업시 일어날 수 있는 오류나 사고, 피로 등을 예방하기 위해서는 글레어를 규제하는 것이 중요하다. 램프의 휘도에 대해 차광각을 규제하거나(표 1), 스크린의 특성에 따라 조명 기구의 휘도 규제치(표 2)가 설정되어 있다. 조명 기구에 격자형 루버가 부착되어 있는 것은 VDT 화면에 광원이 반사되는 것을 방지하고 광원 자체가 일으키는 눈부심을 막는 역할을 한다(그림 1).

실제적으로는 책상면의 서류에서 키보드, 키보드에서 모니터와 같이 순차적으로 시선을 움직이면서 작업이 수행되기 때문에, 주시점의 이동에 따라 변화하는 시야 속에 극단적인 휘도의 차가 있으면 작업자에게 피로를 일으키게 된다.

● 표 1. 광원의 발광 휘도에 대한 최소 차광각

광원의 휘도[kcd/m²]	최소 차광각
1~20	10°
20~50	15°
50~500	20°
≧500	30°

* 램프의 휘도에 대한 차광각이 상기의 값을 밑돌아서는 안 된다.

● 표 2. VDT 사용시의 조명 기구의 휘도 규제치

스크린 특성	I	II	III
스크린의 질	양호	보통	불량
조명 기구의 평균 휘도의 제한치	≦1,000 cd/m²		≦200 cd/m²

* 스크린 특성의 분류는 JIS Z 8517(1999)「인간 공학－시각 표시 장치를 이용한 오피스의 작업 화면 반사에 관한 요구 사항」에 의한다.

■ 태스크 · 앰비언트 조명

사무실에서 많이 쓰이는 조명 방식은 전반 조명과 태스크 · 앰비언트(Task · Ambient) 조명 방식이다.

전반 조명 방식은 천장 전체에 조명 기구를 규칙적으로 배치해서 실내의 작업면 전체에 거의 균일한 조도를 부여하는 방식이다. 가구 배치 등이 변경되어도 조명 조건이 두드러지게 달라지지 않는다는 장점이 있어, 임대 건물과 같이 미리 레이아웃이나 용도가 확정되어 있지 않은 사무실에 많이 사용된다.

태스크 · 앰비언트 조명 방식은 작업을 행하는 영역에는 필요한 조도를 확보하고, 그 외의 주변 영역에는 이보다 낮은 조도를 부여하는 방식이다.

자리를 자주 비우게 되는 사무실에서는 개개의 태스크 라이트를 끄게 되면 에너지 절약의 효과를 얻을 수 있다. 또한 파티션(partition)이 높은 사무실에서는 태스크 · 앰비언트 조명이 아니면 작업면의 조도를 확보하기 어려운 경우도 있다.

작업 주변부의 조도는 작업면 조도값에 따라 정해져야 하며, 시야 내의 휘도 분포가 조화를 이루도록 해야 한다. 작업 주변부에서 급격한 조도의 변화가 있는 경우에는 시각적인 스트레스나 불쾌감을 느낄 수 있다. 작업 주변부의 조도는 작업면 조도보다는 낮지만, 표 3에 나타내는 조도를 밑돌지 않도록 해야 한다. 조명 기구의 형태, 조명 방식 등의 조합에 따라 태스크 · 앰비언트 조명에는 다양한 패턴이 있는데(그림 2), 천장에 설치하는 앰비언트 조명에 스탠드 또는 파티션 부착형의 태스크 조명의 조합이 일반적인 태스크 · 앰비언트 조명이 된다.

■ 오피스 조명과 에너지 절약

건물 전체에서 소비하는 에너지 중에서 조명 설비가 소비하는 에너지는 주택에서 약 16%, 비주

▲ 그림 1 루버가 부착된 조명 기구

● 표 3. 작업면 조도에 대한 주변부의 조도

작업면 조도[lx]	작업 주변부의 조도[lx]
≧750	500
500	300
300	200
≦200	작업면 조도와 동일 조도

* 조도 균제도(평균 조도에 대한 최소 조도의 비율)는 작업면 조도에서 0.7, 작업 주변부에서 0.5를 밑돌아서는 안 된다.

택에서 30% 정도라고 하며, 사무실에서의 조명 설비의 에너지 절약은 냉·난방, 공조 설비에 이어 중요한 항목이 되었다(그림 3).

조명 기구에 Hf형광 램프나 절전형 형광 램프 등을 사용한 고효율 기기 선택하기, 조명 기구의 오염을 제거하여 보수율 높이기, 실내 벽면이나 천장면 등의 마감재에 반사율이 높은 소재 사용하기 등으로 에너지 절약의 효과를 얻을 수 있다.

보다 적극적으로 각종 센서를 이용해서 효율 높은 조명을 공급하는 방법도 시도되고 있다. 실내의 창 부근에 설치한 밝기 센서에 의해 주광의 밝기를 감지하고 그것에 맞추어 광량을 조절하거나, 사람을 인지하는 센서로 이용자가 부재중인 공간을 소등하는 것 등이다. 조광 방법이나 초기비용과의 균형 등 아직도 여러 가지 과제가 있지만, 기능면과 쾌적성의 면을 포함해서 앞으로 계속 개발되어 갈 것이다.

▲ 그림 2 태스크 · 앰비언트 조명
  ((주)하먼 밀러 저팬 1998년 당시)
형광 램프의 앰비언트 조명에 천장에 설치된 태스크 조명을 조합시켰다.

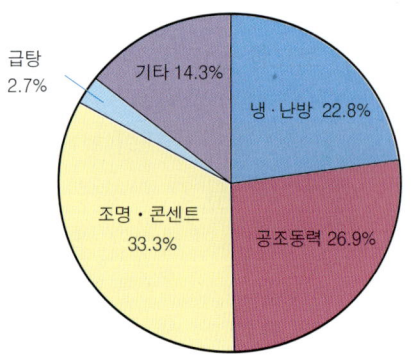

▲ 그림 3 사무소의 전력 소비량 비율

급탕 2.7%
기타 14.3%
냉·난방 22.8%
조명 · 콘센트 33.3%
공조동력 26.9%

2.6 행동에 알맞은 빛환경

>> 오피스에 있어서의 행동

조명 설계에 있어 행동을 고려한다는 것은 주로 다음과 같은 두 가지 점을 검토한다는 것을 의미한다.

(1) 시작업의 종류(어느 정도 세밀한 작업을 하는가)

(2) 행동에 맞는 분위기(어떠한 인상이 적당한가)

최근에는 (2)의 분위기와 함께 작업 성적이나 의욕에 미치는 영향 등 행동에 대해 매우 세심한 배려가 이루어지고 있다.

■ 시작업의 종류와 조명 설계

조명 계획 특히 밝기를 결정하는 조도 계획에서는 그 장소에서 일어나는 행동, 즉 어느 정도의 세밀한 시작업이 수행되는지가 중요한 포인트가 된다.

표 1에 오피스 빌딩의 조명 기준의 일부를 제시한다. 조도와 글레어 방지의 설정은 주로 요구되는 시작업의 세밀한 정도 및 장소와 연관시켜 분류하였다.

최근 컴퓨터의 보급에 따라 종래 종이를 대상으로 한 작업에서 VDT 등의 화면을 대상으로 한 작

● 표 1. 실내 조명 기준(오피스 빌딩 − 발췌)

장소 · 작업의 종류	권장 조도[lx]	불쾌 글레어	반사 방지	광 색	연색성
• 사무 영역					
사무실(a)	1,500	D2, D3	V2, V3	중성색, 한색	1B
사무실(b)	750	D2, D3	V2, V3	중성색, 한색	1B
설계실·제도실	1,500	D2, D3	V2, V3	중성색, 한색	1B
VDT 전용실, CAD실	750	D1, D2	V1, V2	중성색, 한색	1B
연수실, 자료실	750	D3, D4		중성색, 한색	1B
• 커뮤니케이션 영역					
응접실	500	D2, D3, D4		중성색, 한색	1B
회의실, 미팅룸	700	D2, D3		중성색, 한색	1B
• 휴게 영역					
식당, 카페테리아	500	D2		난색, 중성색, 한색	1B
휴게실	500	D1, D2		난색, 중성색, 한색	1B

비 고

■ 사무실은 세밀한 시작업을 동반하는 경우 및 주광의 영향에 의해 창 밖이 밝아 실내가 어둡게 느껴지는 경우에는 (a)를 선택하는 것이 바람직하다.

■ 글레어의 제한에 대해서는 VDT 작업이 행해지는 공간인 경우에는 G분류보다 V분류의 사용을 우선한다.

■ V1 : 50cd/m² 이하, V2 : 200cd/m² 이하, V3 : 2,000cd/m² 이하(1,500cd/m² 이하가 바람직하다.)

■ 연색성 1B는 평균 연색 평가수 Ra가 80 이상 90 미만의 범위에 있는 것을 의미한다.

업이 증가한 점은 조명 설계에 커다란 영향을 주고 있다. 먼저 시작업의 대상이 종이 매체에서 VDT 등의 발광 매체로 옮겨가면서 모니터 화면에 대해 생기는 조명이나 창 등 주위의 반사를 방지하는 것과 작업자의 눈의 피로를 고려할 필요성이 높아졌다. 또한 책상에 놓여진 종이에서 VDT 화면으로 관찰 대상이 이동함으로써 90° 가까이 시선의 방향이 달라졌다는 점도 커다란 변화의 요인이다. 이는 지금까지 주로 수평면 조도의 확보를 중시하던 조명 설계에서 연직면 조도에 대해서도 고려할 필요성이 커졌음을 의미한다.

사회 환경이나 생활 환경의 변화로 인해 실내에서의 행동도 달라지므로 이처럼 요구되는 빛환경의 요소가 크게 변화할 수 있다. 따라서 공간에서 이루어지는 행동을 예측하고 그에 알맞은 빛환경을 계획하는 것이 중요하다.

■ 공간의 분위기와 조명

밝기의 확보와 눈부심 방지 등 기능적인 성능의 확보뿐 아니라 그 공간에서 행해지는 행동에 적합한 분위기를 만들어내는 것도 조명의 중요한 역할이다.

사무 공간에는 긴장감과 차분함, 때로는 활기찬 분위기가 요구되기도 하고, 작업 중간에 휴식을 취하는 휴게 공간이나 손님을 맞는 응접실 등은 편안하고 따뜻한 느낌의 분위기가 선호된다.

분위기를 만들어내는 조명의 요소로서 밝기는 물론 배광과 빛의 색이 중요한 역할을 한다. 공간 전체를 균일하게 비추며, 비교적 흰빛을 띠는 주광과 같은 색의 조명은 활기와 긴장감이 있는 분위기를 만들고, 다운라이트와 브래킷 등 국부적인 조명에서 붉은 기운이 있는 빛의 색은 차분하고 조용한 분위기를 만들어낸다. 전자는 사무실의 넓은 공간에, 후자는 휴게 공간의 조명으로 하면 변화와 리듬이 있는 공간을 연출할 수 있을 것이다(그림 1, 2)

종래 전체를 균일하게 비추는 조명 기구는 직관형 형광 램프에 의한 백색의 빛이 주류를 이루었

▲ 그림 1 백색광으로 균일하게 조명된 사무 공간

▲ 그림 2 다운라이트의 따뜻한 느낌의 빛으로 조명된 응접실

고, 스포트라이트와 같이 국소적인 조명에서는 백열 전구나 할로겐 램프 등의 붉은 색을 띤 빛이 사용되는 등 배광의 특성과 광색은 연관이 깊었다. 그러나 최근에는 다양한 색온도를 갖춘 형광 램프가 개발되고 컴팩트형 형광 램프가 출현함으로써 배광과 광색의 관계를 자유롭게 계획할 수 있게 되었다.

■ 행동의 특성과 조명

행동에 적합한 분위기를 연출하는 조명에서 한 걸음 더 나아가 좀더 행동에 적합한 조명 계획 또는 행동을 지원하는 조명 계획에 관한 연구가 이루어지고 있다. 오피스의 개인 사무 공간에 있어서 몇 가지 대표적인 행동에 가장 적합한 태스크·앰비언트 조명(TAL)의 조도 균형을 구한 연구에서는 무엇을 읽거나 쓰거나 하는 일반적인 사무 작업에 비해 사고(思考)가 필요한 작업에서는 보다 주변 조도가 낮은 태스크·앰비언트 조명이 적합하다는 결과를 제시하였다(그림 3). 이는 사무 공간에 일어나는 행동이 겉보기에 같아 보이더라도 그 행동의 목적이나 성질에 따라 요구되는 조명 환경이 다르다는 것을 시사하는 것이다. 또한 시작업 성능과 분위기뿐만 아니라 집중도와 같은 인간의 의식 상태와 작업의 상세 내용을 함께 고려함으로써 보다 양질의 조명 공간을 실현할 수 있다는 것을 의미한다.

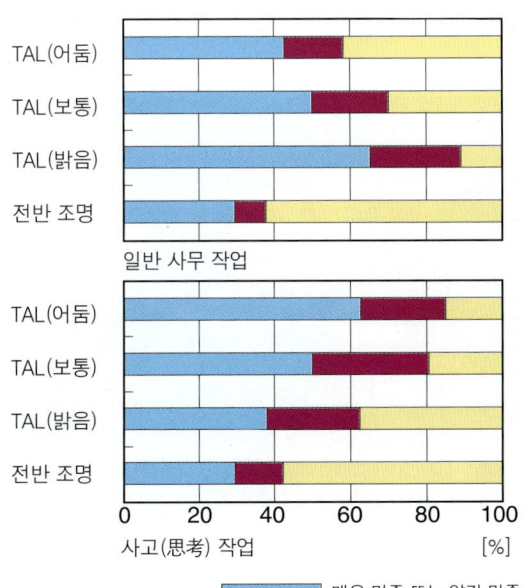

조명 패턴	조도
TAL(어둠)	주변 : 120~305[lx]/작업면 : 800~1,000[lx]
TAL(보통)	주변 : 330~650[lx]/작업면 : 820~1,120[lx]
TAL(밝음)	주변 : 550~800[lx]/작업면 : 970~1,260[lx]
전반 조명	주변/작업면 : 550~800[lx]

■ 매우 만족 또는 약간 만족
■ 어느 쪽도 아님
■ 매우 불만족 또는 약간 불만족

▲ 그림 3 만족도로 본 오피스의 행동에 요구되는 조도 작업의 특성에 따라 요구되는 밝기가 다르다.

점포의 조명

>> 상품을 위한 빛환경

뛰어난 점포 조명이란 '점포 구성의 기본에 따라 빛을 적절하게 처리한 것'이며, 이를 위해서는 먼저 빛을 분류해야 한다. 종래의 점포 조명은 표 1-A의 3요소로 분류되는 경우가 많았다. 이 분류에 의해서도 어느 정도는 점포 내 조명을 이해할 수 있겠지만, 이는 광원이나 조명 기구의 측면에서 분류한 것이므로 상업 시설과 직접 대응된다고 하기는 어렵다. 이 때문에 점포 구성의 기본과 대응된 빛의 분류 방법이 요구된다. 표 1-B에서는 조명 기구 중심의 생각에서 벗어나 본래 점포 구성에서 중시하는 고객과 상품 그리고 공간 상호 관계에 중점을 두었다.

■ 상품 조명

상품의 존재를 알리고 매력을 돋보이게 하기 위한 빛을 「상품 조명」이라고 하며, 상품의 특징인 색·형상·소재 등을 바르게 보여주고 상품의 이미지를 강조할 수 있는 조명 수법이 선택된다. 상품 조명의 대표적인 수법으로는 진열 조명, 월 워셔, 스폿 라이팅, 내부 조명 등이 있다.

■ 환경 조명

점포 전체의 환경 이미지를 표현하는 조명 요소를 「환경 조명」이라고 하며, 표 1-A의 기본 조명과 비슷하면서도 다른 면을 갖는다. 종래에는 「기본 조명」의 개념에 의해 우선, 기본적인 밝기를 확보한 후에 액센트나 장식 조명을 부가하는 것이 일반적이었다. 그 결과로 점포는 한결같이 밝게 조명되어 표면상으로는 조명 설계가 안전 중심으로 이행되는 듯한 시대에 뒤떨어진 판단 기준이 깊게

● 표 1. 점포의 빛의 분류

A
① 점포 안의 밝기를 확보하는 기본 조명(베이스 조명)
② 마네킹 등의 디스플레이 상품을 밝게 비추는 중점 조명(액센트 조명)
③ 점포로서의 화려함을 연출하는 장식 조명(익사이팅 조명)

B
① 상품의 특징을 설명하는 상품 조명
② 점포 이미지를 돋보이게 하는 환경 조명
③ 비일상적인 화려함을 연출하는 장식 조명

▲ 그림 1 진열 조명
빛이 닿기 어려운 선반 부분에 적극적으로 빛을 부여해서 상품이 명료하게 보이도록 한다. 간접 조명이지만 광원과 상품의 거리가 가깝기 때문에 효율적으로 조명할 수 있다.

뿌리를 내리고 있었다. 현대에는 이러한 방식으로는 다양한 공간의 컨셉트에 대응할 수 없게 되었다. 환경 조명의 개념은 점포의 컨셉트와 이미지를 최우선으로 생각하고, 기본 조명은 최저한의 상태로 유지되도록 하는 것이다.

환경 조명은 공간의 컨셉트나 인테리어 디자인과 밀접한 관계를 가지므로 구체적인 조명 기법은 일일이 열거할 수 없을 정도로 다양하지만, 주의해야 하는 몇 가지 포인트가 있다. 먼저, 점포 전체의 이미지를 주도한다는 면에서 전체를 조망했을 때 반드시 시야에 들어오는 천장면 또는 천장 부근의 벽면에 대해 조명 기법을 적용하는 것이 효과적이다. 또한 전체의 빛의 색은 심리적인 영향이 강하므로 광원의 색온도는 공간 이미지에 결정적인 역할을 한다. 기타 집광성이나 기구 디자인 등도 환경 조명의 중요한 포인트가 된다.

■ 장식 조명

상업 시설에는 주거나 오피스와 같은 일상생활에는 없는 '비일상적인 화려함'이 요구되는 경우가 많다. 이는 즐거움이나 흥미로움을 연출하는 '놀이'일수도 있고, 고급스러움을 표현하는 '화려함'일수도 있다.

조명에서는 상식적인 요소로 이를 표현힐 수 있다. 대표적인 수법으로 일루미네이션과 빛의 오브제, 컬러 라이팅을 들 수 있다. 일루미네이션은 작은 점광원이나 가는 선광원의 반짝임을 직접 보여주는 것으로, 그 반짝임을 효과적으로 연출하는 조건으로서 ① 배경이 어두울 것, ② 광원 휘도가 높을 것, ③ 겉보기의 발광 면적이 작을 것, ④ 광원의 개수가 많을 것 등을 들 수 있다. 오브제의 대표적인 것은 샹들리에로서 크리스털 유리나 금속 파이프 등에 램프의 반짝임을 비추어 고급스러움과

▲ 그림 2 월 워셔

벽면 전체를 빛으로 씻어내듯이 밝게 하여 벽면의 상품을 돋보이게 한다. 점포 안의 벽이 밝으면 유도 효과로도 이어지므로 환경 조명으로서 이용되는 경우도 많다.

▲ 그림 3 스폿 라이팅

상품 조명의 대표적인 수법이다. 상품의 질감이나 입체감, 존재감을 강조하는데 적합하며, 광원과 배광의 종류가 다양해서 목적에 따라 이를 구분해서 사용하면 보다 다양한 효과를 만들어 낼 수 있다.

화려함을 연출한다.

■ 조명의 밸런스

실제 점포의 빛은 상품 조명으로서의 월 워셔가 환경 조명을 겸하고 있는 경우 또는 크리스마스 시기의 일루미네이션에 의한 환경 조명이 장식 조명이 되는 경우 등, 서로 연관되어 빛환경을 만드는 경우가 많다. 따라서 상업 시설의 조명 계획에서는 다음과 같은 단계가 필요하다.

(1) 점포 안의 빛을 표 1-B의 3요소로 분류하여 정리해 본다.

(2) 각 조명의 목적을 명확히 한다.

(3) 그러한 목적에 비추어 조명 방법이 적절한지 검토한다.

(4) 어느 조명을 주역으로 할 것인가를 결정한다.

(5) 상호간에 균형을 갖게 한다.

즉, 세 가지 조명 요소가 반드시 모두 필요한 것은 아니며, 균형을 고려해서 빛의 컨셉트를 표현하고 쾌적한 공간을 만드는 것이 이 분류의 가장 큰 목적이라 할 수 있다.

◀ 그림 4 내부 조명
호롱과 같은 면광원을 상품의 배경에 배치하는 수법이다. 실루엣 효과로 상품의 윤곽을 강조하거나 유리나 레이스 같은 투과성 소재를 효과적으로 보이게 할 목적으로 이용된다.

▲ 그림 5 통로 바로 위의 천장에 간접 조명이 설치되어 넓은 매장 안에서 고객의 시선을 유도하는 역할을 한다. 또한 독특한 천장의 형태를 빛으로 부드럽게 연출함으로써 여성복 매장의 분위기를 조성하는 역할을 한다.

▲ 그림 6 흔히 광천장이라고 말하는 것이다. 실내에 있지만 마치 밖에 있는 듯한 느낌을 주는 환경 조명의 대표적인 방법이다.

▲ 그림 7 높은 천장을 가진 백화점 1층의 흰색 천장에 어퍼 라이트(upper light)를 비추어 개방감이 넘치는 환경을 만들어 내었다(환경 조명).

2.8 레스토랑의 조명

식사할 때의 조명에는 ① 요리를 맛있어 보이게 할 것, ② 공간의 분위기를 쾌적하게 할 것, ③ 사람의 표정이 명료하게 보일 것 등의 세 가지 역할이 요구된다. 이는 레스토랑이나 바(bar)는 물론 주택의 다이닝 룸에도 해당된다. 그러나 요리의 종류나 공간 설비, 영업 시간 등을 목적에 맞추어 특성화한 음식점이라면 다목적 공간인 주택의 다이닝 룸에 비해 조명에서도 적극적인 연출이 요구되는 경우가 많으므로 이를 중심으로 살펴보기로 한다.

■ 요리를 맛있어 보이게 한다

음식점에서 요리를 맛있게 보이게 하는 조명은 점포 조명의 「상품 조명」과 유사하다. 광원의 연색성이 나쁘면 맛있게 보이지 않는다는 점을 제외한다면, 요리는 그 종류에 따라 매력적으로 보이는 빛의 상태가 제각기 다르다고 한다. 이는 각각의 전통 공간에 있어서의 빛환경과 관련이 깊다. 예를 들어 동양의 빛과 서양의 빛을 비교하면 대조적인 차이가 있다. 건축에 있어서의 자연광의 도입 방식은 전자가 약간 위를 향하는 확산광인데 반해, 후자는 아래를 향하는 직접광이다. 또한 인공 조명에 관해서도 불꽃을 광원으로 했던 시대로 거슬러 올라가 보면, 제등과 호롱은 한지를 통해 퍼지는

▲ 그림 1 호텔 레스토랑의 메인 키친

특급 호텔인 인터내셔널 호텔의 메인 식사 공간에서는 부엌과 홀의 명확한 구분을 없애 모든 자리가 셰프가 직접 테이블 앞에서 요리를 해주는 특별석의 느낌을 갖게 한다. 조리 기술을 축으로 해서 연출한 일종의 「시어터 레스토랑」이다. 아름답고 약동적인 부엌의 현장감을 만끽할 수 있도록 주변은 어둡게 억제하고 주방을 밝게 부각시켰다. 조명은 어두운 색의 루버 천장에 감추고, 기구 자체의 존재를 극도로 억제함으로써 빛의 효과를 두드러지게 하는데 성공한 예이다.

▲ 그림 2 호텔 레스토랑의 바(bar) 코너

카운터 테이블 위에 있는 스탠드는 공간의 인상적인 액센트가 될 뿐 아니라 테이블과 사람의 얼굴에 부드러운 빛을 주어 안락한 느낌의 바를 연출한다. 또한 장식적인 벽면 상부에는 간접 조명이 설치되어 공간의 개방감을 강조하고 있다.

확산광인데 비해 샹들리에에도 이용되었던 촛불은 점광원의 대표적인 것이다.

다시 이야기를 요리로 돌리면, 서양 요리는 기름기가 있어 광택을 갖는다. 반면, 한식은 기름기의 반짝거리는 윤기가 아니라 물로 조리한 요리가 주류를 이룬다. 식기를 비교해 보아도 각이 진 글라스에 와인을 따르는 이미지와 주전자에서 뜨거운 차를 따라 마시는 이미지는 전자가 투명감과 반짝거림을, 후자가 광택이 없는 음영으로 약한 느낌을 불러일으킨다. 이는 그 각각이 앞서 설명한 서양의 빛과 동양의 빛에 의해 보다 아름답게 표현될 수 있는 소재가 된다. 결과적으로 테이블 위의 빛은 서양 요리를 취급하는 곳이라면 점광원의 조명을, 한식이나 일식을 취급하는 곳이라면 확산광의 조명을 이용하는 것이 요리를 보다 맛있게 보이도록 한다. 단, 요리를 보여주는 조명에 대해서도 각 음식점의 컨셉트나 식기 등도 포함된 요리의 장식법 등을 고려해서 계획되어야 하므로, 반드시 정답이 하나만 존재하는 것은 아니다.

■ 공간의 분위기를 쾌적하게 한다

공간의 분위기를 쾌적하게 하는 조명이란 점포 조명의 「환경 조명」, 「장식 조명」과 유사한데, 여기에 고객이 자리에 머무르는 시간이 길다는 조건이 한 가지 더 부가된다. 음식을 먹는 공간에는 집에서 가족이 단란한 분위기에서 먹는 일상적인 식사를 비롯하여 레스토랑, 선술집, 바 등 다양한 장소가 있다. 각각의 공간에 요구되는 분위기는 다르지만 어느 공간도 요리를 보여주는 빛으로만 쾌적

▲ 그림 3, 4 데킬라 바

데킬라를 전문으로 하는 바(bar)의 모습이다. 내부 장식은 오래 전의 멕시코 칸티나(마을의 주점)를 연상시키고 훈훈한 느낌의 황혼의 분위기를 주고 있다. 천장에는 조명을 전혀 켜지 않고 진열장 뒷면에서 나오는 빛과 스탠드로 심플하게 구성되었는데, 난색계의 벽이 빛을 반사·확산하여 차분한 분위기를 자아낸다. 또한 시선을 끄는 것은 테이블 위의 촛불인데, 이 공간의 빛환경을 만드는데 매우 중요한 역할을 하고 있다. 첫째로는 공간 전체에서 반짝이는 액세서리로서의 역할을 하고, 둘째로는 사람의 표정을 잘 보이게끔 해주며, 셋째로는 식사 공간에 빠뜨릴 수 없는 테이블을 위한 조명이 된다. 잔에 반사되는 불꽃의 흔들림은 한가하고 여유로운 바의 분위기를 한층 돋우어 준다.

한 식사 공간이 만들어지는 것은 아니다. 예를 들어, 바에는 어두운 공간이 많은데, 칵테일이나 요리를 놓는 카운터 면을 보여주는 조명뿐 아니라 진열 선반이나 벽면, 문, 천장 등 점포에 따라 다양하게 조명을 설치하는 경우가 많다. 이는 점포에 들어설 때 전체의 컨셉트와 이미지를 인상지우려는 목적뿐 아니라 그 곳에 머무르는 사람들이 기분 좋게 보낼 수 있도록 배려한 것이기도 하다. 번화한, 차분한, 세련된, 고급스런, 안락한 등 다양한 분위기 만들기를 위해 조명이 하는 역할은 그렇게 큰 것이다.

■ 사람의 표정을 명료하게 보여준다

점포의 빛에 대해 공통적으로 요구되는 역할에 추가해서 음식점의 빛환경을 고려할 때 특히 주의해야 하는 것은 모델링에 대한 배려이다. 음식점은 물건을 파는 점포와는 달리 자리에 앉고나서의 시간이 긴 것이 일반적이고, 그 시간을 기분 좋게 보낼 수 있다는 것이 그 점포를 평가하는데 중요한 요소가 된다. 단순히 식사뿐만 아니라 친구나 연인, 가족들과 이야기를 즐기는 경우도 많으므로 그 사람들의 표정이 명료하게 보여야 하는 것이 조명 계획의 중요한 조건이 된다. 그러나 이러한 점이 의외로 배려되지 않는 것이 현실인데, 얼굴이 어두워서 잘 보이지 않거나 얼굴에 보기 싫은 진한 그림자가 지는 일이 없도록 식사 공간의 조명 계획에서는 모델링을 충분히 검토해야 한다.

그림 1, 2
「그랜드 하이얏트 싱가포르(Grand Hyatt Singapore)」의 mezza9. 설계 : スーパーポテト. 사진 : ズーム(白鳥美雄)
그림 3, 4
데킬라 바 「アガベ」 설계 · 사진 : 吉野愼吾
그림 5
카페 레스토랑 「トップス　アンド　グラナータ　銀座店」 설계 : (有)橋本夕紀夫デザインスタジオ. 사진 : ナカサ&パートナーズ

▲ 그림 5 카페 레스토랑
카레와 이탈리아 요리를 전문으로 하는 카페 레스토랑이다. 벽과 천장에는 민들레를 이미지로 한 노란 발포 스티로폴을 배치하였다. 이러한 특징있는 내부 장식을 효과적으로 보여주기 위해 백열 광원에 의한 간접 조명으로 구성된 조명은 전체적으로 가벼우면서도 따뜻한 느낌의 공간을 연출하고 있다. 부드러운 빛으로 밝게 통일된 점포 안은 매우 친근한 분위기를 느끼게 한다. 점포의 입구에서도 밝은 천장과 벽면이 보이므로, 점포 안으로 유도하는 효과를 발휘하는 조명 구성이라고 할 수 있다.

미술관·박물관의 조명

» 감상과 보존에 대한 배려

미술관이나 박물관에서는 전시물을 감상하기 위해 보다 충실한 색으로 표면의 요철(凹凸)이 보이도록 조명해야 하며, 이와 동시에 전시물이 가능한 한 손상을 입지 않도록 배려해야 한다. 또한 공익성·공공성을 전제로 한 운영은 「박물관법」에 의해 규정되어 있으며, 불특정 다수가 이용하기 쉬우면서도 관리하기 쉬운 시설을 갖추어야 한다.

■ 감상을 위한 조명 방법

전시물의 색을 보다 충실하게 보이려면 전시 공간은 가능한 한 연색성이 우수한 광원으로 조명해야 한다. 이 때문에 일찍이 미술관이나 박물관에서는 주광을 중심으로 한 조명이 주를 이루어 왔다 (그림 1). 전시 공간에 주광을 도입하는 것은 색 재현뿐 아니라 감상자에게 안락한 느낌을 준다는 이점이 있지만, 유의해야 할 점도 많다. 즉 직사일광이 전시 벽면에 입사되지 않도록 할 것, 유리면에서 자외선을 차단할 것, 단열성에 주의하여 공조부하를 증대시키지 않을 것 등이다. 표 1에 천창에 사용되는 재료를 제시하였는데 이러한 재료 중 유리의 파손이나 낙하 등의 방지에 대해서도 주의가 요구된다.

한편 고연색형 램프의 개발과 조명 수법의 다양화에 따라 최근에는 인공 조명에 의한 전시 공간이 주류를 이루고 있다. 인공 조명을 이용한 조명 계획의 요점으로는 전시 벽면의 조도 분포를 균일하게 할 것, 주위와의 균형을 고려하면서 전시물을 돋보이게 할 것, 조각 등의 입체물에 적당한 입체감을 줄 것 등이 있다.

■ 조명에 의한 전시물의 손상

전시물에 손상을 주는 빛에는 자외선과 적외선이 있다. 따라서 미술관이나 박물관에 쓰이는 조명

▲ 그림 1 주광을 주체로 한 조각 전시실(왼쪽 : 시즈오카 현립 미술관 로뎅관, 가운데·오른쪽 : 메트로폴리탄 미술관)

기구로는 퇴색의 원인이 되는 자외선이 적고 열을 발생시키지 않는 것을 선택하도록 한다. 손상의 정도는 조도와 조사 시간을 곱한 것에 비례해서 심해지는데, 낮은 조도에서도 장시간 노출되면 전시물이 손상을 입을 수 있다. 조사 시간은 전시계획 및 사람을 감지하는 센서 등의 장치에 의해 제어될 수 있다. 전시물을 보호하려면 어두운 공간이 좋지만 어슴푸레한 곳에서는 작은 글자나 장식이 잘 보이지 않고, 색도 구별하기 어려워진다. 한편, 미술을 전공하는 학생이나 연구자가 와서 관람하거나 스케치를 하는 경우라면 밝은 편이 좋을 것이다(그림 2). 일반적인 관람객이 편하고 피곤하지 않게 감상하려면 너무 어두운 것은 바람직하지 않다. 따라서 전시물의 보호를 위해 필요한 저조도를 유지하면서 감상하기 좋은 조명 계획이 필요하다.

조명에 의한 손상은 전시물에 따라 그 정도가 다르다. 전시물에 조사하는 조도의 허용치를 표 2에 나타내었다. 일본에서는 JIS에 의해 규정되어 있는데, 프랑스나 영국 등에 비해 조도가 높게 규정되어 있다. 따라서 해외에서 빌려 온 전시물을 전시하는 경우에는 해외의 규정에도 유의해야 한다. 그림 3은 조명에 의해 손상 받기 쉬운 일본화의 전시실로, 전체적으로 조도가 억제되어 있다.

● 표 1. 천창에 사용되는 재료

천창의 재료
1) 수지류 : 판 ···· 염화비닐, 폴리에스테르 　　　　　성형 ···· 폴리카보네이트
2) 아크릴 : 판 ···· 메타크릴수지주형판, 　　　　　아크릴 라이트패널
3) 유리 : 유리블록 　　　　판유리 ···· 와이어 글라스 　　　　　　　　(망입 판유리) 　　　　　　　　강화 유리 　　　　　　　　적층 유리 　　　　　　　　투명 유리 　　　　　　　　에칭 유리

● 표 2. 각 전시물에 따른 조도 규정

구분	조명에 의해 영향을 받기 쉬운 정도		
	매우 받기 쉬움	받기 쉬움	잘 받지 않음
회화	수채화, 소묘화, 포스터컬러를 사용한 것	유화, 템페라화	
천	직물		
종이	인쇄 벽지 우표		
가죽	염직피혁	천연피혁	
나무		목제품 칠기	
기타		뿔, 상아	돌, 보석, 금속, 유리, 도자기

조도 [lx]	매우 받기 쉬움	받기 쉬움	잘 받지 않음
1,000			J
750		J	J
500		J	USA
300	J	J	(F)USA
200	J		(F)USA
180	J	F	(F)
150	J	F,B	(F), B
75		USA	
50	F, B, USA		
비고		프랑스에서는 제한 없음. 일반적으로 300[lx] 이하	

F : 프랑스의 ICOM(International Council of Museum, 1977)의 제정
B : 영국의 IES(Illumination Society, London, 1970)의 제정
USA : 미국의 IES(Illumination Engineering Society, New York, 1970)의 제정
J : 일본의 JIS Z 9110(1979)의 제정

▲ 그림 2 감상자와 전시물에 대한 빛의 배분

더욱이 최근에는 그림 4와 같은 광섬유를 이용한 조명이 많이 사용되고 있다. 이 조명은 자외선과 적외선을 거의 방사하지 않아 전시물을 보호한다는 이점이 있고, 기구 설치를 위한 공간이 작고 기구 위치와 광원 위치가 떨어져 있기 때문에 램프 교환 등의 유지 보수가 편하다는 운영상의 장점도 있다. 광섬유를 이용한 조명은 빛의 확산이 적고 조사 방향을 변경·제어하기 쉬우므로 기획 전시에 적합하다.

■ 전시 케이스

기획 전시와 같이 배치가 고정되어 있지 않은 경우에는 전시 케이스의 위치에 맞추어 미리 조명 기구를 배치하기가 어렵다. 이 때문에 전시 케이스에 조명 기구가 반사되어 전시물이 잘 보이지 않는 현상이 발생하기도 한다. 이러한 경우의 조명 계획으로는 레이아웃 변경을 고려해서 조사 위치나 방향을 변경할 수 있는 조명 기구를 사용하거나, 전시 케이스에 조명이 반사되지 않도록 매입 깊이가 깊은 다운라이트를 사용하는 방법 등을 생각할 수 있다. 또한 전시 케이스의 재료로 무반사 유리를 사용하거나 그림 3과 같이 전시 케이스의 천장에 전시물 조사용 조명을 장치하기도 한다. 이는 전체적으로 조도를 낮추어야 하는 상황에서 조명에 의해 손상되지 않는 전시물인 경우에 효과적이다.

전시 케이스나 그림 액자의 유리, 코팅 처리 된 사진의 표면에 대해서도 반사광을 고려해야 한다. 조명 기구에서 나오는 빛의 반사 뿐 아니라 다른 전시물이 비쳐 보이는 것도 체크해야 한다. 따라서 벽면에 전시하는 경우는 그림이나 사진이 서로 마주 보지 않도록 배려해야 한다.

지진이나 진동의 대책으로는 전시 케이스에 비산 방지 필름을 접착하거나 접합유리를 사용하고, 매어다는 형태의 스포트라이트에는 낙하 방지 장치를 하는 등의 설비가 요구된다.

▶ 그림 3 일본화 전시실의 조명 공간(이데미츠(出光) 미술관)

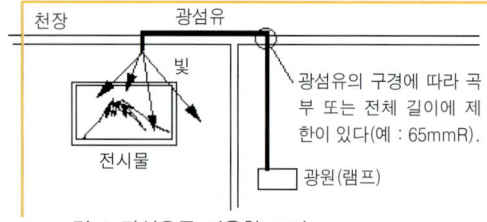

천장 광섬유

빛

전시물

광섬유의 구경에 따라 곡부 또는 전체 길이에 제한이 있다(예 : 65mmR).

광원(램프)

▲▶ 그림 4 광섬유를 이용한 조명
빛이 확산되고 있는 바로 옆에는 다른 방향으로 비추고 있는 조명 기구가 있다. 광섬유를 이용하면 조사 방향을 쉽게 바꿀 수 있다.

>> 감상 공간의 빛환경

극장 및 홀에는 여러 종류의 조명이 많이 설치되어 있다. 규모가 큰 시설에서는 수백 가지가 넘는 조명 기자재를 보유하고 있는 경우도 있다. 연출에 맞추어 조명 기자재를 구분해서 사용함으로써 무대 조명이 구성된다.

무대 조명은 집광성이 있고 특정된 일부를 비추는 스포트라이트(spotlight)와 넓은 면을 균일하게 비추는 플러드라이트(floodlight)로 크게 나눌 수 있다.

■ 스포트라이트

스포트라이트(spotlight)는 그 빛의 성질에 따라 다음과 같이 분류된다.

- 평 볼록렌즈 스포트라이트(그림 3) : 평 볼록렌즈를 사용하여 비교적 분명한 윤곽을 나타내는 배광 특성을 갖는다. 포커스 핸들을 돌려서 빛의 분산을 조정한다.

- 프레넬 렌즈 스포트라이트(그림 4) : 프레넬(Fresnel) 렌즈를 사용하여 부드러운 선의 자연스러운 밝기를 만들 수 있다. 평 볼록렌즈 스포트라이트와 마찬가지로 포커스 핸들을 돌려서 빛의 분산을 조정한다.

- 커터 스포트라이트(그림 5) : 여러 장의 차광판을 내장하여 이들을 조정함으로써 사각형이나 사다리꼴 등의 윤곽이 있는 배광 특성을 갖는다. 또한 고보(gobo)라고 불리는 패턴을 장착하여 투영하면 나뭇잎 사이로 새어나오는 햇빛 같은 이미지의 빛을 만들어 낼 수 있다. 빛의 분산이 고정된 단초점 타입과 줌 기능을 갖는 타입이 있다.

- 파 라이트(그림 6) : 파 라이트(par light)는 반사경을 내부 장식한 전구(실드빔 램프)를 사용한 기구로서 빛의 빔을 보여주거나 부분적으로 강한 빛이 필요한 경우에 사용한다.

◀ 그림 1 무대 전경(오사카(大阪) 마츠다케좌(松竹座))

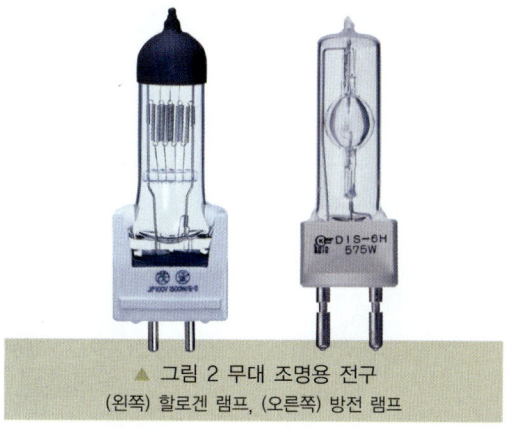

▲ 그림 2 무대 조명용 전구
(왼쪽) 할로겐 램프, (오른쪽) 방전 램프

● 폴로 스포트라이트(그림 7) : 폴로 스포트라이트(follow spotlight)는 커터 스포트라이트와 동
  일한 구조를 갖는 매우 집광된 배광 특성을 갖는 기구이다. 한 인물에 빛을 비추는 경우에 사용
  한다.

■ 플러드라이트

플러드라이트(floodlight)는 여러 개의 광원이 직선으로 배치되어 있는데, 이 광원을 2~4 회로로
나누어 회로마다 다른 색의 컬러 필터를 장치함으로써 조사면의 색을 변화시킬 수 있다.

● 보더 라이트(그림 8) : 보더 라이트(border light)는 무대의 바닥 전체를 균일하게 비추는 기구
  이다.

스포트라이트

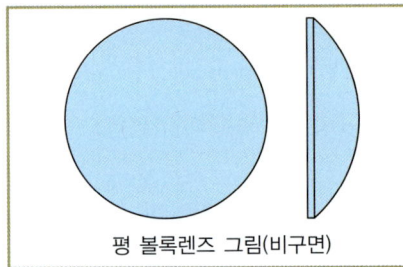
평 볼록렌즈 그림(비구면)

평 볼록렌즈 사진(비구면)

▲ 그림 3 평 볼록 스포트라이트

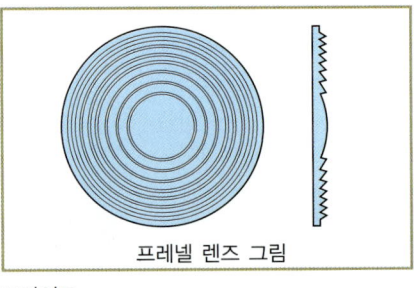
프레넬 렌즈 그림
프레넬 렌즈 사진

▲ 그림 4 프레넬 렌즈 스포트라이트

▲ 그림 5 커터 스포트라이트

▲ 그림 6 파 라이트

▲ 그림 7 폴로 스포트라이트

●호리존트 라이트(그림 9) : 무대 안쪽의 연직면을 비추는 기구. 위에서 비추는 어퍼 호리존트 라이트(upper horizont light)와 바닥면에서 비추는 로어 호리존트 라이트(lower horizont light)가 있다.

●스트립 라이트(그림 10) : 스트립 라이트(strip light)는 간이형 등기구로 무대의 설치물에 설치하거나 소규모 극장의 호리존트 라이트 등으로 사용된다.

●풋라이트(그림 11) : 무대 바닥면에 설치해서 아래로부터 연기자 등을 비춘다.

■ 광원

무대 조명 기구에 사용되는 광원은 주로 할로겐 램프이다. 이는 무대 조명에서는 장면이 전환될 때 자연스럽고 완만한 밝기의 변화가 필요한데 현재의 형광 램프나 방전등의 조광 제어로는 0~100%까지의 밝기를 매끄럽게 조절하기 어렵기 때문이다. 그러나 최근에는 발광 효율이나 광량면에서 우위에 있는 방전등에 기계적인 조광 장치를 장착한 기구를 부분적으로 사용하기 시작하였다.

무대에서 사용되는 할로겐 램프는 밝기와 색온도 등에 중점을 두어 설계되었기 때문에 상업 시설에 사용하는 것에 비해 수명이 짧거나 하는 사용상 특성이 다르므로, 조명 설계에서는 이 점을 주의해야 한다.

플러드라이트

사진 제공 : 丸茂電機

▲ 그림 8 보더 라이트

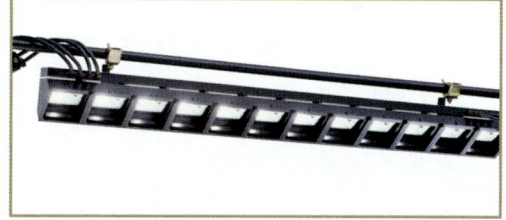
▲ 그림 9 호리존트 라이트

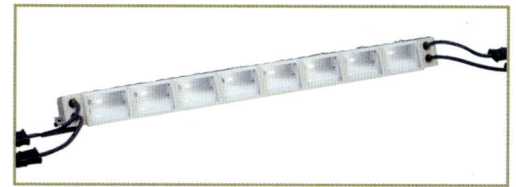
▲ 그림 10 스트립 라이트

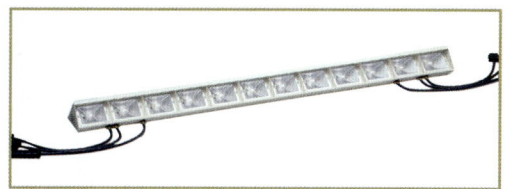
▲ 그림 11 풋라이트

무대 조명의 제어와 조작

» 장면(scene)의 연출

조명 기구는 무대 위 뿐 아니라 객석의 상부나 후방 등 여러 곳에 설치되어 있다. 극장·홀의 무대 조명 기자재는 조명 기구 외에 조광 장치와 조광 조작탁(control console)으로 구성된다. 조광 조작탁에는 각 기구의 밝기가 장면(scene)마다 기억되어 있으며, 큐(cue)에 의해 순서대로 그 기억이 재생되어 무대의 빛을 만들어 간다.

■ 조명 기구의 설치 장소

설치되는 조명 기구는 그 목적에 따라 극장·홀 내에 설치되는데 기자재의 명칭과는 별도로 설치 장소의 명칭이 붙어 있는 것도 있다.

- 서스펜션 라이트 : 무대 상부에 설치된 스포트라이트. 무대 바로 위에서 빛을 비춘다.
- 프런트 사이드 라이트 : 객석 전방의 양옆에 설치된 스포트라이트
- 실링 라이트 : 객석 상부에 설치된 스포트라이트. 무대 위를 전면에서 비추어 객석에서 보는 면을 비출 수 있다.

■ 제어 장치

무대 조명의 제어 장치는 크게 나누어 밝기를 지시하는 조광 조작탁(그림 1)과 그 지시를 받아 조명 기구에 흐르는 전압을 제어하는 조광 장치(그림 2) 두 가지가 있다. 최근 조광 조작탁의 대부분은 컴퓨터화 되어 미리 세팅한 밝기의 레벨을 무수히 기억할 수 있으므로, 본 공연에서의 조명 제어는 이를 불러내는 형식으로 이루어지게 된다. 조광 조작탁으로부터 밝기의 레벨이 신호에 의해 조광

▲ 그림 1 조광 조작탁의 예

▶ 조광 장치의 예(도쿄문화회관/도쿄도 (東京都)다이도구(台東區))

장치로 전달되는데, 최근에는 이 신호가 DMX512로 불리는 프로토콜로 통일되어 세계적으로 호환성을 확보해 가고 있다.

조광 장치는 이동형과 거치형이 있는데 극장·홀에는 거치형이 설비된다. 조광 조작탁은 주로 객석의 가장 뒷부분에 마련된 객석과 무대가 내려다보이는 조명 조정실에 놓이며, 조광 장치는 개별적으로 분리된 공간에 놓이는 경우가 대부분이다.

이들 장치 외에 실제 회로를 조작탁의 회로에 연결하는 패치반이라고 불리는 것이 설비되어 있다.

■ 장면을 만든다

무대 조명을 계획하려면 처음의 협의에서부터 본 공연까지 많은 공정을 거쳐야 한다. 여기서는 그 일부분인 장면(scene)과 큐(cue)에 대해 설명하기로 한다. 무대의 조명은 장면의 정경에 맞추어 변화해 가는데, 그 변화의 계기를 큐(cue)라고 부른다. 무대 조명의 밝기 조정은 무대에서 전개되는 스토리를 장면(scene)으로 나누어 그 장면마다의 조명을 결정한다. 현재 대부분의 극장·홀의 조광 설비는 기억식이므로, 장면마다의 조명을 조작탁에 입력하고, 본 공연에서는 이 장면별 조명을 큐에 맞추어 차례대로 불러내서 무대의 조명을 변화시켜 간다.

변화시키는 방법은 조작기의 패더를 사용해서 클로즈(close)·페이드(fade)시키는 것이 가장 많이 사용되는 방법이다. 이 클로즈·페이드 하는 시간을 클로즈·페이드 타임이라고 부른다. 조작탁

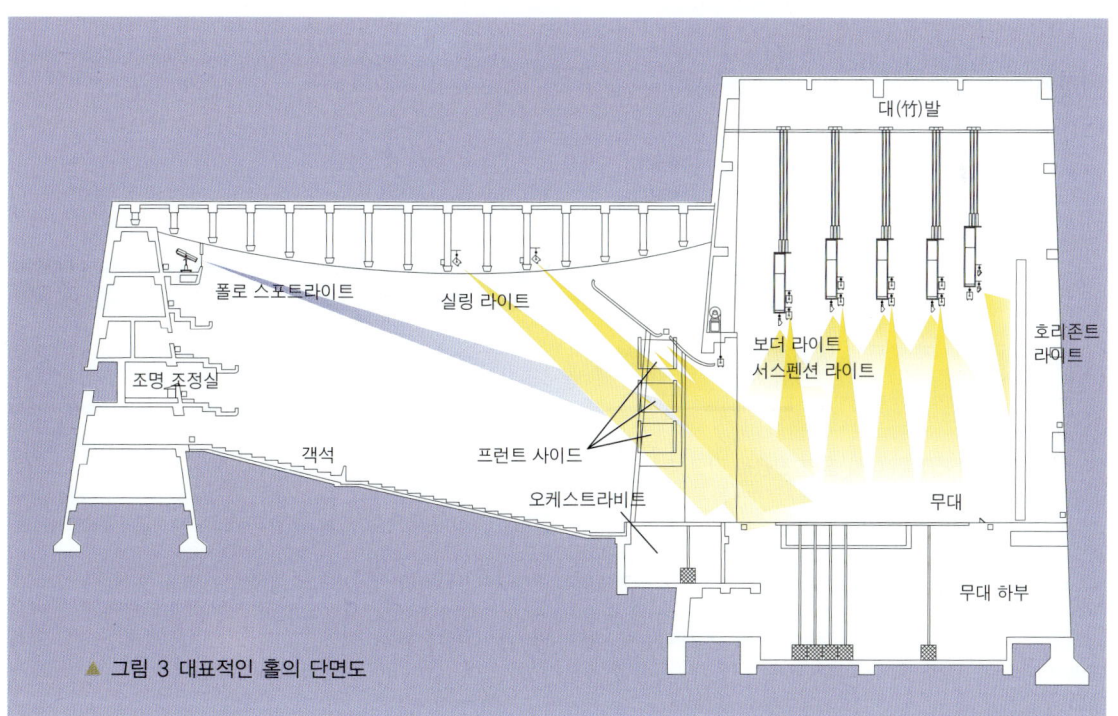

▲ 그림 3 대표적인 홀의 단면도

에는 장면의 전환에 사용되는 클로즈 패더가 장착되어 있어 이를 올리거나 내림으로써 장면의 조명이 전환된다. 실제 조명에서는 두 가지 이상의 장면에 걸쳐 변화시키는 방법이나 격한 조명 변화의 움직임을 되풀이해서 보여주는 방법 등 제어의 양상이 복잡한 경우도 있다.

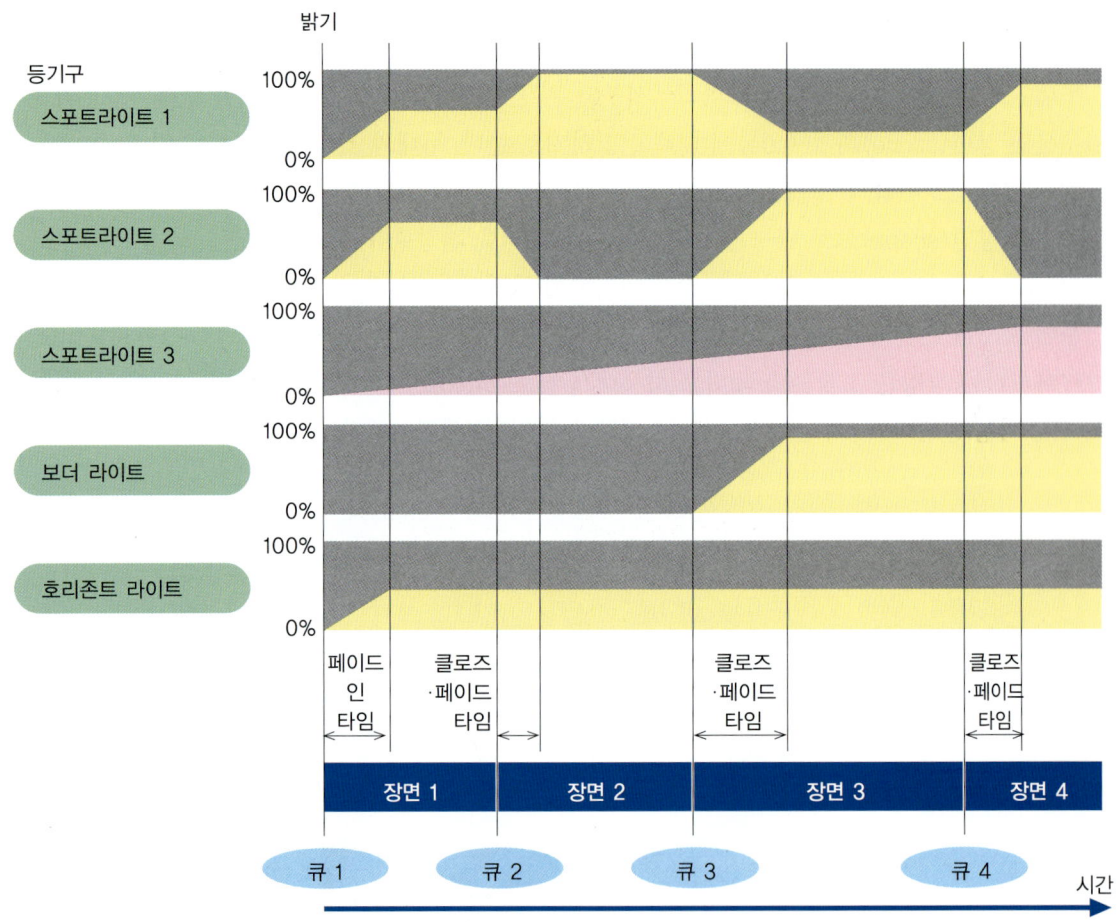

▲ 그림 4 장면의 진행(무대의 장면 진행을 간단히 나타낸 그림)

스포트라이트 1과 같은 명칭은 점등시키는 등기구(여기서는 5등)를 가리키며 오른쪽의 띠가 이들 등기구의 점등 상태를 나타낸다. 가로가 시간축, 세로가 밝기를 나타낸다. 장면의 전환은 클로즈·페이드로 변화하는 경우가 많고, 클로즈·페이드는 무대의 진행 타이밍에 맞추어 수동 조작으로 행해지는 경우가 많다.

이 표의 경우에는 먼저 큐 1에서 페이드 인 한 후에 장면 1의 조명이 무대에 나타난다. 스포트라이트 1, 2 및 호리존트 라이트가 점등된다. 큐 2에 의해 장면이 전환되고 마찬가지로 클로즈·페이드 타임 후 장면 2의 조명이 등장한다. 스포트라이트 1은 밝아지고 스포트라이트 2는 소등한다. 이때 호리존트 라이트의 밝기는 그대로 유지된다. 스포트라이트 3과 같이 장면을 걸쳐 변화하는 조명은 연출 효과상 필요한 경우가 있다. 이 경우에는 수동 조작 또는 이러한 변화에 대응할 수 있는 조작탁으로 제어한다. 이러한 방식으로 무대의 조명이 전개된다.

TV 스튜디오의 조명

≫ 다양화된 영상 표현의 실제

TV는 전파를 매체로 하여 가정에 영상을 제공한다. TV 프로그램을 제작할 때는 기획 의도부터 다양한 이미지를 구성해 가는데, 최종적으로는 화면 안의 연출자나 세트에 조명을 비춤으로써 영상으로 완성되게 된다. 이때 조명은 화면의 의도대로 조사 범위나 조사 각도가 결정되고 또 컷 분할이나 구도, 앵글의 변경에도 신속하게 대처해야 한다. 스튜디오의 조명은 일상생활에서는 보기 어려운 세계로서 새롭게 개발된 기자재나 장치가 구사되는 장이며, 새로운 조명 연출의 기법이 탄생하는 곳이기도 하다.

■ TV 조명의 특징

TV 조명은 일반 건축 조명과는 역할이 크게 다르다. 일반 실내 조명은 밝기나 광색, 빛의 방향성이 일정하게 요구되지만, TV 조명이나 연극 조명은 가변적인 빛에 의한 시각 표현에 중점을 두고 있다.

무대 조명은 빛이 직접 관객의 시각에 호소한다. 영화나 TV는 필름이나 TV 카메라라는 매체를 통해 영상을 표현하고, 그 매체에 의한 제약 속에서 제작하지 않으면 안 된다. TV 카메라가 갖는 제약에서 가장 큰 문제는 명암의 콘트라스트(contrast)이다. 인간의 눈이 동일 시야에서 인식할 수 있는 명암의 범위에 비해 TV로 표현되는 명암의 허용 범위는 매우 좁고, 명도비의 한계는 약 30 : 1이다. 또한 TV에서는 동시에 여러 대의 카메라를 사용하여 자유롭게 이동하면서 앵글을 변화시키므로 조명 조건 역시 복잡한 양상을 띤다. 따라서 배우나 카메라의 이동에 대해 계속적으로 영상을 비추어 낼 수 있는 조명 계획을 고려해야 한다.

▶ 그림 1 스튜디오 세트에서 저녁 무렵의 정경을 연출하는 장면(NHK 제공)

TV 스튜디오의 조명은 연출 의도에 따라 어떤 때는 풍부한 사실감이, 또 어떤 때는 환상적인 표현이 요구된다. 또한 전체적으로 얼굴을 클로즈업 하는 경우가 많아 얼굴에 대한 조명이나 음영의 상태 등이 중요시된다.

따라서 피사체인 얼굴이나 안색에 따른 조명에 대해 그 조사 방식을 검토하고 얼굴의 바탕이 되는 배경의 색채와의 조화도 고려해야 한다. 음악 프로그램에서는 화려한 색채와 조명의 전환이 연출 효과에 미치는 영향이 크고, 드라마에서는 극의 분위기를 고조시키는 경치나 장면을 만드는데 조명의 역할이 크게 요구된다.

■ 조명 설비의 개요

TV 스튜디오에서는 카메라와 마이크 등이 자유롭게 이동할 수 있어야 하므로 조명 기구를 바닥 위에 여러 대 설치하는 것은 불가능하다. 또한 카메라의 앵글에 많은 제약을 받으면서 조명을 비추어야 하기 때문에, 조명 설비는 일반적으로 천장에 매어다는 방식을 사용하게 된다. 조명 설비는 스튜디오의 규모나 운용 목적에 따라 다음과 같은 방법으로 설치한다.

- 그리드 현수 방식 : 천장면에 설치한 1~1.5m 간격의 그리드 파이프에 직접 조명 기구를 매달아 늘어뜨리는 형식이다. 소규모의 뉴스 스튜디오 등에 사용된다.
- 조명 배턴 방식(그림 3) : 와이어에 의해 위에서 늘어뜨린 배턴 모양의 설비에 조명 기구를 매어다는 형식이다. 전동 또는 수동으로 높이를 조절할 수 있다. 현재 사용되는 가장 일반적인 방식으로 스튜디오의 면적, 형상에 맞추어 배턴의 길이나 개수를 배치한다.
- 셀프 클라이밍 배턴 방식(그림 6) : 조명 배턴 안에 구동 장치가 있어 배턴 자체가 올라가고 내려가는 형식이다. 스튜디오의 높이가 낮은 경우나 그리드 위에 전동 권상기를 설치할 공간이 없는 경우에 효과적이다.
- 트러스 배턴 방식(그림 7) : 파이프를 평면 또는 입체로 짠 배턴형태로 넓은 면적을 확보할 수

▲ 그림 2 TV 드라마 촬영 장면(NHK 제공)

▲ 그림 3 조명 배턴 방식

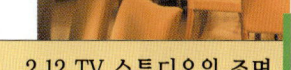

있어 많은 조명 기구를 매달 수 있다. 면의 형태로 확산되는 영역을 조명할 수 있어 설비의 경제적인 효율을 높일 수 있다. 그러나 드라마와 같이 세밀한 조명 방식이 요구되는 경우에는 적합하지 않다.

● 1점 현수 방식(그림 8) : 천장에 매어다는 조명 기구를 한대 한대 승강시키는 방식이다. 설비 대수는 증가하지만, 스튜디오 안의 점적인 요소를 효과적으로 조명할 수 있어 세밀한 조명이 가능하다.

■ 조광 장치

스튜디오의 조명은 조광 장치에 의해 제어된다. 조광 레벨을 제어할 뿐만 아니라 기구의 방향이나 거울의 각도 제어에 이르기까지 컴퓨터화 됨으로써 다기능화가 현저하게 이루어지고 있다. 따라서 조광 장치는 연속 조명의 연출에 있어서 빠져서는 안 되는 것이 되었다. 특히 음악 프로그램에서는 곡조의 변화에 감각적으로 대응시켜 조명을 변화시키면 양자의 상승 효과로 보다 강한 효과를 줄 수 있다.

▲ 그림 4 조명 배턴의 수동 승강 장치

▲ 그림 5 조명 배턴의 전동 상승 장치

▲ 그림 6 셀프 클라이밍 배턴 방식

▲ 그림 7 트러스 배턴 방식

▲ 그림 8 1점 현수 방식

▲ 그림 9 1점 현수 방식과 트러스의 조합

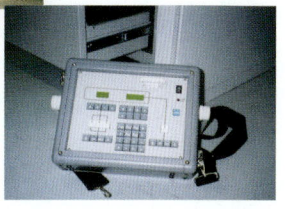

▲ 그림 10 와이어리스 조광 장치

2.13 스포츠 시설의 조명

>> 경기를 위한 빛환경

최근 건강 증진을 위해 또는 레크리에이션의 하나로 스포츠를 즐기는 사람들의 수가 해마다 증가하고 있다. 이에 따라 언제나 이용할 수 있도록 전천후 실내 스포츠 시설이나 야간 조명 설비를 갖춘 옥외 스포츠 시설이 많이 건설되고 있다. 스포츠 시설의 빛환경에서 요구되는 조건은 우선 경기자에 대해서 경기에 적절한 조명을 제공하는 것이지만, 관객이나 TV촬영을 위한 요건도 소홀히 해서는 안 된다. 또한 이벤트 등을 포함하는 다목적 이용을 전제로 한 시설도 많으므로 복합적인 이용에 효율적인 조명 설비 계획이 필요하다.

■ 조명 계획의 요점

조명 설비를 계획하는데 있어 한국산업규격(KS)에서는 각종 경기에 따른 조명 기준을 규정하고 있다. 표 1은 한국산업규격(KS A3011) 「조도 기준」에 규정되어 있는 경기장의 조도 기준치를 나타낸 것이다. 관련 규격에는 KS A3704 「옥외 테니스 코트 및 옥외 야구장의 조명 기준」도 있다. 단순히 조도 기준만을 제시한 것이 아니라 설계자의 입장에서 조명 계획을 진행하는데 유의해야 할 사항

● 표 1. 경기장의 조도 기준(한국산업규격(KS A3011))

장소/활동	조도 분류	장소/활동	조도 분류	장소/활동	조도 분류
검도(태권도 참조)		• 레크리에이션		라크로스	F
		사선	E		
경주(실외)		표적	F	럭비(축구 참조)	
• 경마	D				
• 자동차 경주	D	궁도(실외)		레슬링(씨름 참조)	
• 자전거 경주		• 경기			
경기	D	사선, 표적	E	롤러 스케이트	
레크리에이션	C	• 레크리에이션		• 실내	
		사선, 표적	D	공식 경기	H
골프				관람석	D
• 그린	D	권투(씨름 참조)		레크리에이션	F
• 드라이빙 레인지				일반 경기	G
티에리어 이외	E	농구		• 실외	
180m 지점	E	• 공식 경기	H	공식 경기	G
• 티	D	• 관람석	D	관람석	C
• 퍼팅 연습장	E	• 레크리에이션	E	레크리에이션	E
• 페어웨이	C	• 일반 경기	F	일반 경기	F
궁도(실내)		당구		미식 축구	
• 경기		• 경기	G	(가장 가까운 사이드 라인에서 가장	
사선	F	• 레크리에이션	F	먼 관객석까지의 거리)	
표적	G			• 고정 좌석 시설이 없는 경우	E
		라켓볼(핸드볼 참조)		• 15~30m	F
				• 15m 이하	G

장소/활동	조도 분류	장소/활동	조도 분류	장소/활동	조도 분류
30m 이상	H	경기	F	• 공식 경기	G
				• 관람석	C
배구(농구 참조)		스케이트(롤러 스케이트 참조)		• 연습	D
				• 일반 경기	F
배드민턴		스쿼시(핸드볼 참조)			
• 공식 경기	H			체육관	
• 관람석	D	스키		• 리스트로 작성된 각 운동 참조	
• 레크리에이션	F	• 슬로프	B	• 레크리에이션, 일반 운동	F
• 일반 경기	G				
		씨름		체조	
볼링		• 공식 경기	H	• 공식 경기	H
• 경기		• 관람석	D	• 관람석	D
레인	F	• 연습	F	• 일반 경기	G
어프로치	E	• 일반 경기	G	• 집단 체조	F
핀	G	• 프로 경기	I		
• 레크리에이션				축구	
레인, 어프로치	E	아이스하키		• 공식 경기	G
핀	F	• 실내		• 관람석	C
		대학 경기, 프로 경기	H	• 레크리에이션	E
사격		레크리에이션	F	• 일반 경기	F
• 권총, 라이플		아마추어 경기	G		
발사 지점	F	• 실외		탁구(배드민턴 참조)	
사격장 전반	E	대학 경기, 프로 경기	G		
표적	H	레크리에이션	E	태권도	
• 스키트, 트랩 사격		아마추어 경기	F	• 공식 경기	H
발사 지점	D			• 관람석	D
표적	F	야구		• 연습	F
		• 관람석		• 일반 경기	G
소프트볼		경기중	C		
• 관람석	C	입·퇴장시	D	테니스	
• 레크리에이션		• 레크리에이션		• 실내	
내야	E	내야	F	경기	H
외야	D	외야	E	레크리에이션	G
• 일반 경기		• 일반 경기		• 실외	
내야	F	내야	H	공식 경기	H
외야	E	외야	G	관람석	D
		• 프로 경기		레크리에이션	F
수영		내야	I	일반 경기	G
• 실내		외야	H		
레크리에이션	F			펜싱(태권도 참조)	
풀장 바닥	H	운동장	D		
경기	G			필드하키(축구 참조)	
• 실외		유도(태권도 참조)			
레크리에이션	E			핸드볼(축구 참조)	
풀장 바닥	G	육상 경기(트랙, 필드)			

도 함께 정리되어 있으므로 스포츠 시설의 조명 계획에서 유용한 자료로 사용될 수 있을 것이다.

표 2는 실내 스포츠 시설에서의 각 조명 방식을 비교하여 나타내었다. 균등 배치는 비교적 소규모 체육관 등에서 이용되며, 대규모 시설에서는 기재된 방식을 복합시켜 계획하는 경우가 많다.

■ 조명 광원

대규모 공간의 조명에 적합한 광원으로는 고효율·고출력의 HID(고휘도 방전램프)가 있다. HID 에는 고압 수은 램프, 고압 나트륨 램프, 메탈 할라이드 램프 등이 있는데, 특히 연색성이 우수한 메 탈 할라이드 램프가 주류를 이룬다. 고효율·장수명으로 우위에 있는 고압 나트륨 램프는 색온도가 낮아 단독으로 사용되는 일은 적고, 메탈 할라이드 램프 등과 병용하는 혼광 조명인 경우가 많다(그 림 1(a)).

■ 조명 설계의 예

비교적 규모가 큰 종합 체육관의 직접 조명 방식의 예를 그림 2에 나타내었다. 이 곳은 각종 스포 츠 경기를 비롯해 콘서트나 이벤트도 개최할 수 있는 다목적 경기장으로서, 천장면으로부터 주광이

● **표 2. 실내 스포츠 시설의 조명 방식**

조명 방식	기구 배치	조명 기구	스포츠시설	설명
직접 전반조명방식 1 (분산 배치 방식)	기구 1대씩을 천장면에 거의 균등하게 배치한다.	주로 고천장용 반사갓	다목적	가장 일반적인 조명 방식으로 대규모에서 소규모, 고조도에서 저조도까지 모든 용도에 대응할 수 있다. 특히 저조도에서도 높은 균제도를 얻을 수 있다. 천장쪽에서 보수가 가능한 경우에 적합하지만 승강장치 등을 병용할 수도 있다. 기구가 분산되어 있기 때문에 조명 기구가 눈에 뜨인다는 특징이 있다.
직접 전반조명방식 2 (뱅크 라이트 방식)	여러 대의 기구를 모아서 이를 하나의 장치(뱅크)로 해서 천장에 분산시킨다.	주로 고천장용 반사갓, 투광기	다목적	기구를 그룹화함으로써 균제도를 바꾸어 경기면의 조도를 경기 종류나 경기 레벨에 맞추어 바꿀 수 있다. 또한 혼합광에 의한 조도를 적용할 수 있다.
사이드 배치에 의한 조명 (사이드 라이트 방식)	경기면의 양측에 기구를 선형으로 배치한다.	주로 투광기	구기, 풀 등	경기 방향이 정해져 있는 경우에는 글레어도 적고 연직면 조도도 얻기 쉽다. 이 때문에 TV촬영에 적합하다. 한편 설치 높이가 너무 낮으면 경기자나 관객의 시야에 빛이 들어가서 눈부심을 발생시킨다. 경기면의 반대측 끝에서 앙각 40°(관객석이 없으면 30°) 이상으로 설치한다.
간접조명방식 (어퍼 라이트 방식)	아래쪽에서 천장면을 조사한다.	투광기	테니스 코트, 풀 등	비교적 소규모의 경기 시설을 대상으로 한다. 대규모 시설에서는 다른 조명 방식에 부가하여 공간의 밝기를 확보할 목적으로 이용하는 경우가 많으며, 글레어가 없는 부드러운 빛환경을 연출할 수 있다. 단, 조명 효율이 낮으므로 건축 내부 장식면의 반사율을 충분히 높게 할 필요가 있다.

유입되도록 되어 있다. 모든 상황에 대해 최적의 조명 환경을 실현하기 위해서는 고정적인 조명 설비로는 곤란한 점이 많다. 이 예에서는 가변 제어용 조명 기구(그림 1 (b))에 의해 전반 조명을 실시하고 있으며, 조사 방향은 컴퓨터에 의해 제어한다. 따라서 각종 경기에 가장 적합하고 경제적인 점등 패턴으로 조명할 수 있게 되었다.

다음의 예는 뱅크 라이트 방식·사이드 라이트 방식·간접 조명 방식 등을 복합적으로 채용한 스케이트 링크의 조명 시설이다(그림 3). 사이드 라이트 방식에 의해 링크에서 충분한 연직면 조도를 얻을 수 있어 TV촬영 등에 적합한 빛환경을 갖추고 있다.

그림 4는 최근 늘고 있는 소규모 에어돔 식의 다목적 실내 스포츠 시설에서의 간접 조명 방식이다. 반투명 막으로 만든 돔 구조물에 의해 낮에는 주광으로 충분한 채광을 얻을 수 있고, 야간에는 1kW 메탈 할라이드 램프 HID투광기(74대)로 글레어 없는 균질한 빛환경을 조성한다.

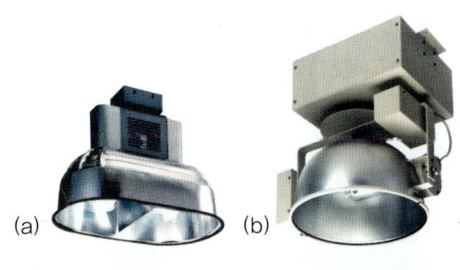

(a)　(b)　◀ 그림 1 (a) 혼광용 조명 기구 (b) 가변 제어용 조명 기구

▲ 그림 2 종합 체육관의 조명

▲ 그림 3 아이스 스케이트 링크의 조명 시설의 예

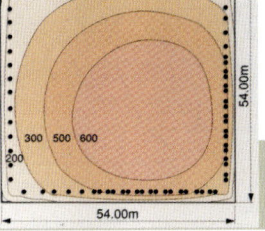

▲▶ 그림 4 간접 조명 방식의 실내 야구장의 조명 시설의 예

사진 제공 : 東芝ライテシク

실내 공간의 색채 디자인

≫ 가구·내부 장식의 색채

주택, 학교, 오피스, 병원 등의 건축 공간뿐 아니라 지하철이나 버스, 비행기 등의 이동 공간을 포함해서 우리들은 매일 다양한 실내 공간에 둘러싸여 생활한다. 그 중에는 색채를 전혀 의식하지 않게 하는 공간이 있는가하면, 색의 사용이 강하게 시선을 끄는 공간도 있다. 실내 공간의 색채 디자인은 그 공간의 기능과 목적, 건축주나 이용자의 기호 등 많은 조건과 컨셉트를 반영하여 계획하게 된다.

여기서는 실내 공간에서의 색채 디자인에 대한 기본적인 개념을 확인하고 이에 따른 구체적인 사례를 기초로 다양한 가능성을 살펴보기로 한다.

■ 색채 디자인의 기본 개념

의복이나 생활용품 등과 달리 건축 공간, 특히 실내 공간의 색채 계획은 다음과 같은 배려가 필요하다.

첫째, 실내 공간에서 색채는 넓은 면적을 차지하므로 공간 내부에 존재하는 사람들은 색채에 노출되는 시간이 길다. 색채는 그 면적에 따라 사람에게 주는 인상의 세기가 달라지는 「면적 효과」를 갖는다. 따라서 재료의 작은 견본을 기준으로 결정한 벽지의 색이 실제 실내에서 예상외로 화려한 인상을 준다거나 하는 일이 없도록 면적 효과를 충분히 고려해야 한다.

둘째, 실내 공간은 매우 다양한 부분으로 구성되어 있다. 천장·벽·바닥·문 등의 기본 요소와 책

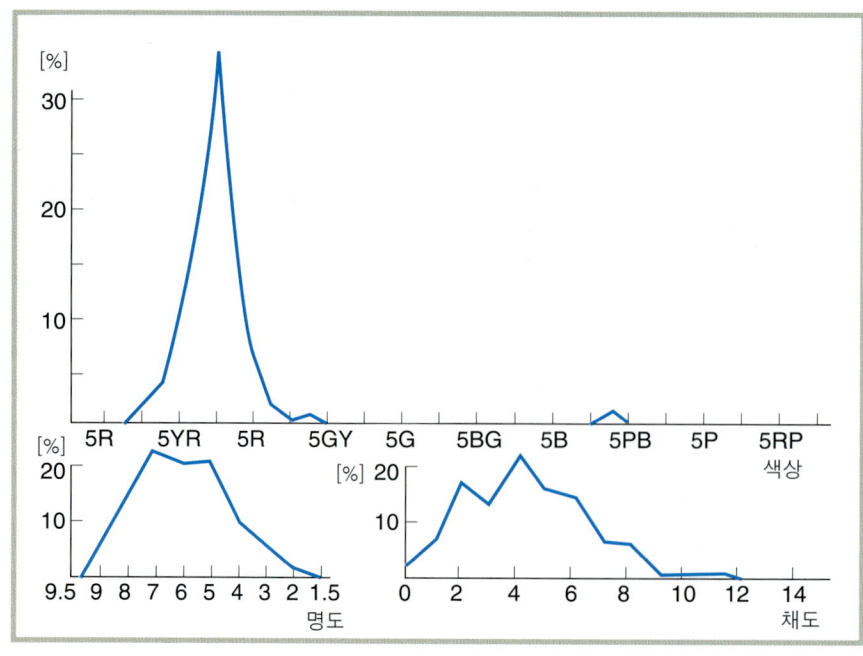

◀ 그림 1 목재의 색채 특성

도쿄 영화관의 로비, 호텔 로비, 호텔 식당, 수술실, 초·중학교 교실, 주택의 거실, 아파트 주거 단위 등 10종류의 실내 합계 281실의 천장·벽·바닥·문·건구 등을 측색 조사한 결과의 데이터로부터 소재별로 그 사용 빈도를 산출한 것. 1957년~1960년에 실시되었다.

상·의자·책장 등의 가구, 그 밖에 다양한 도구 등이 있다. 이들은 각각 다른 소재로 되어 있고 크기도 제각각이며 색채 또한 다르다. 이들 전체가 하나가 되어 우리 눈에 비춰지고 특정한 인상을 주기도 한다. 따라서 실내 공간의 색채 디자인에서는 공간 전체로서의 통일과 변화를 고려한 균형있는 계획이 중요하다.

셋째, 실내 공간을 위한 색채는 그 공간다운 색채, 즉 공간의 특성을 반영하는 것이어야 한다. 주택의 침실, 호텔의 객실, 병원의 병실은 모두 같은 취침 공간이라 해도 요구되는 기능이나 분위기가 다르다. 또한 공간의 종류나 장면에 따라 거기서 활동하는 사람이 주역이 되고 실내 공간은 그 배경의 역할을 해야 하는 공간이 있는가 하면, 공간 그 자체가 대담한 디자인으로 자기주장을 해야 하는 경우도 있다.

넷째, 실내 공간의 색채는 빛과 일체가 되어 계획되어야 한다. 태양광, 형광 램프, 백열 전구 등 광원에 따라 색채가 다르게 보이기 때문에 의도한 색채 효과를 최대한 발휘하려면 빛환경을 염두에 둔 색채 계획, 또는 색채를 기준으로 한 조명 계획이 필요하다.

실내 공간의 색채 계획에서는 의도한 색채를 모든 소재와 구성 요소에 대해 새로 만들어 낼 수는 없다. 따라서 공간을 구성하는 각각의 소재로 실현 가능한 색채를 조합시켜 가는 것이 현실적인 방법이라고 할 수 있다. 소재와 색채와의 관계는 매우 밀접하지만, 단순히 소재감을 살리는 방식만 있는 것이 아니라 소재감보다 색채를 우선하는 방식도 있다는 점을 기억하도록 한다.

■ 소재감을 활용한 실내 공간

재료에 의한 색채의 특성을 조사한 바에 의하면 (참고문헌 1, 그림 1) 목재의 색채는 색상에서는 10YR을 중심으로 한 좁은 범위로 집중되고, 채도에서는 4.0 부근에서 피크를 이루는 등 모든 재료 중에서도 가장 공통성이 많은 전형적인 색을 갖는다고 한다. 또한 돌은 난색계인 것이 많은 것으로 나타났고, 나무 형태로 만들어진 콘크리트는 무채색이 아니라 채도 1.0 정도의 5Y라고 보고되었다.

천연 재료를 이용한 소재를 내부 장식에 사용하는 경우에는 이러한 특성을 충분히 고려해야 하며, 이와 동시에 함께 배치하는 인공 소재의 색채와의 균형을 결정하는 것이 중요하다(그림 2, 3).

■ 색채를 강조한 실내 공간

넉넉하지 못한 건설 비용으로는 선택할 수 있는 소재가 한정되기 쉬운데 그러한 조건을 색채 계획

▲ 그림 2 가구의 색채를 강조한 공간

▲ 그림 3 가구의 색이 내부 장식의 색에 융화된 공간

으로 해결한 예가 있다. 건축 공간 안에서 소재감은 흔히 텍스처와 연관되지만 다양한 소재를 갖추기 어려운 경우에는 소재감 대신 조화롭게 선택된 색채로 공간을 구성하는 방법을 시도할 수 있다.

지방 도시의 국도변에 세워진 이 쇼핑센터는 옛부터 해군항이라는 지역적 특색에 따라 「해변의 시장」을 컨셉트로 계획하였다(그림 4, 5).

바닥과 손잡이 부분에만 자연 소재인 나무를 사용하고 그 외의 재료는 모두 도장 재료로 마감해서 구성하였다. 더욱이 여기에 어스 컬러(earth color)와 같은 자연스러운 느낌의 색은 배제하고, 상업 시설 특유의 사인이나 스트리트 퍼니처(street furniture)에 대조적인 색을 조합함으로써 시장이 주는 번화함을 효과적으로 연출하고 있다.

▲ 그림 5 색채 컨셉트 전시 패널

▲ 그림 4 색채로 구성된 공간 – 쇼핑센터
(에히메(愛媛)현 이마바리(今治)시 이마바리(今治) 월드 프라자) 촬영 : 吉川泰造

크리스마스 일루미네이션

네온사인으로 물든 도시의 야경은 크리스마스가 되면 한층 더 화려해진다. 백화점 벽면에는 거대한 크리스마스 트리와 산타클로스가 등장하고 가로수는 작은 전구들로 한껏 장식을 한다.

요즘은 주택가에서도 정원이나 외관을 자신들이 만든 조명으로 장식하는 모습을 볼 수 있게 되어

◀ 가로변의 일루미네이션

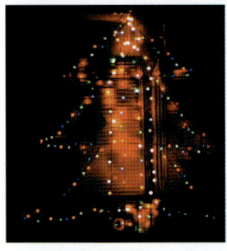 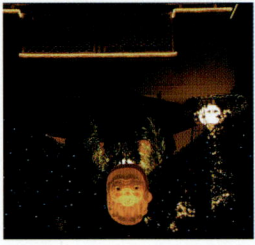   

▲ 주택지의 소박한 일루미네이션은 귀가하는 이들을 포근하게 맞아준다.

▲ 쇼윈도의 일루미네이션. 크리스마스 시기에는 소형 램프가 많이 사용된다.

지나가는 이들의 눈을 즐겁게 해준다. 그러나 절도를 넘어선 빛은 차분한 밤 분위기를 깨고 주변에 광해를 주게 된다. 크리스마스 시즌은 빛에 의한 폐해를 학습하고, 거리의 빛을 감상하는데 가장 좋은 계절이다.

▲ 번화가의 일루미네이션. 개구부가 적은 상업 시설에서는 파사드를 대담하게 장식한다.

채광

>> 직사 일광의 피해

태양의 방사에너지는 빛과 열을 공급하고 건조 및 살균 등에 유용하다. 이러한 효과를 설비 등의 인공적인 수단으로 대체하기란 쉽지 않다. 태양에너지에는 대기를 직진해서 지표에 도달하는 성분(직달일사)과 대기 중에서 산란된 후 전천공으로부터 지표에 도달하는 성분(천공일사)이 있는데, 전자가 양적으로 많다. 건축 환경에서 주로 빛으로서의 효과에 주목하는 경우에는 직달일사를 「일조」또는「직사일광」이라고 부른다.

■ 태양에 대한 요구

직달일사의 강도는 지역의 위도, 즉 태양고도에 의존한다. 위도가 높고 태양광이 풍부하지 않은 지역은 일반적으로 태양광에 대한 욕구가 강하다. 북유럽 등에서는 맑은 날을 골라 공원이나 산, 계곡 등을 산책하거나 태양광을 쬐는 사람들의 모습을 볼 수 있다(그림 2). 한편, 저위도지역에서는 한낮에 내리쬐는 태양이 반드시 환영 받는 것은 아니다. 태양에너지의 열효과가 매우 강해지기 때문에 깊은 처마나 아케이드로 직달일사를 차단하고 가능한 한 그늘이 지는 공간을 만들려고 한다(그림 3).

직달일사의 강도는 기상 조건에 의해 달라진다. 지역을 상호 비교할 때는 구름이나 안개, 스모그 등에 의해 차단되는 정도를 고려해서 실제 일조 시간(실제로 직달일사를 받은 시간)을 가조 시간(일출에서 일몰까지의 이론상의 낮 시간)으로 나누어서 구한 일조율이 이용된다.

■ 일사의 피해

일사에는 빛이나 열의 공급 외에도 보건 효과나 건조 등의 기능이 있다. 일사에 포함된 적정량의 자외선은 비타민 D를 생성하고 살균 작용을 한다. 또한 식물의 성장을 위해서도 일사가 필요하다.

▲ 그림 1 프리잉카 문명의 태양신(볼리비아)
태양은 옛날부터 세계 각지에서 널리 신성시·신격화 되어 왔다. 고대 이집트의 아몬-라나, 일본의 천조대신(天照大神) 등이 대표적이다.

▲ 그림 2 고층 빌딩가의 도시 공원(뉴욕)
고위도 지역에서 점심 시간이면 많은 사람들이 모여드는 양지 바른 광장은 사람들에게 생기를 불어 넣는 장소로 반드시 필요하다.

식물의 생존에 필요한 광합성을 위해서는 빛의 절대량이 요구된다. 이러한 이유로 과밀한 도시에서 각 주호에 충분한 일조를 제공하는 것이 어려운 상황이라도 공원 등 옥외의 공공 공간에는 충분한 일조를 확보하는 것이 바람직하다(그림 4).

한편, 일사에는 실내의 가구, 내부 장식, 회화 등을 변색·퇴색시키는 바람직하지 않은 영향도 있다. 더욱이 여름철의 냉방부하를 증가시키고 부분적으로 과도한 광량을 발생시키기도 하므로, 건물 내에 대한 일사, 특히 직달일사의 도입은 알맞은 정도로 제어해야 한다.

■ 일영

하루 또는 1년 중에 어느 정도 일조가 확보되는가는 대지의 좋고 나쁨을 결정하는 중요한 요소가 된다. 건축물을 만드는 것은 곧 주위에 대해 일영을 만드는 것이 되므로 그 형태를 충분히 배려해야 한다. 일조에 대한 검토는 실제로는 주위의 여러 건물을 대상으로 하는 경우가 많은네, 일영 영역이 미묘하게 겹치는 것이 문제가 된다. 건축법의 '일조 등의 확보를 위한 건축물의 높이 제한'에서는 건축물이 인접 대지에 만드는 극단적인 일영으로 인해 나쁜 영향을 주지 않도록 그 형태나 배치에 규제를 가하고 있다. 이 때의 일조

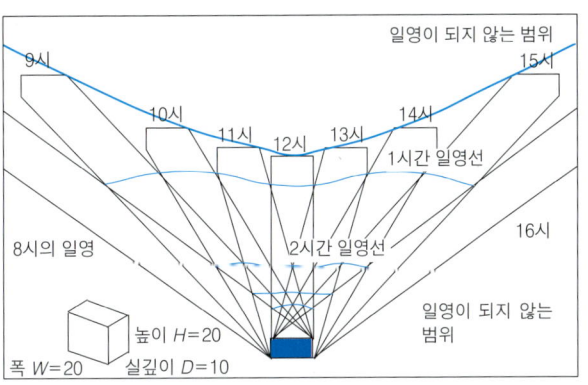

▲ 그림 5 도쿄의 일영도(동지, 진태양시)
겨울철의 일조를 검토하는 경우는 일영이 가장 길어지는 동지를 기준으로 하는 것이 일반적이다. 그림에서 일영이 되어 있는 시간이 같은 곳을 연결하면 일영시간도(日影時間圖)가 된다.

▲ 그림 3 태양광을 차단하는 가로(방글라데시)
열대지방의 강한 일사를 차단하기 위해 도로 상부에 설치된 스크린에 의해 적절한 양의 빛이 가로를 비춘다.

▲ 그림 4 계단 형태의 옥외 정원(아크로스 후쿠오카(福岡))
남측 건물의 파사드를 계단 형태로 셋백(Set-Back)시킴으로써 인접하는 공원과 일체가 되어 양지 바른 옥외의 식재 공간을 실현시켰다.

시간(1일 중 어느 지점이 일영이 되어 있는 시간)은 동지일을 기준으로 한다.

건물이 그 주변에 어떠한 일영을 만드는가 하는 것은 건물과 태양광선과의 기하학적인 관계로 결정된다(그림 5). 또한 천구상의 태양의 이동 궤적을 표현하는 태양 위치도에 태양광선을 가로막는 건축물 등을 투영시키면 일조·일영의 시각이나 시간대를 알 수 있다. 어안렌즈로 촬영한 천공 사진에 태양의 궤적을 겹치면 태양광선이 건축물의 영상에 차단되는 시각이나 시간대를 읽어낼 수 있다(그림 6).

■ 직달일사의 반사

건축물의 외부 표면은 직달일사를 흡수하거나 투과하는 것만은 아니다. 경면 반사도가 높은 옥외 표면은 직달일사를 반사해서 반사일사를 발생시킨다(그림 7). 실내로 유입되는 일사의 침입을 막기 위해 설치한 열선반사 필름의 경우도 반사시킨 일사로 인해 다른 실내로 불필요한 일사가 침투되어 냉방부하를 증가시키는 요인이 된다. 직사일광의 반사는 계획적으로 활용하면 채광이 필요한 장소에 빛을 유입할 수 있지만, 비계획적인 빛의 반사로 인해 반사광에 의한 글레어를 발생시키는 경우도 있다. 특히 도로 위에 반사광이 생기면 운전자의 시인성에 영향을 주므로 주의해야 한다.

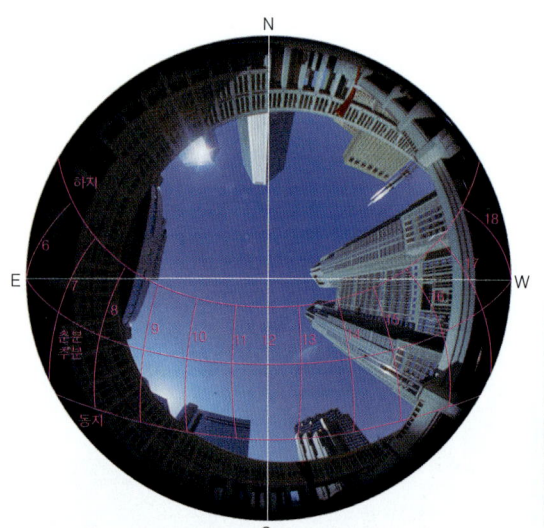

▲ 그림 6 태양 위치도에 의한 일영 시간의 분석
 (등거리 투영 방식)

어안렌즈를 이용해서 일조의 시각이나 시간대를 읽어 들이는 방법은 기존의 건축물 또는 모형에 의해 제시되는 건축물일 경우에 효과적이다. 형태가 복잡한 투영의 경우도 촬영에 의해 간단히 분석할 수 있다. 어안렌즈는 사용하는 태양 위치도와 동일한 투영 방식을 선택한다.

▲ 그림 7 대각선 방향에 있는 건물의 창으로부터의 반사일사

열선반사 유리나 열선반사 필름에 의해 반사된 일사가 그 북측에 위치하는 건물의 연직면에 강하게 비춰 반사되는 경우가 있다.

3.2 창

>> 다양한 창의 기능

건축은 혹독한 자연 환경에서 인간이 살아가기 위한 피난처로서 발달되어 왔다. 창은 내부 공간으로 빛과 바람을 유입하기 위해 마련된 것이므로 피난처로서의 기능은 취약한 부분이라 할 수 있다. 한편, 눈을 마음의 창이라고 하는 것처럼 창은 물리적 의미 이상의 의미를 갖고 있으며, 내부와 외부를 연결하는 다양한 정보의 통로라고 할 수 있다.

■ 창에 요구되는 기능

창은 빛이나 바람을 유입하는 채광과 환기의 기능 외에도 피난 경로나 조망의 확보와 같은 기능을 갖는다. 또한 창은 이러한 실내 환경의 쾌적성에 관련된 기능뿐만 아니라 건축 내부와 외부에 장식적인 효과를 가져다주기도 한다.

채광, 환기, 피난에 관해서는 건축기준법이나 소방법에 유효한 창(개구부)의 최소 한도가 규정되어 있으며, 이는 재실자의 신체적 건강과 안전을 확보하기 위해 중요한 사항이다. 창으로부터의 조망은 재실자에게 외부 환경에 대한 정보를 제공한다는 심리적인 효과도 준다.

지하 공간에서도 드라이 에리어에 면한 창이 있으면, '시간적인 정보'와 '기분 전환'의 관점에서 만족도가 높아진다고 한다. 이러한 역할을 하기 위해서는 외부 환경에 맞추어 창의 형태와 크기, 위치 등을 달리해야 한다.

창의 장식적 효과에는 역사와 문화, 사회적인 영향이 있으며, 아래에 그 다양한 예를 소개한다.

▲ 그림 1 미에(三重)현 마츠사카(松阪)市 우오마치(魚町)의 성곽 도시
세로로 낸 격자창은 외관이 아름다울 뿐만 아니라 외부로부터의 시선을 차단하고, 빛과 바람을 받아들인다. 차양과 차양 사이의 창은 채광에 효과적이다.

▲ 그림 2 히다(飛驒)의 민가
높은 곳에 마련된 창은 눈이 쌓였을 때 채광이나 환기에 유리하다.

▲ 그림 3 2중 오픈 공간의 카페테리아
채광에는 높은 창이 효과적이지만, 조망을 위해서는 눈높이의 창이 필요하다.

■ 환기·통풍·채광·조망의 기능

일본이나 동남아시아의 창은 기둥과 기둥 사이의 개구부인 경우가 많아 매우 개방적이다. 인접 주호와의 사이가 좁아 개구부를 마련할 수 없는 민가에서는 도로에 면한 벽면의 대부분을 개구부로 해서 가능한 한 바람이 통하도록 하였다(그림 1). 또한 겨울철 눈으로 덮인 지방은 반오픈 공간이 되어 있는 가옥의 상부에 창을 마련해서 채광·환기가 되도록 하였다(그림 2).

채광·환기에는 높은 지점의 창이 효과적이지만, 통풍·조망에는 눈높이에 가까운 창이 효과적이다(그림 3). 특히 조망에 관해서는 하늘과 지표면 양쪽 모두가 보이는 것이 창으로부터의 외부 조망의 만족도에 큰 영향을 준다.

비교적 공기가 건조한 지방에서는 주간의 강한 일사를 차단하면 비교적 쾌적하게 지낼 수 있다. 사막이 있는 아랍 지방의 창에는 일사를 차단하기 위한 차양이 설치되어 있다. 섬세한 세공은 보기에만 좋은 것이 아니라 창으로부터 들어오는 바람의 풍속을 증가시키는 효과가 있다(그림 4).

▲ 그림 4 시티브사이드(튀니지아)
튀니디안 블루의 창은 흰색 벽에 잘 어울려 인상적이다.

▲ 그림 5 유다의 시청사(네덜란드)
선명한 색의 덧창이 보기에 즐겁다. 자세히 보면 왼쪽과 오른쪽의 층높이가 다르지만 통일감 있는 창의 디자인으로 위화감을 느낄 수 없다.

▲ 그림 6 그리스 에게해의 섬
간격을 두어 디자인 한 덧창은 바람을 통하게 한다.

◀ 그림 7 성 안스 교회(네덜란드 유다)
스테인드 글라스라도 충분한 채광이 가능한 경우가 있다.

■ 장식적인 효과

유럽, 특히 고위도 지역의 창에는 차양이 없고 덧창만 설치되어 있는 경우가 많다. 덧창은 주로 서향 빛을 차단하므로 높은 곳에 위치한 창에는 설치되지 않기도 한다(그림 5). 한편 남쪽 에게해 지방에서는 차양도 볼 수 있고 통풍의 기능을 가진 덧창도 있다(그림 6). 덧창은 형태나 색이 건물 외관의 액센트가 될 수 있어 의장에서 중요한 요소가 된다.

스테인드 글라스는 장식적인 목적으로 사용되는 경우가 많다. 특히 어둠침침한 교회 안에 있는 선명한 빛은 신앙심을 높이는데 효과적이다(그림 7). 또한 작은 창이라도 실내가 충분히 어둡다면 장식적인 역할을 하기도 한다(그림 8).

창 자체는 장식적이지 않지만 벽이나 천장의 조각이나 모자이크를 효과적으로 조명하는 창도 있다(그림 9). 이것이 상부에 설치되면 채광이나 환기에도 유용하다.

■ 야간의 창

창은 주간뿐만 아니라 야간에도 존재한다. 그림 10은 야간의 창을 적극적으로 이용한 건물이다. 외부를 향해 열린 창은 주간에는 건축 공간 외부에서 내부로 빛이 들어오고, 야간에는 건축 공간 내부의 빛이 외부로 삐져 나가게 된다. 주간과는 반대로 야간의 경우는 건축 공간 외부에서 내부가 쉽게 보이게 되므로 창의 계획에 있어서 의장적인 면뿐만 아니라 프라이버시 보호 등에 대해서도 배려해야 한다.

▲ 그림 10 도쿄 디자인센터
(일본 · 도쿄 고탄다(五反田))
깊게 파인 창틀을 조명함으로써 공간에 변화를 줄 뿐만 아니라 통로 공간을 밝게 해 준다.

▲ 그림 8 성모마리아의 집(터키·에페스)
돌로 쌓아 만든 작은 집에 조그맣게 낸 창에는 십자가가 디자인되어 있어 이곳의 소박함 속에서 특히 아름다움을 더한다.

▲ 그림 9 카라타이 신학교(터키 · 콘야)
돔 천당의 모자이크를 효과적으로 보여준다.

3.3 차양

》》 창으로 유입되는 일사량의 조절

건축에 있어서 태양에너지는 큰 역할을 담당하지만 여름철 냉방부하의 증대나 과도한 광량, 가구의 퇴색과 같은 피해도 가져다준다. 이러한 피해를 줄이기 위해 창에 여러 가지 장치를 설치함으로써 실내로 들어오는 태양에너지의 양과 질을 조절할 수 있다.

■ 차양의 종류

직달일사를 차단하기 위해 창에 설치하는 장치를 차양이라고 한다. 블라인드, 커튼 등도 차양의 일종이라고 할 수 있는데 여기서는 건축화 된 차양(브리즈 솔레이유라고 불린다)에 대해 다룬다. 차양은 형상에 따라 다음과 같이 분류할 수 있다.

- 수평재를 주체로 하는 것(차양, 수평 루버)
- 수직재를 주체로 하는 것(날개벽, 수직 루버)
- 수평재와 수직재의 조합(격자 루버)
- 경사재(오닝, 차양)

일반적으로 이러한 것은 일정 간격을 두고 배치되어 직달일사를 차단하면서도 외부의 시각 정보를 확보할 수 있도록 설치된다. 태양의 위치는 계절과 시각에 따라 변하므로 시간대에 따라서는 차양재의 틈으로 직달일사가 실내로 들어오는 경우도 있다.

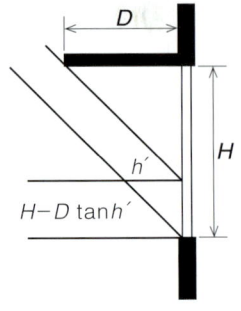

▲ 그림 2 직사일광이 유입되는 부분

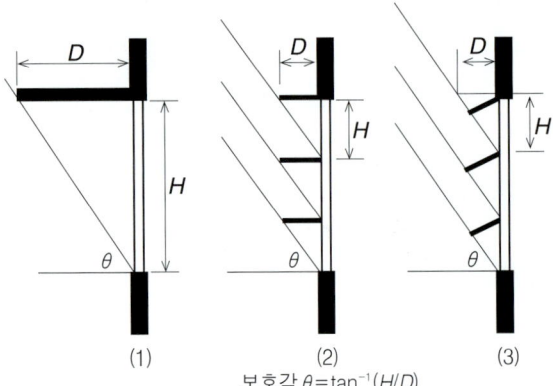

보호각 $\theta = \tan^{-1}(H/D)$

▲ 그림 1 차양의 수직 방향의 보호각

▲ 그림 3 차양
건축화 된 대규모 차양

■ 차양 계획

차양으로 일조를 조정하기 위해서는 창의 방위와 태양 위치를 알아야 한다. 태양 위치란 햇빛이 들어오는 방향으로, 태양고도(수평면에 대한 태양의 앙각)와 방위각(수평면 위에 투영한 태양의 남쪽으로부터의 편각. 남쪽부터 서쪽을 정(+), 남쪽부터 동쪽을 부(−)의 값으로 나타낸다)으로 표시한다. 태양고도와 방위각은 그 지역의 위도, 계절(월일), 시각에 의해 결정된다. 예를 들어 태양고도 h는 다음과 같이 계산할 수 있다.

$$\sin h = \sin \varphi \, \sin \delta + \cos \varphi \, \cos \delta \, \cos t$$

여기에서 각 기호의 의미는 다음과 같다.

φ : 그 지역의 위도(북위 : (+), 남위 : (−))

δ : 태양적위(동지 −23.45° ~ 하지 23.45°)

t : 시각 $t = 15° \times$(정오부터의 시간)

또한 태양 방위각 A와 창면의 방위각 a로부터 창면에 대한 겉보기의 태양고도 h'를 다음과 같이 구할 수 있다.

$$\tan h' = \frac{\tan h}{\cos (A-a)}$$

▲ 날개벽
도서관의 남면. 2, 3층 부분에 60cm 폭의 창 사이에 45cm 정도 돌출된 날개벽이 있어 고도가 낮은 아침의 일사와 서향 빛을 차단한다.

▲ 날개벽
6열의 날개벽은 길이가 다르다. 왼쪽에서부터 2열씩 2~4층, 2~5층, 1~5층으로 길어진다.

▲ 루버 차양과 날개벽
대학의 강의실로서 남면의 차양을 루버 형태로 하고, 날개벽의 윗부분을 반정도 잘라서 시선을 확보하고 답답한 느낌을 줄였다.

◀ 외부 설치 블라인드
사무실 남면. 사진의 블라인드는 오르내림과 날개의 각도 등을 자유롭게 조절할 수 있다. 외부에 설치하는 경우 냉방부하의 경감에 대해서는 내부에 설치하는 것보다는 유리하지만, 풍우에 견딜 수 있는 구조가 필요하다. 또한 폐쇄적인 인상을 주지 않도록 계획해야 한다.

▲ 루버 차양
오피스 빌딩의 남동면. 전면이 유리인 건물의 가벼운 느낌이 유지될 수 있도록 디자인된 차양이 설치되어 있다.

이 겉보기의 태양고도 h'가 그림 1에 나타낸 보호각 θ보다 큰 시간대는 직달일사가 차양으로 차단되어 실내에 입사되지 않는다. 겉보기의 태양고도 h'가 보호각 θ보다 작은 시간대는 그림 2에 나타낸 것처럼 $H - D\tan h'$의 부분에서 직달일사가 들어오게 된다.

창의 방위에 따라 차양의 형태가 적합한 지의 여부가 결정된다. 예를 들어, 남향의 창은 수직 루버만으로는 충분하지 않고, 태양이 정면에 위치하는 일이 없는 북향의 창은 수평 루버가 적합하지 않다. 또한 일반적으로 차양은 가로로 긴 창에는 수평재, 세로로 긴 창에는 수직재를 주체로 하면 건물에서 외부로 돌출되는 길이를(그림 1의 (1)의 D, (2), (3)의 경우는 D의 합) 줄일 수 있다.

이처럼 창의 방위, 면적, 형상, 직달일사를 차단해야 하는 시간대 등을 고려해서 차양을 계획하고 이를 효과적으로 기능하도록 하는 것은 건물에서 태양에너지의 유효이용을 위한 기본적인 수법이 된다.

▲ 외벽보다 깊은 창
오피스 빌딩의 남면과 동면. 창의 유리면이 외벽면보다 안쪽으로 들어가 있다. 날개벽과 차양 모두 있는 경우와 마찬가지의 효과를 기대할 수 있다.

▲ 수평 루버와 날개벽
병원의 남면. 여러 개의 창이 나열되어 있어 그 상부에 위치한 차양은 멀리서 보면 질서를 이룬다.

▲ 차양
주택의 남면. 지붕을 연장한 것을 차양으로 사용해서 창 상부를 덮고 있다.

▲ 오닝
레스토랑. 사진의 경우는 체인점의 심벌로서의 기능도 하기 때문에 고정형이지만, 각도와 개폐가 자유로운 종류도 많다.

▲ 차양
집합 주택의 남면. 전체를 1/4 원호의 테프론막으로 덮고 그 아래에 연한 갈색의 오닝과 원호 형태의 차양이 설치되어 있다.

그림 4 여러 유형의 차양
방위, 창의 형태, 면적 등 여러 가지 조건을 고려한 차양이 건축 디자인의 일부로서 기능하고 있다.

>> 직사일광과 천공광

태양으로부터 지표면에 직접 도달하는 빛을 직사일광이라고 한다. 그리고 태양으로부터 천공을 경유해서 간접적으로 도달하는 빛을 천공광이라고 한다. 또한 직사일광과 천공광이 지면이나 건물 등에서 반사된 빛을 지물(地物) 반사광이라고 하며, 직사일광, 천공광, 지물 반사광을 합해 주광이라고 한다.

직사일광에 의한 조도를 직사 조도, 천공광에 의한 조도를 천공광 조도라고 하며, 직사 조도와 천공광 조도를 합한 것을 주광 조도라고 한다. 또한, 직사 조도와 천공광 조도에 지물 반사광에 의한 조도를 더해 주광 조도라고도 한다.

■ 직사일광

WMO(World Meteorological Organization : 세계 기상 기관)에서는 지표면에서의 태양에 의한 법선 방사 조도가 120W/m² 이상일 때 직사일광이 있는 것으로 하고 있다. 직사일광의 세기는 대기층을 통과할 때 산란이나 흡수에 의해 감쇠한다. 대기 밖의 직사일광에 의한 법선 조도를 대기외 법선 조도라고 한다.

태양과 지구의 거리는 1년을 주기로 변화한다. 대기외 법선 조도의 값도 태양과 지구의 거리에 따라 변화한다. 태양과 지구가 평균 거리일 때의 대기외 법선 조도를 태양 조도 정수라고 한다. 최근의 자료에 의해 추정한 태양 조도 정수는 133,700[lx]이다. 태양과 지구의 평균 거리를 단위로 해서 임의의 어느 날의 태양과 지구의 비(比)거리를 r이라고 하면 대기외 법선 조도 E_o와 태양 조도 정수 E_e의 관계는 다음 식과 같다.

$$E_o = \frac{E_e}{r^2}$$

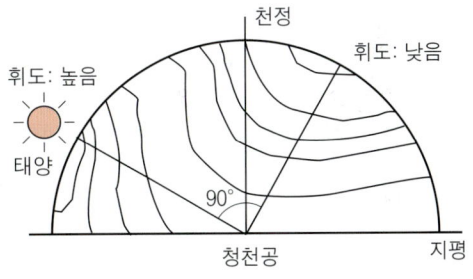

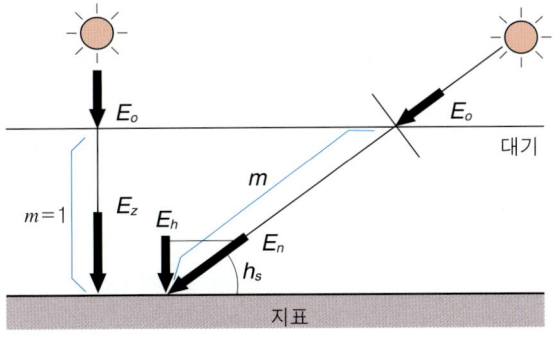

▲ 그림 1 직사일광에 의한 조도

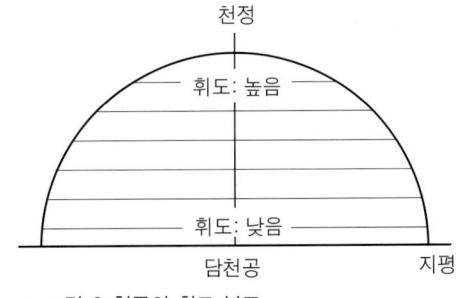

▲ 그림 2 천공의 휘도 분포

태양과 지구의 비거리는 계절에 따라 다르다. 그 수치는 「과학연표」 등에 기재되어 있다.

대기중을 빛이 통과하는 거리를 대기노정(大氣路程)이라고 하며, 대기에 의한 직사일광의 소산(消散) 즉, 흩어져 사라지는 정도를 나타내는 계수를 소산계수(消散係數)라고 한다. 대기노정을 m, 소산계수를 a라고 하면, 지표에서의 직사일광에 의한 법선 조도 E_n는 다음과 같은 식으로 나타낼 수 있다.

$$E_n = E_o \cdot e^{-am}$$

대기노정에 관해서는 많은 종류의 제안이 있다. R. Kittler는 태양고도를 h_s로 하여 다음과 같은 식을 제안하고 있다.

$$m = \frac{2 \cdot (\sqrt{\sin^2 h_s + 0.0031465} - \sin h_s)}{0.0031465}$$

태양이 천정에 있을 때의 지표에서의 법선 조도를 E_z라고 하면 E_z/E_o에 의해 대기의 혼탁 정도를 나타낼 수 있다. 이를 대기 투과율이라고 하며, 청천공(晴天空)에 대해 정의된다. 태양이 천정에 있을 때의 대기노정은 1이므로 대기 투과율 P는 다음 식으로 나타내어진다.

$$P = \frac{E_z}{E_o} = e^{-a}$$

이에 의해 지표에서의 직사일광에 의한 법선 조도 E_n은 다음 식으로 나타낼 수 있다.

$$E_n = E_o \cdot P^m$$

■ 천공의 휘도 분포

주광 조명의 계획에서는 그 광원인 천공의 휘도 분포를 설정할 필요가 있다. 천공의 휘도는 그 분포가 균일하지 않다. 구름이 없는 쾌청한 푸른 하늘의 휘도는 태양 부근이 가장 높고 천정을 사이에 두고 태양과 약 90° 떨어진 부분이 가장 낮다. 전체가 두꺼운 구름에 덮인 천공에서는 천정 부근의 휘도가 지평 부근의 휘도보다 높은 경향이 있다.

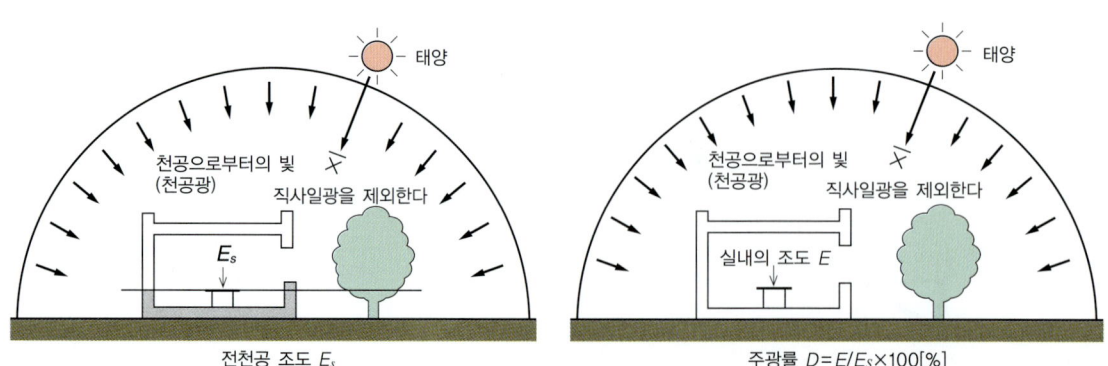

▲ 그림 3 전천공 조도와 주광률

완전히 맑게 갠 청천공과 하늘 전체가 두꺼운 구름에 싸인 담천공 각각에 대해 CIE 표준 청천공과 CIE 표준 담천공이라는 휘도 분포의 표준이 규정되어 있다. CIE 표준 청천공의 휘도 분포는 천공 요소의 고도와 방위 및 태양의 고도와 방위의 함수로 정의된다. CIE 표준 담천공의 휘도 분포는 천공 요소의 고도의 함수로 정의되어 있다. 또한 이들 표준 천공은 천정 휘도에 대한 상대값으로 나타내어진다. 절대값을 알려면 천정 휘도의 값이 필요한데 여러 가지 제안식이 있다.

■ 전천공 조도와 주광률

주위에 장애물이 전혀 없는 지표면에 있어서의 천공광에 의한 수평면 조도를 전천공 조도(全天空照度)라고 한다. 주광은 계절이나 시각, 기후 등에 따라 끊임없이 변동하며 이에 따라 실내의 주광 조도도 변동한다. 주광 조명에서는 전천공 조도 E_S에 대한 실내의 주광 조도 E의 비(E/E_S)를 주광률로 정의하고, 밝기의 지표로 하고 있다. 주광률은 정확하게는 천공 휘도 분포의 형태에 따라 다르지만, 일반적으로 옥외의 주광의 변동에 상관없이 거의 일정한 것으로 생각한다.

주광 조명의 계산에서는 일반적으로 주광률을 이용한다. 주광률을 계산할 때 천공 휘도의 절대값은 필요 없다. 주광률은 천정 휘도에 대한 상대값으로서의 천공 휘도에 의해 구할 수 있다. 실내의 주광 조도는 주광률에 전천공 조도를 곱해서 계산한다. 전천공 주두의 값에 대해서는 많은 종류의 제안이 있다. 예를 들어, 북위 35°, 동경 135°의 지점에서 검토 시간대를 오전 9시부터 오후 5시로 해서 추정된 연간 전천공 조도 E_S와 누적 출현 빈도 f와의 관계는 다음과 같은 식으로 나타내어진다.

$$E_S = 31.4 \cdot \left(-1 + \frac{1.2}{f+1.2} \right)^{\frac{1}{1.9}}$$

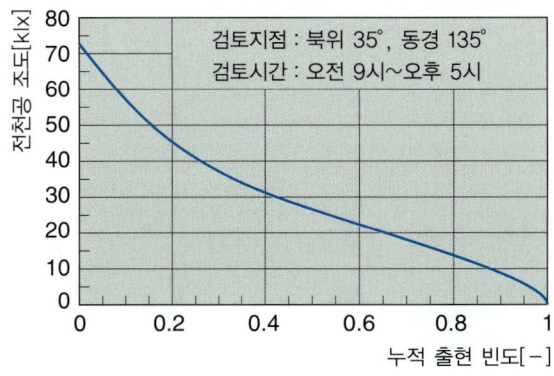

▲ 그림 4 전천공 조도와 누적 출현 빈도

3.5 창에 의한 눈부심과 조망

>> 눈부심의 제어와 조망의 확보

태양의 빛을 도입해서 실내를 조명하는 것을 주광 조명이라고 한다. 주광 조명은 인공 조명과 같이 화석에너지를 소비하는 것은 아니지만, 태양의 빛은 강한데다 변화가 잦기 때문에 받아들이는 양이나 방식이 적절하지 않으면 실내 환경의 악화를 초래할 수도 있다.

일반적인 측창 채광의 경우, 눈높이에 창이 있으므로 밖의 경치를 보는 것에는 유리하지만, 눈에 빛이 입사되어 불쾌감을 일으키는 눈부심이 발생할 가능성이 크다. 따라서 여기서는 특히 측창으로 들어오는 직사일광에 의한 불쾌한 눈부심 및 창의 외부 경관의 조망에 대해 검토하도록 한다.

■ 창으로 유입되는 주광에 의한 눈부심

앞서 언급한 대로 창으로 들어오는 주광은 매우 밝기 때문에 도입이 적절히 이루어지지 않으면 불쾌한 눈부심을 일으킬 수 있다. 강한 빛을 차단하고 입사하는 빛의 양을 감소시키면 불쾌한 눈부심은 과연 발생하지 않을까?

▲ 그림 1 직사일광을 차폐하지 않은 창
남측으로 면한 창을 8월 하순의 13시경에 촬영한 것이다. 화면의 왼쪽 아래편으로 직사일광이 들어온 것을 알 수 있다. 나뭇잎의 반사율은 15% 전후이므로 창밖은 그다지 밝게 느껴지지 않는다. 이실의 천장면 및 벽면의 반사율은 약 70% 정도이다.

▲ 그림 3 발을 내린 창
그림 1과 거의 같은 시각에 촬영한 것이다. 창으로 입사된 직사일광은 발에 의해 차폐·확산되어 실내로 들어온다. 발의 투과 성능은 형상에 따라 다양하지만, 일반적으로 발재의 틈을 통과하는 빛보다 발재에서 확산·투과하는 빛이 더 많고 양쪽 모두를 합하면 50~70% 정도로 볼 수 있다.

▲ 그림 5 블라인드를 내린 창(여름철)
8월 하순의 14시경에 촬영한 것이다. 블라인드의 슬랫(날개)을 수평으로 한 경우, 창 밖의 경관이 매우 잘 보인다. 실내에는 알맞게 확산된 빛이 들어와서 불쾌한 눈부심도 없다. 단, 실내에 설치된 경우에는 일사에 의한 열의 유입은 막을 수 없다.

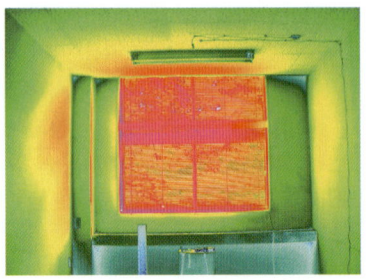

▲ 그림 2 그림 1의 휘도 분포를 나타내는 화상   ▲ 그림 4 그림 3의 휘도 분포를 나타내는 화상   ▲ 그림 6 그림 5의 휘도 분포를 나타내는 화상

남향의 창에서 차양을 설치하지 않은 것과 발을 내린 창을 비교해 보자(그림 1, 3). 발을 드리움으로써 실내에 입사하는 빛이 감소되어 실내는 다소 어두워진다. 한편, 발을 투과하는 빛은 확산되어 창에서부터 시선 방향으로 입사하는 빛이 증가하게 되고 상대적으로 창이 밝게 보인다. 휘도 분포를 나타내는 화상을 비교해 보아도 벽이나 천장은 어두워지고 창 자체는 약간 밝아졌다는 것을 알 수 있다(그림 2, 4).

남향의 창으로 보이는 북측에 면한 수목은 직사일광이 닿지 않은데다 수목 및 잎의 반사율이 낮기 때문에 어둡게 보인다. 반대로, 남측에 면한 창의 발에는 직사일광이 닿은 데다 발의 투과율이 수목의 반사율보다 높기 때문에 발은 밝게 보인다. 이러한 경우, 불쾌하지는 않더라도 똑바로 쳐다보면 눈부심을 느끼게 된다.

이와 같이 직사일광을 차단하기 위한 장치 자체가 밝게 보여서 불쾌 글레어를 발생시키는 경우도 있다. 또한 실내의 창 이외의 부분이 어두워졌기 때문에 눈부시게 느끼는 경우도 있다. 따라서 쾌적한 빛환경을 위해서는 실내의 밝기와 창의 밝기와의 균형이 중요하다고 하겠다.

▲ 그림 7 블라인드를 내린 창(가을철)
11월 중순의 11시경에 촬영한 것이다. 태양고도는 35° 정도로 8월에 비교하면 매우 낮으며, 날씨는 매우 맑았다. 슬랫면에서 반사된 직사일광이 시선과 동일한 방향으로 입사해서 불쾌 글레어를 일으킨다.

▲ 그림 9 광선반을 설치한 창
광선반 윗면에서 반사된 빛으로 천장면이 밝아져서 창의 유리에 반사될 수 있지만 조망의 방해가 되지는 않는다.

30cd/m² 100   300   1,000   4,000

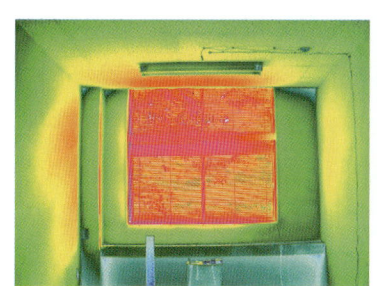

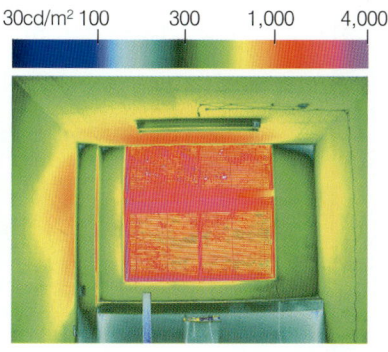

▲ 그림 8 그림 7의 휘도 분포를 나타내는 화상   ▲ 그림 10 그림 9의 휘도 분포를 나타내는 화상

■ 눈부심의 제어 및 경관의 조망

창의 기능은 단순히 주광을 도입하기 위한 것만은 아니다. 우리는 기후의 변화나 시각 등의 정보를 얻기 위해 또는 작업 중 눈을 쉬게 하거나 기분 전환을 위해서도 하루 중 몇 번이고 창 밖을 바라보게 된다. 즉 창 밖의 경치가 제대로 보이게 하는 것도 창의 중요한 기능이라고 할 수 있다.

창에 발을 내리면 밖의 경관은 거의 보이지 않는다. 그러나 같은 창에 블라인드를 내린 경우에는 블라인드 슬랫(날개)의 각도에 따라 직사일광의 차폐율이 낮아지기는 하지만 창 밖의 상황을 어느 정도 파악할 수 있다(그림 5). 창의 밝기는 발의 경우와 비슷한 정도로, 실내의 창 이외의 부분이 밝기 때문에 그다지 눈부시게 느껴지지는 않는다(그림 6).

그러나 블라인드를 사용하는 경우, 슬랫의 각도를 적절히 조절하지 않으면 슬랫이 빛나서 불쾌 글레어가 생길 수도 있다(그림 7). 휘도 분포를 나타내는 화상을 보아도 슬랫이 매우 밝다는 것을 알 수 있다(그림 8 : 희게 빛나고 있는 부분은 휘도가 4,000cd/m²보다 크다).

직사일광을 차단하면서 조망을 방해하지 않는 자연 채광 시스템으로 광선반(light shelf)을 들 수 있다. 창의 바깥쪽과 안쪽 모두에 광선반을 설치하면 창 전체로부터 실내에 입사하는 직사일광을 차단할 수 있다. 또한 유입되는 직사일광을 차양 부분의 상부에서 반사시켜 실내 천장면으로 도입시킬 수 있어 실내가 밝아지게 된다(그림 9). 창은 눈부시지 않고 실 전체는 밝기 때문에 빛환경의 면에서는 보다 쾌적해진다고 할 수 있다. 그러나 천장면이 매우 밝아지기 때문에(그림 10) 천장면으로부터의 반사광이 불쾌 글레어를 일으키는 원인이 될 수도 있다.

▼ 그림 11 잘츠부르크의 대성당
높은 곳에 있는 창은 일반적으로 시야에 잘 들어오지 않고, 창 주위의 벽두께 부분에 빛이 닿으므로 창과 벽면과의 밝기의 대비를 완화시켜 눈부심도 그다지 불쾌하게 느껴지지 않는다.

■ 눈부심의 효과

지금까지는 창으로 입사되는 주광에 의해 발생하는 글레어를 부정적인 면에서 설명했지만, 눈부심 자체가 반드시 불쾌한 면만 있는 것은 아니다. 나뭇잎 사이로 새어나오는 빛이나 수면의 반짝이는 눈부심은 보기에도 기분 좋고, 아침 햇살은 상쾌한 느낌을 준다.

종교 건축에서는 이러한 눈부심을 이용해서 신비적인 분위기를 연출하기도 한다. 어둠침침한 공간에 유입되는 한 줄기 빛은 엄숙한 느낌을 들게 한다. 벽을 깊게 파서 낸 창은 주위의 조각을 효과적으로 보이게 할 뿐만 아니라 창과 벽면의 밝기의 대비를 완화시키고 불쾌 글레어를 경감시킨다(그림 11).

■ 적절한 차폐재의 선택

이와 같이 측창 채광에서는 필요한 양의 주광을 도입하는데 있어서 눈부심의 억제와 조망의 확보가 우선되어야 한다는 점이 중요하다. 실의 사용 목적이나 재실 시간 등 실의 용도에 따라 어느 정도의 눈부심이 허용되는지 또한, 어느 정도의 조망이 확보되어야 하는지를 검토한 후에 도입 가능한 주광을 이용하도록 한다.

눈부심의 정도는 일반적으로 '눈부신 부분의 밝기', '눈부신 부분의 크기', '눈부신 부분과 주위와의 밝기의 대비'로 결정되며, 이들이 커질수록 눈부심의 정도가 커지게 된다. 조망은 창에 설치된 차폐재의 종합적인 빛의 투과율과 공극률에 영향을 받는다. 같은 형상의 차폐재라도 소재의 색에 따라 경관이 달리 보일 수 있다.

따라서 창의 위치, 크기, 형상, 열린 각도, 창 밖의 상황 등 여러 가지 조건을 고려해서 그에 맞는 적절한 차폐재를 선택하는 것은 측창 채광의 기본 요소라고 할 수 있다.

3.6 석조 건축의 채광

≫ 로마네스크 교회의 어둠

옛날부터 석조 건축은 목조 건축에 비해 창을 크게 내는 것이 어렵다 보니 자연히 실내가 대부분 어두울 수밖에 없었다. 이 어둠은 좋은 의미에서건 나쁜 의미에서건 오랜 세월 동안 석조 건축을 지배해 왔다. 근대 이후 철근 콘크리트 구조의 보급과 투명 유리의 발달 그리고 전등에 의한 조명이 보급되면서 석조 건축의 실내는 매우 밝아졌지만 오랜 역사 속에서 보면 그렇게 오래 전의 일은 아니다.

■ 로마네스크 교회의 채광

석조 건축의 시원을 물으면 스톤헨지와 같은 영국 남부나 아일랜드에서 눈에 띄는 거대한 석조물을 떠올리는데, 이것들은 야외에서 종교 행사 등에 사용된 것이 많고, 그 형태가 무엇인가를 둘러싸서 공간을 만들었다고 보기에는 불충분하므로 건축 공간이라고 말하기는 어려울 것 같다. 단, 분묘에는 비교적 섬세하게 돌로 쌓은 아치 구조에 의해 잘 둘러싸인 구축물이 남아 있다.

민족 전쟁이 끊이지 않았던 유럽이 마침내 안정을 찾은 것은 11세기 말이었다. 그 결과 당시 유행했던 로마네스크 양식의 교회는 지금까지 남아 있는 석조 건축으로는 수도 많고, 질도 높은 건축물로 건축 종별 안에서 가장 오래된 유물이 되었다.

그 시절에는 두꺼운 석벽 위에 무거운 돌의 지붕을 얹는 것이 가장 큰 문제였다. 구조를 튼튼하게 하려면 벽에 내는 창의 크기가 작아야 했고, 그 때문에 실내는 매우 어두울 수밖에 없었다.

그러나 로마네스크 건축은 위와 같은 불가피한 이유만으로 어두울 수밖에 없었던 것은 아니다. 예

▲ 그림 1 프랑스 투르느(Tournus) 교회의 신랑
바실리카식으로 비교적 밝은 예에 속한다.

▲ 그림 2 프랑스의 오르시벌(Orcival) 교회의 신랑
오벨뉴 지방산의 검은 돌로 둘러싸인 신랑은 조도가 평균 3[lx] 정도이지만 그보다 더 어두운 인상을 준다.

전에 어둠은 기원의 장소에서 필요조건이었다. 신은 빛의 은유적인 존재이므로 창으로 들어오는 빛이건, 촛불의 빛이건, 어두운 공간일수록 그 빛, 즉 신은 확실히 인식된다. 이 때문에 로마네스크 교회는 좀더 밝게 할 수 있었음에도 어둠을 선택한 것인지도 모른다.

고대 로마의 공공 건축에서 발생한 바실리카식 교회는(그림 1) 신랑(身廊)이 양쪽의 측랑(側廊)으로부터 돌출되어 높기 때문에 그 곳 측창에 의한 채광이 잘 이루어지고 있었지만, 그래도 밝은 곳은 천장 부근이라서 신자들이 있는 좌석 주변은 희미하였다. 프랑스의 오벨뉴 지방에는 측랑이 신랑과 같은 높이로 신랑의 양쪽을 막고 있어 마치 신자석에 도달하는 빛을 방해라도 하는 듯한 양식의 교회가 있다(그림 2). 더욱이 지역에 따라서는 측랑이 없이 신랑만 있는 단순한 양식의 교회도 있다(그림 3).

그런 곳에서는 창이 바로 신랑에 있기 때문에 창을 좀더 크게 하면 매우 밝아지겠지만, 그렇게 되어 있지는 않다. 무엇인가 긴급한 사태라도 생기면 사람들이 모여 숨는 성과 요새를 겸한 교회에서는 특히 현저한 일로서, 창은 '좁고 가는 눈'으로 불릴 만큼 좁았고 그래서 실내는 어두울 수밖에 없었다.

로마네스크 교회의 신랑의 조도는 겨울의 담천의 전천공 조도를 5,000[lx]라고 가정했을 때 가장 밝은 것이라도 20[lx] 정도이니, 일반적으로는 수 [lx] 정도인데 성채로서의 교회에는 0.25[lx] 정도인 경우도 있었다.

■ 석조 건축의 일반적인 채광

고딕 이후의 건축에서는 구조의 진보에 따라 창을 크게 낼 수가 있게 되어 실내가 한층 밝아졌다. 고딕 교회에서는 처음에는 샤르트르 대성당과 같이 스테인드 글라스를 사용하여 빛의 투과율이 낮

▲ 그림 3 프랑스의 쌩뜨 마리 드 라 메르 교회
아루루 근처의 성새(城塞) 교회. '좁고 가는 눈'과 같은 창이 한두 개 보인다.

▲ 그림 4 프랑스의 에르느(Elne) 대성당의 신랑
피레네 산맥의 근처에는 신랑이 어두운 교회가 많은데 이 곳의 신랑은 평균 약 0.25[lx]로 가장 어두운 것에 속한다.

아 매우 어두웠지만, 보다 투명한 유리가 사용되면서 밝아지게 되었다. 르네상스나 바로크, 근대, 현대의 교회는 거의 예외 없이 로마네스크 교회보다 밝다.

로마네스크 양식의 유물을 통해 교회 이외의 사무소, 주택 등의 일반 석조 건축물을 보면 교회만큼 어둡지는 않았다. 그러나 고딕 이후에도 확연하게 밝아지거나 하는 일은 없었다. 교회의 경우 각 시대의 최고 기술로 건설된 만큼 시대와 함께 크게 변모하는데 비해, 사무소나 주택은 일반적인 기술에 의존했기 때문에 근대까지 크게 변하지 않았던 것으로 생각된다.

단, 근대 이후 석조 건물의 일반적인 채광의 특징으로는 밝아졌다는 점 이외에 위처럼 요약하기 어려울 만큼 다양해졌다는 점이다.

▲ 그림 5 프랑스의 폰트뷔로 수도원의 주방
천창의 빛만 있는 공간이라 사진은 플래시를 사용해서 촬영했다.

▲ 그림 6 스위스의 네그런치노 교회의 벽화
어느 산 위에 있는 작은 교회로 실내는 평균 약 2[lx]이지만, 암순응되면 벽화가 잘 보인다.

타니자키 준이치로(谷崎潤一郎)가 「음예예찬」에서 상징적으로 표현한 것처럼 일본의 전통적인 건축미의 큰 요소 중 하나는 빛의 흐름에 있다. 일본 건축의 구법과 소재는 실내에 있어서의 빛의 양상을 서양 건축과는 다른 시점에서 파악해서 실내의 사물의 윤곽과 대비를 약하고 희미하게 하였다. 이러한 독자적인 빛환경이 화풍(和風)이라고 하는 용어의 의미에 독특한 깊이를 더해준다.

■ 전통 공간 내부 장식의 빛환경적 성능

전통적인 일본 건축은 큰 지붕과 깊은 차양이 특징이다. 이러한 특징은 태양으로부터 빛이 직접 창에 도달할 때 큰 방해물로 작용하기도 한다. 직접 방으로 들어올 수 없는 빛은 지표면에서 한 번

▲ 깊은 차양은 빛이 직접 실내로 입사되는 것을 막는 한편, 처마 안쪽은 지면으로부터의 빛을 반사시킨다.

▲ 조금 굵은 자갈 등이 깔린 정원은 반사율이 높아 아래에서 위로 향하는 빛이 실내로 유입된다.

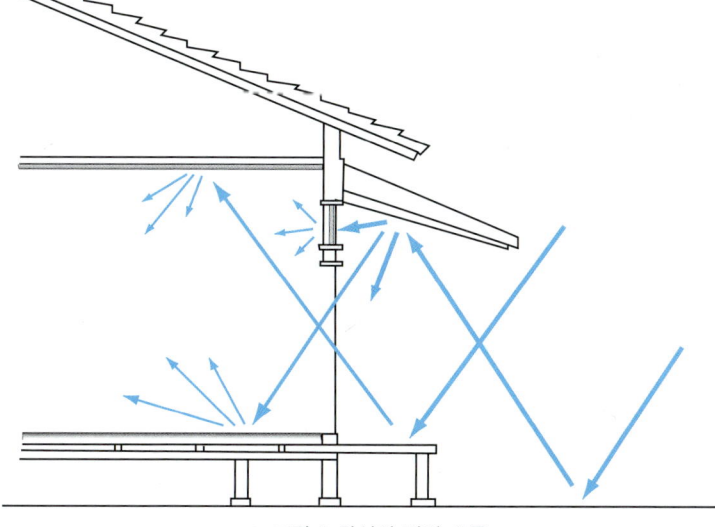

▲ 그림 1 화실의 빛의 흐름

▲ 다다미는 비교적 반사율이 높지만, 골의 방향에 따라 반사 방식이 달라진다.

▲ 대나 노송나무 등의 얇은 오리로 엮은 천장 등은 현대 건축의 천장에 비해 반사율이 낮아 약한 빛을 확산시킨다.

▲ 난간에 장지가 있는 경우에는 외부에서 들어오는 빛을 확산시켜서 실내로 끌어들인다.

반사된 후에 창을 향하게 된다. 이때 정원의 흰모래가 그 반사를 돕는다. 또한 깊은 처마의 안쪽도 반사판 역할을 해서 지표면이나 벽, 툇마루에 닿은 빛을 다시 반사시켜 실내로 향하도록 한다. 창으로 직접 들어오는 태양광과는 달리 이렇게 몇 번이고 반사되어 도달하는 빛은 그 세기가 매우 약해져 있다. 창에 장지(障子)가 있는 경우는 그 빛을 다시 확산시켜서 실내로 전달한다. 이처럼 전통적인 일본 건축에서의 채광 성능은 결코 좋다고 할 수 없다. 그 때문에 작은 글씨를 읽거나 하는 작업성은 현대 건축에 비해 떨어진다.

현대의 사무 공간 등에서는 실내 각 면의 반사율을 낮게 하고 벽면에서 천장면으로 위치가 높아짐에 따라 반사율을 높게 하도록 권장된다. 한편, 일본 전통 공간인 화실(和室)의 다다미 바닥은 비교적 반사율이 높고, 반사의 방향도 다다미의 골의 방향에 따라 다르다는 특징이 있다. 또 벽이나 천장의 재료도 현대의 기준과 비교하면 반사율이 낮은 것이 사용되었다.

화실에서 많이 사용되는 장지 종이의 빛의 투과 성능은 확산 투과라고 불리는데, 장지 종이로 들어온 빛은 입사의 방향에 관계없이 다양한 방향으로 확산된다. 반확산의 에칭 유리의 경우는 창 밖의 사물의 윤곽이 희미하긴 해도 알 수 있지만, 장지 종이의 경우는 윤곽 등이 거의 판별되지 않아 공간이 외부에 대해 차단되고 독립된 느낌을 준다. 또한 장지 종이의 투과율은 반투명인 에칭 유리

● 표 1. 공간을 구성하는 소재의 반사율

소재		반사율[%]
편백나무판		55~65
삼나무판		30~50
베니어판		30~40
장지(창) 종이		30~65
연한색 장지(문) 종이		40~70
진한색 장지(문) 종이		20~40
흰색 옻칠벽(새것)		75~85
황대율벽		70~75
흰색벽 일반		55~75
일본풍 모래벽		20~40
다다미(새것)		50~60
흰모래		20~40
모래·콘크리트		15~30
아스팔트 포장		15~20
실내 각 면의 반사율의 추정치(CIE)	천장	60 이상
	벽	30~70
	바닥	10~30

● 표 2. 공간 구성 소재의 투과율

소재	투과 성상	투과율[%]
장지 종이	확산	35~50
투명 유리	투명	90
에칭 유리	반투명·반확산	75~85
트레이싱 페이퍼	반확산	65~75
모조지	확산	2~5
연한색의 얇은 커튼	확산	10~30

보다는 낮고, 천으로 된 커튼보다 높다.

■ 전통적인 실내 공간에서의 빛의 흐름

화실에 사용되고 있는 소재의 반사율이 현대의 건축과 달라 실내로 들어오는 빛의 흐름이나 크기에 영향을 준다. 그림 2와 그림 3은 현대의 오피스와 전통적인 일본 건축에서의 빛의 흐름의 예를 단면도로 나타낸 것이다. 그림 중의 화살표는 각각의 점에 있어서의 빛의 흐름이 가장 강한 방향을 표시한다.

오피스의 경우 창 위치는 허리높이 정도이며 창 밖에는 큰 차양이 없기 때문에 창을 통해 유입되는 빛은 직접 급한 각도로 실내에 들어오게 된다. 실내의 바닥 마감은 회색 카펫이며, 책상의 높이나 사람의 얼굴 높이에서는 빛의 흐름이 위에서 아래를 향하는 방향이 된다. 이는 책상 앞에 앉아 아래를 향해 작업을 하기에 유리한 빛의 방향이라고 할 수 있다.

조도의 세기는 창측이 가장 높다. 그러나 창에서 거리가 떨어진 지점도 가능한 한 밝게 하기 위해 오피스에서는 벽이나 천장의 반사율을 비교적 크게 하기 때문에, 실내로 들어온 빛은 반사를 반복하면서 실 깊숙한 곳까지 유입된다.

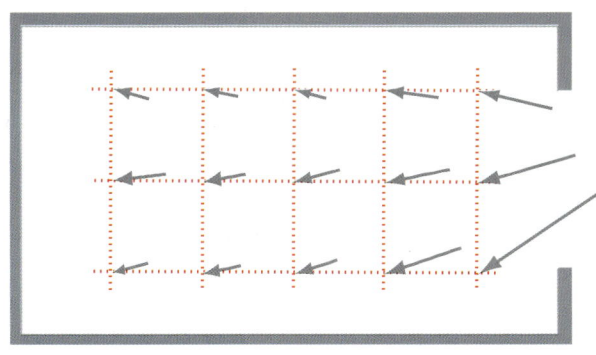

◀ 그림 2 오피스 공간에서의 빛의 흐름
차양이 없고, 실내의 반사율은 천장과 벽이 크고 바닥이 작으므로 빛의 흐름은 위에서 아래를 향하게 된다.

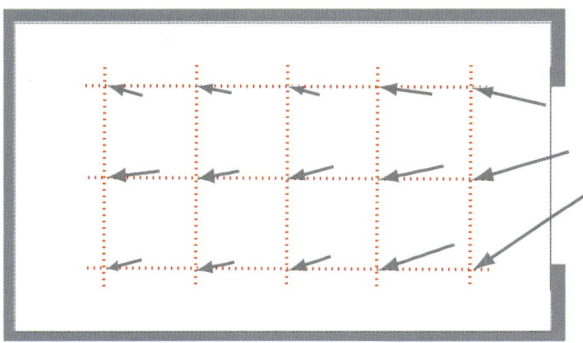

◀ 그림 3 전통적인 일본 건축에서의 빛의 흐름
큰 차양이 있고, 상대적으로 바닥의 반사율이 크므로 빛의 흐름은 아래에서 위를 향하게 된다.

그림 3은 전통적인 일본 건축의 민가에서의 빛의 흐름이다. 창 밖에는 깊은 차양이 있어 빛이 직접 실내로 들어오지 못한다. 지면이나 툇마루에 닿아 반사된 빛은 아래에서 위를 향해 실내로 입사된다. 실내는 바닥 다다미의 반사율이 비교적 높은데 비해 모래벽이나 천장면의 반사율이 낮기 때문에, 실내에서의 빛의 방향도 아래에서 위를 향하게 된다. 이 예는 차양이 깊은 전통적인 건축의 경우이지만 현대적인 주택에서 차양이 그다지 길지 않은 경우에 빛이 들어오는 방향은 전통적인 민가와 오피스의 중간 각도가 된다.

빛의 방향은 재실자의 얼굴이 어떻게 보이는가를 크게 좌우한다. 만약 빛이 아래에서 위로 향하는 경우라면 사람의 얼굴은 위엄 있는 분위기가 된다. 이와 같이 일본 전통적 실내 공간인 화실이 갖는 분위기는 그 안의 빛의 흐름에 하나의 원인이 있다고 할 수 있다.

3.8 주택의 채광

>> 주거 공간의 자연광

주택에서는 일반적으로 하루 중 오랜 시간에 걸쳐 주광과 인공광이 함께 기능한다. 주택에 있어서 실내로 유입되는 주광의 유형을 분석하는 것은 빛의 질을 살리는 조명 디자인을 위한 중요한 첫걸음이라 할 수 있다.

일본의 경우 건축기준법에 현관을 비롯한 부엌, 욕실·세면장 등을 제외한 모든 주택의 거실(居室)에는 채광을 위해 유효한 창이 있어야 한다고 규정되어 있다. 그러나 이러한 법규를 만족시키는 것만으로 반드시 양질의 주광을 얻을 수 있는 것은 아니다.

■ 방위

방위는 주광의 질을 결정하는 대표적인 요인이다. 같은 층에 있고, 내부 장식이 똑같은 두 공간이 만약 서로 반대 방향으로 면해 있다면 이때 얻을 수 있는 주광의 차이로 인해 두 공간은 매우 다르게 보인다. 북쪽 또는 북동쪽에서 빛이 들어오는 방은 남쪽 또는 남동쪽에 면한 방보다 항상 차고 어둡게 보인다.

북쪽에서 늘어오는 빛은 남쪽에서 들이오는 빛과 비교했을 때 확연히 색온도가 높아 흰빛을 띠며 또한 균일하다. 이러한 이유에서 북측에 면한 공간은 화가의 아틀리에로 선호되어 왔다. 북쪽에서 유입되는 빛은 색온도가 높다는 점에서 색이 자연스럽게 보이고 균일하게 확산되어 안정된 밝기를 제공한다. 이와 대조적으로 남쪽에서 유입되는 빛은 따뜻한 색감을 주며, 뚜렷한 그림자를 만들어 낸다.

그러나 화가들이 선호하는 이같은 빛은 일상생활에 적절하지 못하다. 인간은 본능적으로 양지바른 곳에 끌리며, 시각적으로나 물리적으로도 따스함을 요구한다. 빛이 잘 드는 밝은 공간은 선호되며, 즐겁고 활기찬 느낌을 준다. 한편, 간접광으로 채워진 공간은 오히려 음울하거나 낯선 느낌을 주

▲ 그림 1 주광 유입의 입구로서의 창

▲ 그림 2 블라인드에 의해 만들어지는 빛의 패턴

기도 한다.

　주택에서 방의 배치를 검토할 때는 우선 각 방이 어느 쪽을 향하고 있는지 살펴보아야 한다. 햇빛이 잘 들고 남쪽으로 면한 공간은 주간에 시간을 많이 보내는 공간, 예를 들어 부엌이나 서재 또는 거실로 사용한다. 침실과 같이 야간에 주로 사용되는 공간은 인공 조명이 주체가 되기 때문에 빛환경의 관점에서 보면 그다지 방위에 큰 영향을 받지 않는다.

　한편, 아래·위 층의 실 배치를 바꾸는 것이 빛의 이용에 있어 효율적일 수도 있으므로 가능하다면 적극 검토해 보도록 한다. 창으로 유입되는 빛은 그 창으로부터 하늘이 어느 정도 보이는지에 따라 결정되므로 보통 위층보다는 아래층이 더 어둡다. 일반적으로 부엌은 아래층에 배치하는데, 현대 생활 양식에서는 부엌이 취사를 위한 작업장이라기보다는 식사와 대화가 함께 하는 가족 공용의 생활 공간이 된 만큼 주광을 보다 풍부하게 얻을 수 있는 위층으로 이동시키면, 사용의 즐거움이 커지고 작업 환경도 개선될 수 있을 것이다.

■ 창의 크기와 위치

　창의 크기와 개수는 실내에 유입되는 주광의 양과 질에 영향을 준다(그림 1). 단순하게 말하자면 창이 커지면 실내에 들어오는 빛의 양도 증가한다. 창턱을 낮추는 것은 구조상의 문제가 아니라면 비교적 간단한 방법이다. 또한, 창의 폭을 넓히면 보다 많은 빛을 끌어들일 수 있을 뿐만 아니라, 더

▲ 그림 3 레이스 커튼에 의해 빛은 동적으로 확산된다.

▲ 그림 4 장지는 시선은 차단하고, 빛은 투과 시킨다.

욱 개방적인 느낌을 줄 수 있다.

주광의 이용에는 창의 배치 역시 중요하다. 하나의 창을 통해 빛을 도입하는 방은 반드시 밝은 부분과 어두운 부분이 명확해진다. 두 방향으로 창을 내게 되면 받아들이는 빛의 양이 많아지고 눈부심 및 강한 명암대비를 줄일 수 있어 실내에 들어오는 빛의 질을 높일 수 있다. 이와 동시에 하루 종일 보다 활기 있고 변화가 풍부한 빛을 얻을 수 있다.

천창을 내는 것은 실내의 어두운 부분에 빛을 유입하는 또 다른 방법이 된다. 천창에 의해 실내의 주광의 양을 증가시킬 뿐만 아니라 시선을 위로 향하게 하면 개방감이 커져서 공간이 넓어 보일 수 있다.

■ 주광의 투과와 확산

주택의 창에는 입사하는 열이나 빛을 제어(외부로부터의 유입을 제어)하고, 겨울철의 단열이나 프라이버시의 보호(내부로부터의 유출을 제어)를 위해 커튼이나 블라인드 등이 필요하게 된다.

창의 커튼류는 주광에 대한 느낌에 분명하고도 직접적인 영향을 준다. 커튼은 열어두었을 때는 실내에 들어오는 빛을 막을 수 없다. 만약 프라이버시가 문제되거나 조망이 좋지 못한 경우에는 투과성 소재 예를 들어, 레이스 소재의 커튼이나 무지의 롤스크린에 의해 부드럽고 온화한 빛의 효과를 낼 수 있다. 테이블 램프의 셰이드가 투과되는 빛에 색을 부여하듯이 창에 드리운 반투과성의 천은 주광에 미묘한 색을 부여한다. 루버, 블라인드, 레이스 등은 모두 빛을 거르는 필터로서 다양한 기능을 하며, 태양의 방향과 높이에 따라 변화하는 여러 패턴을 만들어 낸다(그림 2, 3).

일본의 장지는 빛의 양을 그다지 줄이지 않고 투과시키지만, 시선은 거의 완전하게 막을 수 있어 프라이버시의 확보에 유리하다. 장지의 바로 앞에 있는 사물의 희미한 그림자는 독특하고 신비한 느낌을 자아내기도 한다(그림 4).

커튼, 블라인드, 장지 등은 주광의 효과를 최대한 이용하거나 또는 실내에 활기를 주기 위해 그 효과를 완화시키거나 한다. 그러나 무더운 여름철에는 지역에 따라서 더욱더 일사를 차단해야만 하는 경우가 있다. 이 때는 이글이글 타는 태양과 불쾌한 더위로부터 벗어날 수 있는 은신처로서의 실내 공간이 요구된다. 이를 위해 주택의 주위를 깊은 차양이나 베란다, 포치 등

▲ 그림 5 흰색벽이나 천장은 빛을 다양한 방향으로 반사시킨다.

으로 두르고, 창에는 발 등의 해가림을 설치하여 실내를 시원하게 유지하면서도 태양의 빛과 그 반짝거림을 부분적으로 살릴 수 있는 전통적인 수법을 사용할 수 있다.

■ 실내에서의 주광의 양상

유입된 주광이 만들어내는 환경은 실내의 내부 장식이나 가구와 독립해서 생각할 수는 없다. 흰색 벽은 빛을 반사시켜 실내로 확산시킨다. 한편 어둡고 진한 색의 벽면은 빛을 흡수해서 보다 어둡고 둘러싸여진 듯한 느낌을 준다. 실내의 빛환경을 위해 고려해야 하는 것은 벽뿐만 아니라 바닥의 색도 있다. 바닥이 흰색이면 빛의 반사와 확산 효과가 더욱 커질 수 있다(그림 5). 난색계의 노란색이나 크림색은 북쪽에서 입사되는 빛의 차가운 느낌을 없애고, 파랑이나 녹색은 직사광에 의해 빛의 반짝거림을 느끼게 해준다. 텍스처의 경우도 강한 효과를 일으킨다. 광택이 없는 표면은 금속이나 유리, 타일과 같은 평활한 면과 비교해 빛의 반사가 약하다.

■ 주광의 유입

실내의 모든 지점에 직접 주광을 유입하는 것은 불가능하다. 따라서 주광이 보다 풍부한 다른 공간으로부터 빛을 '빌려오기' 위해 다양한 방법을 사용한다.

방과 방 사이에 마련된 창은 햇빛이 잘 드는 공간으로부터 어둠으로 둘러싸인 공간으로 빛을 끌어내는데 도움이 된다. 일반적으로 불투명한 문을 투광성이 있는 재료로 바꾸면 마찬가지의 효과를 얻을 수 있다. 창이 없는 계단이나 방의 벽을 투광성 재질, 예를 들어 빛은 통과시키지만 시선은 차단하는 유리블록으로 만들 수 있다. 보다 간단한 방법으로는 창을 비추는 큰 거울을 잘 배치해서 빛의 효과를 높이는 것이다.

3.9 아트리움의 채광

>> 대공간의 자연광

아트리움(atrium)이라는 공간의 어원을 살펴보자면 고대 로마 시대의 중정에까지 이르게 된다. 그 어원에는 '위를 향한다'와 '밖과 안을 연결한다'는 2가지 개념이 있다. 현대의 아트리움은 1960년대 미국에서 유리로 덮인 거대한 오픈된 공간을 나타내는 용어로서 널리 사용되었다. 아트리움은 용적이 큰 특수한 공간이므로 빛환경뿐만 아니라 열환경과 음환경, 식물을 위한 환경 등에도 특별한 배려가 필요하지만, 본 절에서는 특히 채광에 관해 설명하기로 한다.

■ 아트리움의 역할과 빛환경 계획

아트리움은 외부와 내부 사이를 완충하거나 공간의 틈을 연결하는 역할을 한다. 따라서 그 역할은 주변 공간과의 관계에 따라 달라진다.

일반적으로 아트리움의 주된 기능은 사람들의 '이동'과 '모임'에 있다고 할 수 있다. 이러한 특성상 아트리움에서는 보행 이외의 다양한 행위가 일어난다. 따라서 이렇게 행위를 한정할 수 없는 아트리움에서는 어느 행위에 필요한 밝기를 확보한다는 관점에서 조명을 계획하는 것은 곤란하다. 또한 다목적 공공 공간으로 설계되었다고 해도 의자를 늘어세워 휴게를 위한 공간으로 만들거나, 음악, 미술, 전시 등 발표의 장이 되거나 해서 설계시의 설정과는 다르게 사용되는 경우도 있다. 따라서 이러한 것에 대응할 수 있는 기본적인 계획이 필요하게 된다.

그러나 사람들은 아트리움에 대해 '어떤 특정 행위를 위한 공간'만이 아니라 외부도 내부도 아닌 분위기를 추구한다. 아트리움 내부에서는 마치 공원에라도 와 있는 것처럼 편안한 모습들을 볼 수 있다(그림 1). 아트리움이 마련된 오피스 빌딩에서 근무하는 사람들은 아트리움을 '리프레시의 공간'으로 평가하며, 그 이유로서 '햇빛이 드는 밝고 넓은 공간'이라는 점을 든다. 주광은 시각이나 기후에 따라 변동하므로 그 양이나 방향이 일정하지 않다. 이런 점이 인공적인 안정된 환경에 익숙한 사람들의 눈에는 감각적으로 쾌적한 자극이 되어 신선한 기대감을 갖게 한다. 아트리움의 채광에 대해 계획할 때는 그 곳에서 일어나는 행위에 대한 엄밀한 검토 이전에 그러한 자연스러움을 충분히 살린다고 하는 기본 자세를 갖추는 것이 더욱 중요하다고 할 수 있다.

▲ 그림 1 하카타(博多)의 리버레인 아트리움 가든

■ 아트리움의 형태와 채광 방법

아트리움은 공간의 일부를 광투과성이 있는 재료로 피복하면 채광이 가능하다. 어떤 부분을 투과성 재료로 피복하는가 하는 점에서 일반적으로 그림 2와 같이 5종류로 분류할 수 있다. 건물과의 관계에서 보면 온실형, 양면형은 건물에 부가된 것, 4면 부착형은 건물에 내포된 것이라 할 수 있다. 4면 부착형은 보이드라 불리기도 하며, 고층 아파트나 오피스 등에서 많이 채택된다. 선형은 건물 사이를 연결하는 형태이다. 3면 부착형은 형상에 따라 건물에 부가되거나 내포되거나 결합되는 등의 관계가 강해지는 혼합형이라고 할 수 있다. 형태는 아트리움에 요구되는 기능과 깊은 관계가 있기 때문에 채광 방법은 반드시 형태와 기능을 고려해서 계획해야 한다.

아트리움의 채광에 의한 분류는 직사일광을 도입하는지의 여부에 의한다. 직사일광을 도입하지 않는 유형에는 북측에 마련한 온실형 아트리움이 있다. 만약 천장이나 북측 이외에 투과면이 있는 경우라면, 계절과 시각에 따라 직사일광을 차단하는 장치가 필요하게 된다. 직사일광을 차단하려면 반사재 및 확산성 투과재의 사용을 검토하도록 한다.

반사재란 루버와 같이 직사일광을 반사시켜 임의의 방향으로 향하게 하는 것이다. 특히 천장부의 면에 가동식 루버나 블라인드가 설치되는 경우가 많다. 확산성 투과재는 스크린과 같은 것으로 직사일광을 확산시켜 양과 방향의 면에서 완화되어 내부로 유입되도록 하는 것이다. 양쪽 모두 직사일광

온실형	양면형
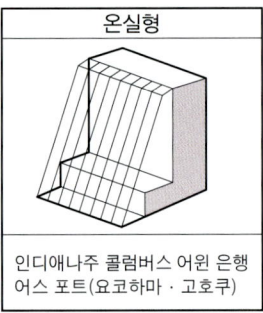	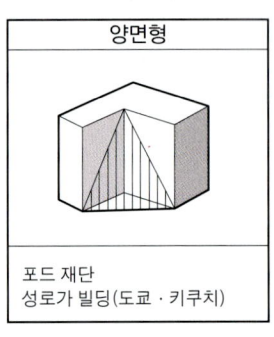
인디애나주 콜럼버스 어윈 은행 어스 포트(요코하마 · 고호쿠)	포드 재단 성로가 빌딩(도쿄 · 키쿠치)

3면 부착형	4면 부착형	선 형
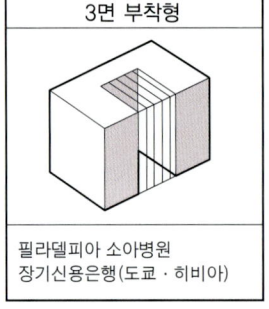	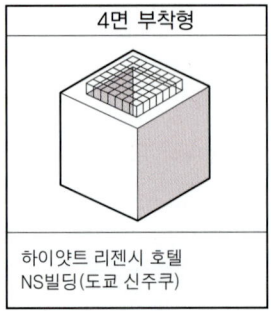	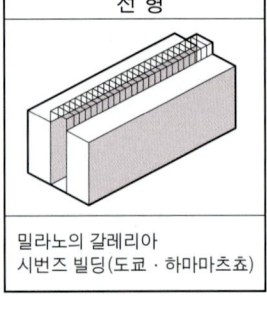
필라델피아 소아병원 장기신용은행(도쿄 · 히비아)	하이얏트 리젠시 호텔 NS빌딩(도쿄 신주쿠)	밀라노의 갈레리아 시번즈 빌딩(도쿄 · 하마마츠쵸)

▲ 그림 2 아트리움의 5가지 유형

을 차단하지만 이와 동시에 천공광도 양적으로 상당히 감쇠되는 결과가 되므로, 필요한 때에만 이용하는 가동식이 선호된다.

직사일광을 도입하는 유형을 결정하려면 직사일광이 아트리움 내부의 어떤 부분을 조사하는지에 대한 검토가 필요하다. 직사일광은 직접 비추어지면 시각적으로 불쾌감을 느끼게 되지만, 직사일광을 받아 밝은 벽면을 보는 것은 빛의 존재를 느끼게 해서 상쾌한 기분을 들게 한다. 또한 아트리움 내부로 직사일광을 받아들여도 그 안의 점포나 오피스의 아트리움에 면한 개구부에 차단 장치를 설치한다면 불필요한 지점에 대한 조사를 막을 수 있다. 직사일광이 있는 경우와 없는 경우의 빛의 분포 상태를 좀더 알기 쉽게 표현한 휘도 분포를 그림 3에 나타내었다.

한편, 광투과 재료라고 하면 대부분 유리를 떠올리는데, 단판 유리는 그다지 사용되지 않으며 아트리움마다 유리의 조합이나 종류가 다른 것이 일반적이다. 최근에는 기능성 유리라고 불리는 다양한 광학성을 갖는 재료가 개발되어 점차 광투과 재료의 종류가 다양해지고 있다.

■ 빛환경을 위한 채광 계획의 유의점

아트리움의 채광 계획에는 아트리움 내부에서 일어나는 행위에 따라 몇 가지 배려가 필요하다. 예를 들어, 아트리움에서 누군가를 기다릴 때 밖에서 들어오는 사람의 얼굴이 잘 보이지 않아서는 곤란하다. 이렇게 사람의 그림자가 실루엣이 되어 얼굴 윤곽이 제대로 판별되지 않는 것을 실루엣 현상이라고 하는데, 아트리움은 출입구 홀로서 사용되는 경우도 많으므로 접수대의 사람의 얼굴이 실

직사일광이 조사하고 있을 때

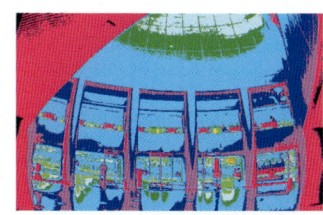

직사일광이 조사하지 않을 때
붉은 부분은 고휘도 부분, 파란 부분은 저휘도 부분이다.

▲ 그림 3 빛의 분광 분포의 차이

◀▲ 그림 4 아트리움의 낮과 밤의 모습(괌 팰레스 호텔)

루엣이 되지 않도록 해야 한다.

아트리움의 채광에는 다양한 장점과 단점이 공존한다. 보다 많은 주광을 받아들이는 것은 조명에 너지의 저감으로 이어지지만, 직사일광의 과다 유입은 냉방부하의 증가를 가져오게 된다. 또한 주광 의 채광을 위해 유리를 많이 사용하게 되면 유리면에서 음을 반사시켜 잔향이 길어지므로 음환경 측 면에서 문제가 될 수 있다. 또한 유리의 사용에는 청소 등의 유지관리에 대한 검토가 필요하다.

채광 계획과 직접적인 관계가 없는 것으로 생각하기 쉽지만 아트리움의 야간 조명도 채광 계획과 동시에 검토되어야 한다. 그림 4에 아트리움의 주간과 야간의 빛환경을 각각 나타내었다. 이 두 가 지 빛환경이 전혀 다른 것을 보면 아트리움에서는 하나의 공간에 대해 두 가지 빛환경 계획이 필요 하다는 것을 알 수 있다. 일반적으로 아트리움은 천장이 높기 때문에 천장에 조명 기구를 설치하는 방법으로는 효율면에서 바람직하지 않고, 벽면에 조명 기구를 설치하는 방법만으로는 중앙부에 충 분한 빛을 확보하지 못할 수가 있다. 또한 유리 부분에서 반사광을 기대하기 어렵다는 점도 하나의 원인이 된다. 그러나 이와 반대로 밤이 되면 아트리움 내부로부터 빛이 외부로 새어나가 야간 경관 으로서 보행자의 눈을 즐겁게 할 수 있다. 이렇게 주간의 '채광 영역'이 야간에는 '빛의 제공 영역' 이 될 수 있다는 점도 아트리움의 매력일 것이다.

>> 주광의 적극적인 이용

주광이 주된 광원이었던 시기에는 건물에 주광을 도입하려는 다양한 시도가 있었다. 결국 인공 광원의 발달에 따라 주광은 조명의 주역을 인공 광원에 물려주어야만 했다. 그러나 최근 환경에 대한 배려 등으로 인해 주광 이용이 다시 주목을 받게 되면서 새롭고 다양한 시도가 등장하고 있다.

■ 광선반 – 빛의 반사

일반적으로 측창에 의해 채광하게 되면 창에서 가까운 곳은 빛이 과도하게 유입되고, 창에서 멀어지면 빛의 양이 적어져서 결국 실 전체의 빛의 분포는 불균일하게 된다. 직사일광이 입사되는 경우에는 이러한 경향이 더욱 현저해진다(그림 1(a)).

광선반은 그림 1(b)에 나타낸 것처럼 창의 내·외부에 설치된 장치로서 직사일광을 차단함과 동시에 반사광을 실내의 천장면으로 유입하는 것이다. 광선반은 상하로 창을 분할하는 형태의 수평재로, 광선반 위쪽의 창은 빛을 받아들이기 위한 「채광창」, 아래쪽의 창은 경관을 확보하기 위한 「경관창」으로 불리기도 한다.

광선반의 상부 표면은 반사율이 높은 것이 적합하다. 이 면에서 반사된 빛은 천장면으로 입사해서 다시 반사되므로 천장면은 일종의 2차 광원이 되어 실내를 비추게 된다. 이를 통해 태양고도가 낮은 겨울철에는 실의 보다 깊은 곳까지 빛이 도달하게 된다.

실내 쪽으로 돌출된 수평재의 경우, 창 주위에 압박감을 준다고 해서 생략되기도 한다. 이러한 경

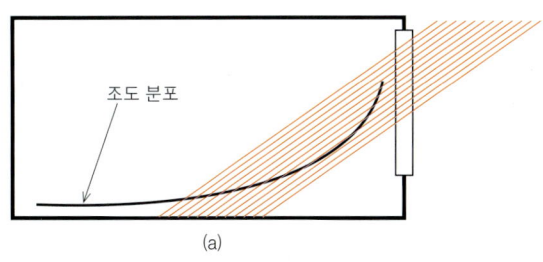

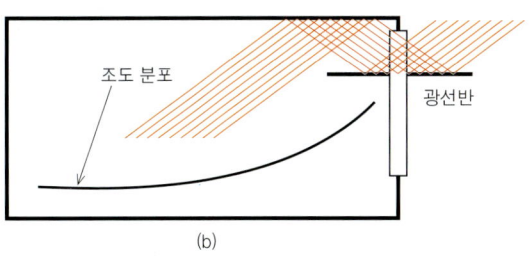

▲ 그림 1 광선반에 의한 측창으로부터의 주광 도입의 개선

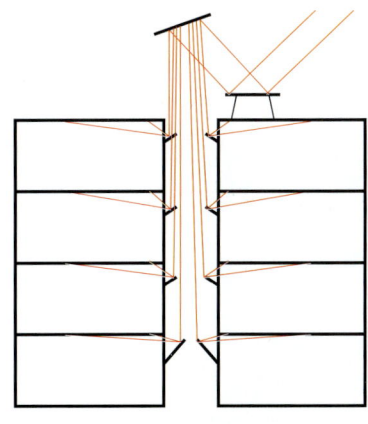

▲ 그림 2 반사 거울 덕트 방식의 개념도
중앙부에 설치된 덕트 또는 중정을 이용해서 상부의 거울로 모은 빛을 전송한다.

우에는 광선반 상부의 창을 통해 입사되는 직사일광을 막기 위해 상부의 창에 블라인드를 설치하는 등의 보완이 필요하다.

광선반은 창 부근의 조도를 낮추고 실 깊은 곳의 조도를 높이는 2중 효과에 의해 실내 조도의 균제도를 높인다. 또한 측창으로 유입되는 수평 방향의 지향성이 강한 빛을 천장에서 반사되는 확산광으로 바꾸어 준다. 이와 같이 광선반은 주광 조명에 의한 빛환경의 불균일성을 직사일광을 이용해서 개선하는 장치라고 할 수 있다.

■ 반사 거울을 이용한 장치 – 빛의 반사

거울면에 빛을 반사시켜 직사일광을 유입하는 장치로서 1933년경에 고안되었다. 그림 2에 그 개념도를 나타내었다. 옥상에 설치된 거울에 반사된 빛은 세로형 덕트를 통해 각 층의 천장을 비추도록 되어있다. 그 후 컴퓨터와 센서의 발달로 태양의 위치를 추이해서 거울면의 각도를 제어함으로써 직사일광을 효과적으로 사용할 수 있게 되었다(태양추이 시스템이라고도 한다). 컴퓨터를 이용하는 방법은 미리 그 지점의 위도, 경도, 시각 등을 기억시켜 태양의 위치를 계산하는 것이다. 센서를 이용하면 직접 다량의 빛이 들어오는 방향을 산출해내기 때문에 설치가 용이하다.

그림 3은 평면 거울에 의한 입사 장치와 이를 통해 만들어진 환경을 나타낸 것이다.

■ 프리즘을 이용한 장치 – 빛의 굴절

거울면은 빛의 반사를 이용해서 빛이 진행하는 방향을 변화시키는데 비해, 프리즘은 빛의 굴절을 이용한다.

◀▲ 그림 3 반사 거울면을 이용한 채광 장치 및 그 결과 만들어진 빛환경
1변이 2m 정도인 방풍도움 내부에 직경 1.6m인 거울면이 있다.

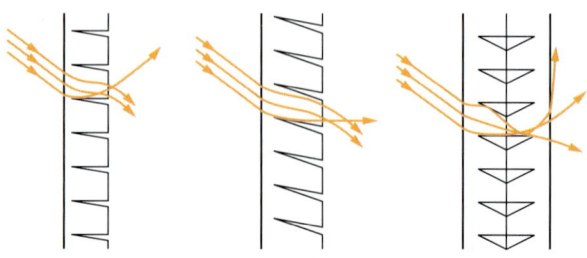

▲ 그림 4 프리즘 유리의 개념도(단면)
유리의 절단 방식에 따라 빛은 다양한 방향으로 진행한다.

그림 4에 프리즘 유리의 개념도를 나타내었다. 빛은 공기 중에서 유리로 들어갈 때와 유리로부터 공기 중으로 나올 때 굴절한다. 프리즘 유리의 단면은 그림과 같이 커트되어 있기 때문에 빛이 유리를 통해 나올 때 그 일부의 진행 방향이 바뀌게 된다. 이를 창면에 설치하면 위쪽에서 입사한 직사일광 중 일부가 실내 천장면의 방향으로 진행되게 된다.

실제로 이 프리즘 유리를 창에 적용하면 태양고도와 방위각의 변화에 따라 빛이 프리즘으로 입사할 때 그 각도가 다르게 된다. 이 입사각에 따라서는 빛이 계획한대로 굴절하지 않고 글레어를 발생시키는 경우도 있다.

따라서 태양의 위치에 따라 프리즘의 각도를 변화시키면 직사일광의 입사각을 제어할 수 있다. 그림 5는 2장의 프리즘을 이용함으로써 태양 방위각, 고도에 관계없이 일정한 방향으로 빛이 유입될 수 있도록 하는 장치이다. 태양추이 시스템에 의해 태양의 위치에 대응해서 2장의 프리즘을 수평 방향으로 회전시키면 빛의 진행 방향을 일정하게 유지할 수 있다.

■ 볼록렌즈와 광섬유를 이용한 장치 – 빛의 굴절과 반사

그림 6은 집광렌즈와 광섬유를 조합한 장치이다. 집광렌즈로 빛을 모아 광섬유로 전달할 때 파장에 의한 굴절률의 차이를 이용해서 자외선과 적외선의 일부를 제거한다. 광섬유 내부에서는 빛이 반사를 반복하면서 진행해 간다.

위와 같은 채광 장치에 의해 주광이 도달하지 않는 장소, 예를 들어 지하 공간 등에 주광이 유입될 수 있게 되었다. 각 장치에는 아직 몇 가지 문제점이 남아 있지만 용도에 알맞게 사용하면 매우 우수한 효과를 발휘하는 것이 많다.

▲ 그림 5 2장의 프리즘을 이용한 채광 장치
2장의 프리즘(중앙의 둥근 면)을 수평 방향으로 회전시킴으로써 투과된 직사일광을 임의의 방향으로 보낼 수 있다.
사진 제공 : 산요전기(三洋電機)

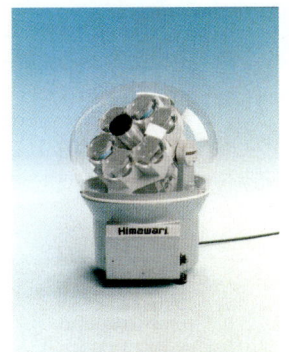

◀ 그림 6 집광렌즈와 광섬유를 이용한 채광 장치
사진 제공 : 라포레 엔지니어링(ラフオーレエンジニアリング)

▶ **구 일본 우편선 오타루(小樽) 지점**
책상 위로 내릴 수 있도록 되어 있는 펜던트 라이트가 인상적인 1층 영업실의 모습. 알루미늄 새시 등이 없었던 당시에는 목재 창틀의 틈새를 천(펠트)으로 막았다.

▶ **요도가와(淀川) 제강소의 영빈관**
프랑크 로이드 라이트가 설계하였다. 발코니에 면한 다이닝 룸의 창의 디자인이 아름답다. 상부에는 통풍용의 작은 창이 3방향의 벽면에 마련되어 있다.

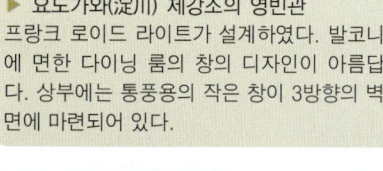

▲ **기독교 교회의 창**
고딕 양식의 교회에서는 천장까지 직선으로 뻗은 스테인드 글라스로부터 들어오는 부드러운 빛을, 바로크 양식의 교회에서는 돔의 기부에 위치한 창으로부터 다이내믹한 빛의 리듬을 느낄 수 있다.

▲ 이슬람 건축의 반투명 창
돌을 뚫어서 낸 창은 통풍을 확보하면서 직사일광을 차단한다. 기하학적이며 정교
한 스크린은 외부의 경치를 부드러운 풍경으로 해서 실내로 끌어들인다.

▲ 오야마(尾山) 신사
신문(神門)에 스테인드 글라스를
설치하였다. 3층으로부터 5색의
빛이 새어나와 등대를 대신하기
도 한다.

▲ 목재 조각의 창
네팔에서는 왕궁이나 사원의 개구부뿐만 아니라 일반 주택의 창에도 정교한 조각
이 되어 있다.

장치와
소재

빛을 만들어 내는 램프는 빛환경 계획에 있어서 중심적인 존재이다. 일반적으로 카탈로그에는 많은 종류의 램프가 소개되어 있는데, 여기서는 램프의 특성을 살려 실제 조명에 적용하기 위해 각 램프의 발광 원리 및 특징을 설명한다.

■ 램프의 발광 원리

각종 램프를 발광 원리에 따라 분류하여 그림 1에 나타내었다. 백열 전구는 필라멘트에 전류를 흐르게 하면 필라멘트의 전기 저항에 의해 발열하고 백열화되어 빛을 낸다. 할로겐 램프의 발광 원리도 이와 비슷하지만 다음과 같은 점에서 고효율, 장수명화를 실현하고 있다. 백열 전구에서는 필라멘트가 백열화 되었을 때 그것을 구성하는 텅스텐이 증발하여 유리관 내부에 부착한다. 이 텅스텐의 부착을 방지하기 위해 유리관 내부에 할로겐 원소를 봉입하면 이것과 텅스텐이 화학 반응을 일으켜 화합물이 만들어지므로, 텅스텐이 유리관에 부착되는 것을 막을 수 있다. 또한 이 화합물은 높은 온도에서 분해되기 때문에 고온의 필라멘트 부근에서 텅스텐과 할로겐으로 다시 분해되어 텅스텐을 필라멘트에 되돌림으로써 램프의 장수명화를 꾀할 수 있다.

HID 램프는 뒤에 설명할 형광 램프와 마찬가지로 전자가 수은 원자와 충돌해서 빛을 낸다. 형광 램프와 다른 점은 HID 램프에서는 수은 원자의 밀도가 높기 때문에 직접 가시광을 방출한다는 점이다.

형광 램프의 발광 원리는 방전 발광과 방사 루미너선스(Photo luminescence) 양쪽으로 분류되어 다소 복잡한 과정에 의해 빛을 내게 된다(그림 2). 먼저 형광 램프를 점등하면 전극에 전류가 흘러 가열된다. 고온이 된 음극 물질로부터 열전자가 방출되고, 그 전자가 반대편의 양극 쪽으로 끌려감으로써 방전이 시작된다. 방전에 의해 이동하는 전자는 유리관 내에 봉입되어 있는 수은 원자와 충돌한다. 충돌에 의해 수은 원자는 전자의 에너지를 얻어 일단 여기 상태(수은 원자의 전자가 바깥쪽

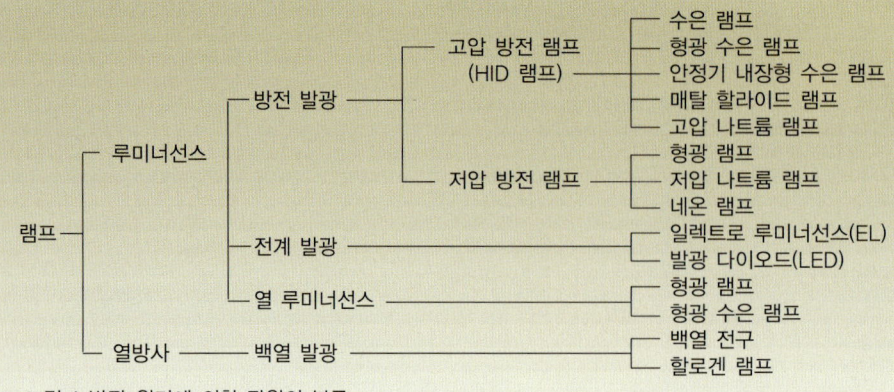

▲ 그림 1 발광 원리에 의한 광원의 분류

● 표 1. 대표적인 광원의 특성

광원의 종류		정격전력 [W]	정격광속 [lm]	램프효율 [lm/W]	종합효율 [lm/W]	색온도 [K]	평균연색 평가수 [Ra]	정격수명 [h]	와트계열 [W]
백열 전구	백열 전구								
	일반 조명용(백색도장)	60	810	13.5	13.5	2,850	100	1,000	10-100
	볼 램프(백색도장)	57	705	12.4	12.4	2,850	100	2,000	25-100
	클립톤 램프	60	840	14.0	14.0	2,850	100	2,000	25-100
	할로겐 램프								
	싱글베이스형	100	1,600	16.0	16.0	2,900	100	1,500	60-500
	싱글베이스형(적외반사막 부착)	85	1,680	19.8	19.8	2,900	100	2,000	65-425
	소형(저전압형)	50	1,000	20.0	18.0	3,000	100	2,000	20-100
형광 램프	전구형 형광 램프(전자 점등)								
	구형·원통형(주백색)	15	780	52	52	5,000	88	6,000	10-25
	4본관형(주백색)	15	900	60	60	5,000	84	8,000	7-25
	6본관형(주백색)	23	1,550	67	67	5,000	84	8,000	23
	직관형 형광 램프								
	스타터형·3파장형(주백색)	37	3,560	96	81	5,000	88	12,000	10-40
	래피드 스타터형·3파장형(주백색)	36	3,450	96	86	5,000	88	12,000	36-110
	고주파 점등 전용형(HF)(주백색)	32	3,200	100	86	5,000	88	12,000	16-50
	환형 형광 램프								
	3파장형(주백색)	28	2,100	75	62	5,000	88	6,000	15-40
	컴팩트형 형광 램프								
	2본관형(P형)(주백색)	36	2,900	81	63	5,000	84	7,500	4-96
	4본관형(D형)(주백색)	27	1,550	57	45	5,000	84	6,000	9-27
고휘도 방전 램프	수은 램프								
	고압 수은 램프(투명형)	100	20,500	51	48	5,800	14	12,000	40-20,000
	형광 고압 수은 램프	400	22,000	55	52	3,900	40	12,000	40-2,000
	메탈 할라이드 램프								
	저전압 시동형(Sc-Na형)(확산형)	400	40,000	95	90	3,800	70	9,000	100-1,000
	고연색형(Sn계)	400	19,000	48	41	4,600	90	6,000	125-400
	고연색형(더블베이스형)(Dy-Tl계)(백색)	250	20,000	80	76	4,300	85	6,000	70-1,000
	고압 나트륨 램프								
	시동기 내장형	360	50,000	139	130	2,050	25	12,000	75-940
	연색개선형	360	38,000	106	98	2,150	60	12,000	220-660
	고연색형	400	23,000	58	54	2,500	85	9,000	50-400
	키세논 램프	500	15,000	30	27	6,100	94	1,500	75-6,500
나트륨 램프		180	31,500	175	140	1,740	-44	9,000	18-180

a) 백열 전구는 0시간치, 그 외에는 100시간치의 광속을 나타낸다. 제조회사 카탈로그에 따름.
b) 형광 램프, 고휘도 방전 램프 등은 안정기 손실을 포함한 효율을 나타낸다.
　안정기는 200(V) 1등용 고역률형으로 계산하였다.
c) 크기의 범위는 같은 종류에 속하는 램프의 정격전력의 범위를 나타낸다.　　　(新編色彩科學ハンドブック 第2版에서 발췌)

의 궤도로 튀어나온다)가 되고, 원래의 상태로 되돌아갈 때 자외선이 발생하게 된다. 이 과정을 저압 방전이라고 한다. 다음은 이 자외선이 유리관 안쪽에 도포된 형광체에 의해 가시광선으로 변환되어 램프의 밖으로 방출된다. 이 과정을 방사 루미너선스라고 한다. 한편, 자외선은 유리관에서 흡수되기 때문에 램프 밖으로는 거의 방출되지 않는다. 이때 형광 램프의 발광 스펙트럼은 유리관 내에 도포된 형광체의 종류에 의해 결정된다.

■ 램프의 특징

(1) 색온도

일반적으로 형광 램프의 빛은 푸르고, 백열 전구의 빛은 붉다고 표현하는데, 이와 같은 빛의 겉보

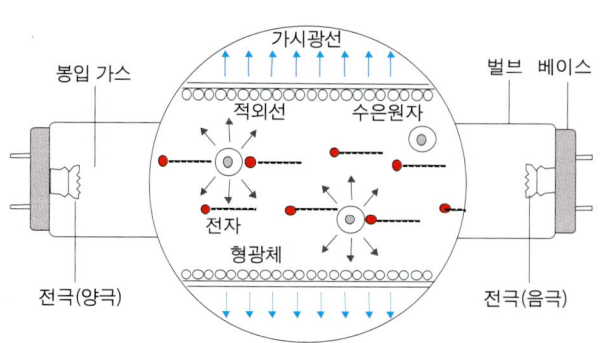

▲ 그림 2 형광 램프의 발광 원리

▲ 그림 3 대표적인 램프의 형상
상단 왼쪽에서부터 고압 나트륨 램프 150W, 메탈 할라이드 램프 175W, 조광용 전구형 형광 램프 23W, 전구형 형광 램프 20W, 컴팩트형 형광 램프 32W, 하단 왼쪽부터 더블베이스형 메탈 할라이드 램프 70W, 반사판 있는 할로겐 램프 50W, PAR형 할로겐 램프 50W

기의 색을 일반적으로 광색(光色)이라고 부른다. 광색을 객관적으로 나타내는 척도로서 색온도(色溫度)가 사용된다. 광원의 색온도는 그 광원과 동일한 색도를 갖는 흑체의 절대 색온도(단위 : 켈빈(K))로 나타낸다. 단, 인공적으로 만들어진 형광 램프나 HID 램프 등의 광원은 그 색도가 흑체의 궤적 위에 없기 때문에 절대 색온도로 나타낼 수가 없다. 이들 광원은 흑체 궤적 주변의 색도 범위까지 색온도의 적용 범위를 흑체 궤적에 대해 수직 방향으로 확대한 상관 색온도가 적용된다. 단, 상관 색온도의 적용은 백색광에 한한다.

(2) 램프 효율과 종합 효율

램프의 효율은 소비하는 전력에 대해 발생되는 빛의 양으로 평가된다. 즉, '전광속/소비 전력'으로 표시된다. 형광 램프나 HID 램프 등 안정기가 필요한 램프의 경우에는 전광속을 안정기의 소비 전력을 포함한 입력 전력으로 나누어 구하는 종합 효율을 사용하는 편이 실용적이라 할 수 있다. 일반 조명용 광원의 효율은 표 1에 나타낸 바와 같다. 이 중 백열 전구의 램프 효율은 약 14 lm/W로 낮은 데 비해, 형광 램프의 효율은 높다(예를 들어, 고주파 점등 전용의 HF 형광 램프의 램프 효율은 100lm /W이다). 따라서 전반 조명용으로는 백열 전구보다 효율이 더 높은 형광 램프가 적합하다고 할 수 있다. 단, 상점의 액센트 조명과 같이 좁은 범위에 강한 빛을 집광해야 하는 경우라면 형광 램프의 효율이 반드시 좋다고는 하기 어렵다. 발광 면적이 극히 작은 할로겐 램프는 램프 효율은 낮지만, 빛을 어느 일정 방향으로 모으는데 있어서는 현재의 일반적인 램프 가운데서 가장 효율이 우수하다고 할 수 있다.

(3) 램프의 수명

램프의 수명이란 램프가 점등되지 않게 되었을 때까지의 점등 시간 또는 광속이 기정치보다도 낮아지기까지의 점등 시간을 말한다. 백열 전구 등 비교적 수명이 짧은 램프의 경우는 전자의 점등 시간이 적용되고, 형광 램프처럼 수명이 긴 램프에 대해서는 후자가 적용된다.

각종 램프의 특징을 표 1에 정리하였다. 또한 일반적으로 사용하는 직관형 형광 램프, 환형 형광 램프, 백열 전구를 제외한 대표적인 램프의 형상을 그림 3에 나타내었다.

조명 기구(1)

>> 펜던트·브래킷·샹들리에

조명 기구에는 용도나 목적에 따라 다양한 제품이 있으며, 그 분류 방법도 여러 가지이다. 이는 우리의 다양한 생활 환경이 그 각각에 적합한 조명 연출을 요구하기 때문이다. 공간에 대한 조명 수법의 차이에 따라 기분이 편안해지기도 하고 음울해지기도 한다. 따라서 쾌적한 조명 환경을 창조하는 데는 빛을 연출하는 장치인 조명 기구에 대한 이해가 중요하다.

■ 조명 기구의 형태 분류와 대표 작품

조명 기구는 광원이나 양식, 소재 등에 의해 분류할 수도 있지만, 일반적으로는 형태(기종)에 의해 구분된다. 천장에 설치하는 기구로는 달아매는 펜던트나 샹들리에, 직접 부착하는 실링 라이트, 매입하는 다운라이트 등이 있다. 벽면용에는 브래킷, 바닥이나 책상에 놓는 기구에는 스탠드가 있다. 표 1은 조명 기구의 분류 계통이고, 사진은 형태로 구분한 대표적인 제품의 목록이다.

● 표 1. 조명 기구 및 그 분류 방법

■ **광원에 의한 분류**
- 백열 전구 기구
- 형광 램프 기구
- HID 기구(고휘도 방전등)

■ **양식·분위기에 의한 분류**
- 클래식
- 로망
- 모던
- 자연
- 일본풍

■ **형태(기종)에 의한 분류**
- 샹들리에
- 펜던트(현수형 기구)
- 실링 라이트(직부형 기구)
- 다운라이트(주로 1등형)
- 매입형 기구(다등형)
- 브래킷
- 스탠드
- 스포트라이트
- 시스템 라이트
- 폴 조명
- 정원등
- 문주등(현관의 문 위에 설치되는 기구)
- 지중 매설 기구
- 기타

■ **소재에 의한 분류**
- 금속
- 유리
- 플라스틱
- 천연소재

■ **용도·공간에 의한 분류**
- 주택용 기구
- 점포용 기구
- 오피스용 기구
- 기타 시설용 기구

■ **특성 항목에 의한 분류**
- 생산국별
- 등수별
- 내열성
- 기타

■ **설치 방법에 의한 분류**
- 매입형 기구
- 직부형 기구
- 현수형 기구
- 지주형 기구
- 벽부형 기구
- 클립

■ 펜던트·브래킷·샹들리에

▲ 그림 1 PH5 펜던트 1958년
디자인 : 폴 헤닝센(덴마크)
PH램프는 1925년 이래 다양한 타입의 디자인이 시도되었다. 그 가운데 이 PH5는 눈부심이 없는 빛을 얻기 위해서 크기와 형상이 서로 다른 여러 개의 셰이드를 조합한 펜던트 라이트의 대표적인 작품이다.
소재 : 알루미늄 φ500×H250

▲ 그림 2 프리스비(Frisbi) 1978년
디자인 : 아킬레 카스티리오니(Achille Castiglioni)(이탈리아)
프리스비를 모티브로 한 펜던트.
소재 : 아크릴, 스테인리스 φ600×H1,790

▲ 그림 3 사츠루노 1968년
디자인 : 本澤和雄, 크롬 도금된 압출 스틸 재료, 연속 슬릿으로부터 새어나오는 빛이 아름답다. 소재 : 강철 크롬 도금 (소) φ180×H240 (중) φ180×H300

◀ 그림 5 빛 37D 1951년
디자인 : 이사무 노구치 (Isamu Noguchi)(미국) 대나무 살에 손으로 떠서 만든 화지(和紙)를 입힌 제등. 조각가 이사무 노구치에 의해 디자인되어 지금은 전 세계에서 애용되고 있다.
소재 : 대나무 살, 화지 φ370

◀ 그림 4 JINA (지나) 1975년
디자인 : 永原淨 공중에 떠있는 셰이드 아래로부터 빛을 비추어 그 간접광에 의해 공간을 부드럽게 조명한다.
소재 : 알루미늄 φ600

사진제공 : 石井幹子デザイン事務所

◀ 그림 6 스페이스 주얼리 1971년
디자인 : 石井幹子 마치 빛의 보석처럼 26면체 구체로부터 빛이 이중 삼중으로 퍼져 나간다. 사진은 기구 높이가 다른 3가지 종류를 모은 것이다.
소재 : 유리 W486×D486×H285 (집합체 사이즈)

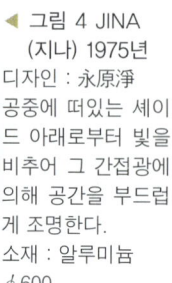

◀ 그림 7 트라이 메시
1976년
디자인 : 三原昌平
스틸 메시에서 새어나오
는 빛이 바닥·벽·천장
에 아름다운 그림자를
만드는 조명 기구
소재 : 스틸 메시
W405×D405×H342

◀ 그림 8 TAKO(연)
1971년
디자인 : 喜多俊之
손으로 떠서 만든 화지를 알
루미늄 플레이트에 설치된
와이어에 달아 맨 벽에 거는
조립식 조명 기구이다.
소재 : 손으로 떠서 만든 화
지, 알루미늄 플레이트, 스
틸, 고무
W600×D150×H700
사진 제공 :
Shinya Yamaguchi

▲ 그림 9 대나무 펜던트
1970년
디자인 : 近藤昭作
유백색 아크릴과 대나무를 사용한 펜던트. 가느
다란 대나무의 흰색 안쪽 면이 겉으로 나오도록
짜여져 있어 부드러운 텍스처를 자아낸다.
소재 : 대나무, 유백색 아크릴
∮620×H390

◀ 그림 10 마리아테레사 샹들리에
18세기 후반
보헤미안 크리스탈 글래스를 활용하
여 금속 암에도 크리스탈 글래스를
사이에 넣어 화려함을 더해준다(체
코).
소재 : 크리스탈 글래스
∮750×H1,280

■ 스포트라이트

▲ 그림 11 EX시리즈 스포트라이트
1986년
디자인 : 마리오 벨리니(Mario Bellini)
(이탈리아)
프로젝터 렌즈를 장착한 스포트라이트로
서 디스플레이 조명이나 무대 조명 수법이
가능하다. 각종 옵션이 갖추어져 있다.
소재 : 알루미 다이캐스트
D425×W278×H208

▲ 그림 12 CHIVICCO
1993년
디자인 : 淺原重明
12V의 저전압 다이크로닉 밀러 할로겐
램프를 사용한 초소형 스포트라이트. 트
랜스 별치 방식
소재 : 알루미 다이캐스트
W54×D54×H82

■ 실링 라이트·다운라이트

◀ 그림 13 네오슬림V
(형광등 실링 라이트)
Hf·T5(ϕ16) 환형 형광 램프를
사용한 박형 천장 직부 기구
소재 : 아크릴, 강철
ϕ665×H100
東芝ライテック㈱

◀ 그림 14 스퀘어 450시리즈
(형광등 매입형 기구)
Hf·트윈 형광 램프를 사용한 눈
부심 없는 시설용 기구
소재 : 아연강판, 알루미늄
ϕ470×H118
松下電工㈱

◀ 그림 15 DL베이직
(형광등 다운라이트)
컴팩트형 형광 램프를 사용한 고
조도용 다운라이트
소재 : 강판, 알루미늄
ϕ272×H202
三菱電機照明㈱

■ 스탠드

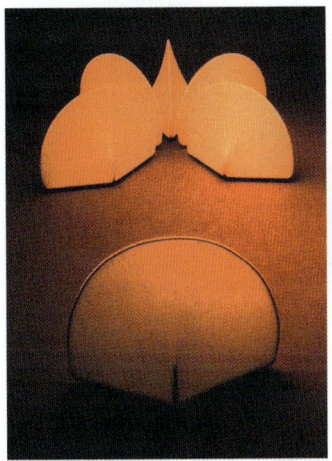

◀ 그림 16 KAORI
1973년
디자인 : 高浜和秀
신축성 있는 천을 사용한 조명 기구. 소재의 특성에 의한 조형과 텍스처는 부드러운 투과광과 어울려 따뜻한 이미지를 만들어 낸다.
소재 : 천
W380×D180×H230

◀ 그림 17 HEBI
1969년
디자인 : 細江勳夫
플렉서블 튜브를 사용해서 움직임을 조절할 수 있고, 머리 부분의 커버도 회전되므로 자유로운 형상을 만들 수 있는 스탠드이다.
소재 : 폴리염화비닐 플렉서블 튜브, 알루미늄
φ90×H1,500
사진 제공 :
Thomas Libiszewski

◀ 그림 18
    DEAR FAUST
1989년
디자인 : 內田繁
펀칭한 셰이드로부터 흘러나오는 빛의 실루엣이 특징이다.
소재 : 스틸 펀칭, 목재
φ420×H1,600
사진 제공 :
T. Nacasa & Partners

◀ 그림 19 K시리즈
1972년
디자인 : 倉俣史朗
한 장의 유백색 아크릴판만으로 성형한 스탠드. 마치 천을 씌운 듯한 주름의 모양에서 퍼져나가는 빛은 '빛을 조형한 작품'으로 일컬어진다.
소재 : 아크릴
(대) W850×D850×H820
(중) W700×D700×H585
(소) W450×D450×H370

◀ 그림 20 DOMANI
1975년
니사인 : 黑川雅之
유리와 고무로 만든 조명 기구. 바닥에 설치하는 타입과 펜던트 타입이 있다.
소재 : 고무, 유리
φ300×H332

◀ 그림 21 포센
1978년
디자인 : 森正洋
도자기 디자이너가 자기의 특성인 투과성을 활용하여 만든 마스코트 스탠드
소재 : 자기
φ120×H150

◀ 그림 22 라크소 L-1
1937년
디자인 : 야크 야콥센(노르웨이) 가는 각형 파이프에 의한 평행 링크 기구 암과 밸런스 스프링에 의해 움직임이 유연하다.
소재 : 스틸 파이프, 알루미늄
φ160×H1,050
사진 제공 : Thomas Libiszewski

◀ 그림 23 등롱
1980년
디자인 : 渡邊力
일본 전통을 모던한 빛으로 살린 수
납 가구가 달린 스탠드
소재 : 목재, 플라스틱
W330×D330×H1,320

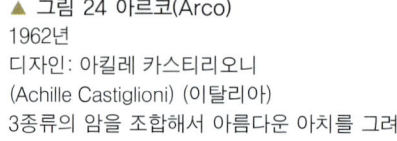

▲ 그림 24 아르코(Arco)
1962년
디자인: 아킬레 카스티리오니
(Achille Castiglioni) (이탈리아)
3종류의 암을 조합해서 아름다운 아치를 그려내
는 플로어 스탠드
소재 : 대리석, 스테인리스, 알루미늄
W310×D2,200×H2,300

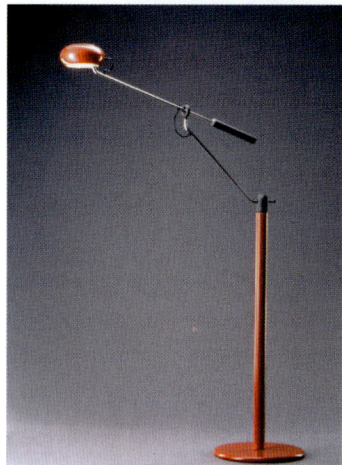

◀ 그림 25 루아클
1978년
디자인 : 川上元美
링 조인트(자재 부분)와 밸런서에
의한 기능미가 돋보이는 무브먼트
스탠드
소재 : 스틸
W350×D880×H1,410

4.4 조명 방식

>> 공간의 빛의 분포

여기에서는 다양한 조명 방식에 의해 형성되는 공간 내의 빛의 배분에 관해 주로 건축 공간과의 관계에서 설명한다.

■ 조명 기구의 배광·개수·배치

조명 기구가 하나인 경우라도 어떠한 방향으로 빛을 조사하는지(배광의 차이)에 따라 공간 내의 빛의 분포는 크게 달라진다(그림 1). 공간의 아래쪽을 향해 직접적으로 빛을 배분하는 것이 직접 조명 기구, 천장이나 벽에 빛을 반사시켜 위쪽으로 빛을 배분하는 것이 간접 조명 기구이다. 그리고 공간 전반에 균일하게 빛을 배분하는 것이 글로브 형상의 전반 확산 조명 기구이다. 또한 이들의 중간적인 것으로서 주로 아랫방향, 약간 윗방향으로 빛을 배분하는 것이 반직접 조명 기구, 주로 윗방향, 약간 아랫방향으로 빛을 배분하는 것이 반간접 조명 기구이다.

배광의 차이와 조명 기구의 개수를 함께 고려하면 더욱 다양하게 빛을 배분할 수 있다. 실내에 조명 기구가 하나 있는 경우를 1실 1등이라고 하며, 여러 개 있는 경우를 1실 다등이라고 한다. 조명 기구의 개수가 많으면 점등·소등의 조합에 의해 빛의 배분의 패턴도 많아지게 된다. 예를 들어, 1실에 3등의 조명 기구가 있는 경우, 점등·소등의 조합으로 $2^3 = 8$가지의 패턴을 만들 수 있다.

최종적인 빛의 배분 상태는 조명 기구의 배광, 개수, 여기에 기구를 어디에 배치하는지가 크게 영향을 준다. 조명 기구의 배치는 빛을 반사하는 천장·벽·바닥 등의 상대적인 위치 관계가 중요하다. 그림 2는 천장에 달아 맨 펜던트의 배광·높이(배치)의 차이에 의해 빛을 배분한 예이다. 천장·바닥

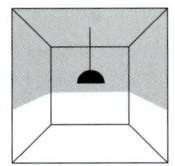
직접 조명 기구에 의한 아랫방향으로의 빛의 배분

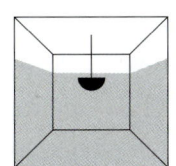
간접 조명 기구에 의한 윗방향으로의 빛의 배분

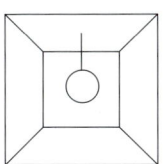
전반 확산 조명 기구에 의한 균일한 빛의 분포

(a)

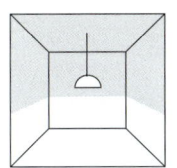
반직접 조명 기구에 의한 주로 아랫방향으로의 빛의 배분

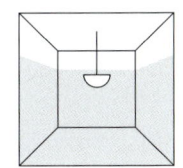
반간접 조명 기구에 의한 주로 윗방향으로의 빛의 배분

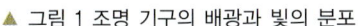

▲ 그림 1 조명 기구의 배광과 빛의 분포

(b)

▲ 그림 2 조명 기구의 배광·배치에 의한 상하의 빛의 분포

과의 반사에 의해 상하 방향의 빛의 분포가 서로 달라진다.

■ 건축화 조명

이동이 가능한 일반 조명 기구와 달리 조명 기구를 건축물의 일부로서 천장, 벽 등과 일체화시킨 조명 방식을 건축화 조명이라고 한다. 건축화 조명의 주요 예를 그림 3에 나타내었다. 천장에 빛을 반사시키는 코브 조명, 벽을 아랫방향으로 비추는 월 워셔, 천장을 파낸 부분에 빛을 반사시키는 코퍼 조명은 간접 조명에 속한다. 대들보 모양을 본 딴 광량 조명과 매입 조명은 직접 조명이다. 기타 투과광으로 면 자체를 빛나게 하는 광천장·광벽·광바닥 조명 등이 있다(그림 4). 건축화 조명은 건축물의 형상에 맞추어 복합적으로 사용된다. 그림 5는 계단 형태의 천장에 적용된 건축화 조명의 예이다.

건축화 조명의 간접 조명은 광원을 드러내지 않음으로써 실내의 인상이 깔끔해지고 광원의 개수를 늘려도 미적인 인상을 해치지 않는다. 또한 부드러운 느낌을 줄 수 있으므로 조명에 의한 연출이라는 점에서는 효과적이다. 그러나 건축물의 상태를 배려하지 않고 지나치게 많이 사용하게 되면 조명 기구가 천장이나 벽에 반사되는 상황이 발생하기도 한다(그림 6). 간접 조명에 실패하지 않으려면 광원을 반사시키는 면의 상태, 광원과 면과의 거리, 광원을 보이지 않도록 하는 차광 상태를 종합적으로 검토해야 한다.

■ 공간 내의 다양한 빛의 배분

공간 내의 빛의 배분은 조명 기구의 배광·개수·배치, 건축화 조명, 천장·벽·바닥의 반사 상태 등의 제어에 의해 형성된다. 효과적으로 빛을 배분하려면 이들 요소 각각에 비중을 크게 둘 것이 아니라 공간 전체를 종합적으로 검토해서 최종적인 빛의 상태 그 자체의 이미지를 그리는 것이 중요하다. 지금부터는 공간 전체에 주안점을 둔 빛의 배분에 대한 다양한 사례를 설명한다.

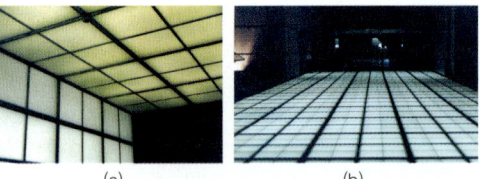

(a) (b)
▲ 그림 4 투과식 광천장·광벽·광상(도쿄 국제 포럼)

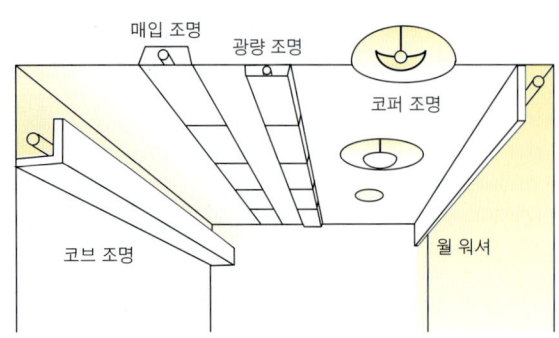

▲ 그림 3 주요 건축화 조명

▲ 그림 5 건축 형상에 맞춘 건축화 조명(쇼핑몰의 천장)

배분의 상태는 명암의 변화가 있는지 없는지에 따라 크게 2가지로 나눌 수 있다. 하나는 실내에 빈틈없이 빛을 배분하는 전반 조명(예를 들어 그림 2(b))이며, 또 하나는 실내에 부분적으로 빛을 배분하는 국부 조명(예를 들어 그림 2(a), 공간 아랫방향으로 빛을 배분)이다. 또한 전반 조명과 국부 조명을 조합하는 경우도 있다. 사무 공간과 같이 공간의 규모가 큰 작업 공간에서는 공간 전체에 대해서 건축화 조명의 전반 조명, 개개의 작업면에 대해서는 국부 조명을 사용한다.

공간은 3차원이므로 빛의 배분도 중심·상하 등 입체적으로 생각하면 이미지를 쉽게 그릴 수 있다. 그림 7은 벽 부근의 낮은 위치에 반간접 조명의 펜던트를 배치해서 빛의 배분에 의해 효과적으로 공간에 중심성을 부여한 예이다. 상하 방향으로는 이미 그림 2에 나타낸 바와 같이 배광이나 광원의 높이를 바꾸어 빛을 배분할 수 있다. 수평면 방향의 빛의 배분은 공간에 다이내믹한 방향성을 만들어 낸다(그림 8). 출입구 홀 등의 대규모 공간에서는 여러 개의 조명 기구를 연속적으로 배치함으로써, 벽면에 대해 불균일한 '빛의 얼룩'이 생기도록 빛을 배분하여 공간에 방향성을 부여하는 경우가 있다(그림 9).

■ 새로운 기술·소재와 조명 방식

광원과 건축 재료의 발달과 함께 조명 방식의 기술도 변천해 간다. 예를 들어, 그림 4(b)의 광상 조명은 유리의 발달에 의해 가능해진 예라고 할 수 있다. 또한 케이블 형상의 광섬유 기술의 발달(대구경, 측면 발광 등)에 의해 종래 설치가 곤란했던 장소에 광원을 배치할 수 있게 되었다. 그러나 기술은 진보해도 빛 그 자체의 성질은 변하지 않으므로 최종적인 건축 공간 내의 빛의 배분을 항상 의식하는 것이 효과적인 조명 방식의 설정으로 이어진다고 하겠다.

◀ 그림 7 공간의 중심을 만드는 빛의 배분

▲ 그림 8 수평 방향의 빛의 배분

▲ 그림 6 천장에 광원(형광 램프)이 반사된 간접 조명

◀ 그림 9 조명 기구를 연속 배치하여 앞쪽의 계단을 향한 동선을 강조(도쿄 국제 포럼)

조광 시스템

>> 빛의 제어

조명의 조절은 실내 공간을 연출하는 도구로서, 주로 주택이나 상업 시설에 이용되어 왔다. 최근에는 사무 공간에서도 쾌적성의 향상을 위한 수단으로 활용되어, 작업자가 파티션으로 구분된 부스 내부의 태스크 라이트로 자신의 기호에 맞게 조명을 조절할 수 있는 오피스도 등장하였다.

조명의 조절에는 위의 설명과 같이 효과적으로 빛을 변화시키는 역할 외에 전혀 다른 역할도 있다. 바람이 강하고 조각구름이 많은 갠 날에는 구름의 그림자가 지나갈 때마다 책상면의 밝기가 빈번하게 변해서 불쾌감을 느낀 경험이 있을 것이다. 이러한 경우에는 조명을 조절함으로써 빛의 상태를 일정하게 유지하면 그러한 불쾌감을 막을 수 있게 된다.

■ 시간적인 변화를 고려한 조광 시스템

태양의 빛으로 시간이나 계절을 느낄 때가 있다. 또한 눈부신 하얀 아침 햇살이나 가을의 장엄한 일몰은 우리의 감정에 호소하기도 한다. 이러한 태양광에서 볼 수 있는 빛의 변화를 인공 조명으로 표현한 연출 방법이 상업 건축에 도입되었다. 주야를 가리지 않고 항상 밝아서 시간의 흐름을 시각적으로 느낄 수 없는 공간에 비하면, 이러한 생체리듬에 맞는 빛환경의 시간적 변화는 정신적인 평온을 제공하는 효과를 기대할 수 있다(그림 1).

▶ 그림 1 몰 빛환경의 시간적 변화
위에서부터 순서대로 밝은 자연광이 유입되는 시간, 해가 질 무렵, 밤(1), 밤(2)의 빛환경을 나타낸다. 하루 동안에도 다채로운 변화를 보이고 있다(퀸스 스퀘어 요코하마).
사진 제공 : ライティングプランナーズアソシエーツ

■ 개별 조절에 의한 조광 시스템

사무 공간에서의 빛환경에 대한 쾌적성의 요구는 점점 더 복잡한 양상을 보이고 있다. 업무 시간의 다양화, 업무 내용의 고도화, 업무의 OA화가 급속히 진행되면서 연령이나 기호와 같은 개인적인 조건, 또는 조명 기구가 모니터에 반사되어 작업을 방해하는 등의 작업 환경 조건 등이 작업자에게는 크고 작은 스트레스로 작용할 수 있다. 이러한 이유가 사무 공간의 빛환경에 대해 보다 세분화되고 구체적인 요구들이 늘어가는 원인이라고 할 수 있다. 이와 같은 상황에서 조명의 개별 조절은 개인에게 적합한 환경을 조성한다는 의미에서 작업성이나 지적 생산성의 향상으로 이어질 수 있을 것이다(그림 2).

▲ 그림 2 개별 조절에 의한 조광 시스템
천장면에 설치된 형광 램프는 업무 내용에 따라 설정된 밝기의 0.5배에서 1.5배까지의 범위에서 자유롭게 밝기를 조절할 수 있다. 한편, 개인용 사무 공간은 낮은 파티션으로 구획되어 태스크 조명을 위한 개별 스탠드가 마련되어 있다. 스탠드는 그 방향을 바꾸면 빛의 방향을 바꿀 수 있으므로 이를 통해 지면으로부터의 반사 글레어를 막을 수 있다.
사진 제공 : 鹿島建設

◀ 그림 3 광센서에 의한 조광 시스템
천장면에 광센서를 설치하면 사무실의 밝기를 감지해서 만약 설정 조도를 넘는 경우, 과도한 빛 출력을 자동적으로 제어한다. 이렇게 해서 램프 교환 직후의 초기 조도를 보정하고, 창측 영역에서 자연광을 이용함으로써 에너지 절약을 꾀할 수 있다. 사진에서 가장 앞의 열 중앙에 있는 조명 기구의 바로 오른쪽에 있는 것이 광센서이다.
사진 제공 : 大林組, 松下電工

■ 광센서에 의한 조광 시스템

오피스에서는 에너지 절약을 위해 흔히 자연광을 이용할 것이 권장된다. 창으로 유입되는 자연광은 구름의 그림자가 지나가거나, 강한 서향 빛이 들어오거나, 기후나 시간에 따라 그 양이나 각도가 끊임없이 변화한다. 시작업의 경우, 그러한 변화는 작업 환경을 어수선하고 산만하게 만드는 원인이 될 수 있다. 광센서는 창으로 유입되는 자연광의 양에 상응하여 인공 조명의 밝기를 연속적으로 제어해서 탁상면 조도를 자동적으로 일정하게 유지한다. 또한 자연광에 의해 필요 조도가 확보되면 인공 조명의 출력을 감소시키는 기능을 갖추고 있으며, 실시간 조광과 에너지 절약 양쪽을 모두 도모할 수 있다(그림 3~5).

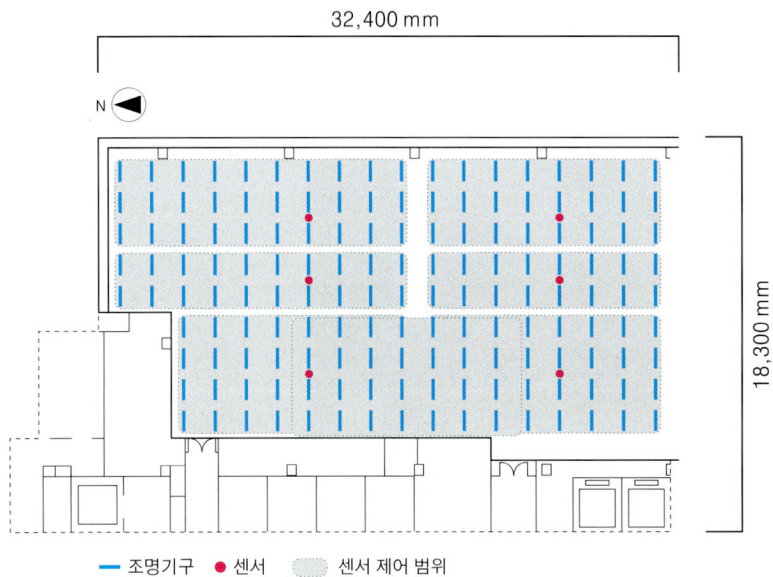

▲ 그림 4 조명 기구 · 센서의 배치도

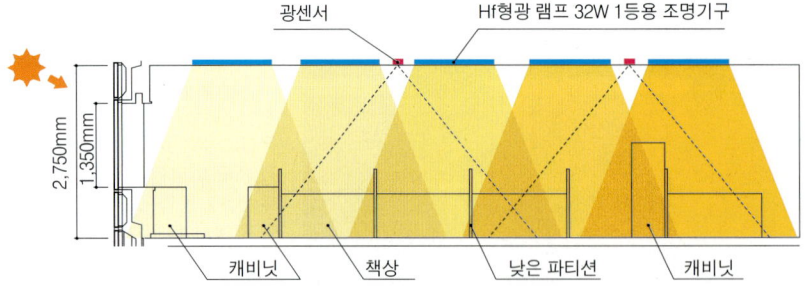

▲ 그림 5 조명 기구 · 센서의 배치 및 조명의 빛 출력

4.6 유도등

≫ 비상시의 조명

유도등이란 불특정 다수의 사람이 이용하는 장소에서 화재 등의 사고시 사람들을 안전하고 신속하게 피난 출구 쪽으로 피난할 수 있도록 출구의 위치와 피난 경로를 표시한 조명 기구를 말한다. 유도등의 설치는 소방법에 의해 상세히 규정되어 있다. 최근에는 건축 디자인과 쉽게 조화되고 에너지 절약의 특징을 가진 컴팩트형 고휘도 유도등이 개발되었다. 또한 음성이나 점멸광에 의한 유도 효과를 응용한 유도등도 실용화되었다.

■ 유도등의 종류

유도등의 종류에는 크기에 의한 구분(대형, 중형, 소형)이나 전원에 의한 구분(전지 내장형과 전원 별치형), 용도에 의한 구분 등이 있다. 표 1에 용도에 의해 구분한 주요 유도등을 나타내었다.

● 표 1. 용도에 의한 구분

소방대상물별 유도등 및 유도표지의 종류

소 방 대 상 물	유도등 및 유도표지의 종류
가. 무도유흥음식점, 관람집회 및 운동시설	• 대형 피난구 유도등 • 통로 유도등 • 객석 유도등
나. 위락시설(무도유흥음식점을 제외한다), 판매시설, 관광숙박시설, 의료시설, 통신촬영시설, 전시시설, 여객자동차터미널 및 화물터미널, 철도역사, 공항시설, 항만시설 및 종합여객시설, 지하가	• 대형 피난구 유도등 • 통로 유도등
다. 다방, 여관, 모텔, 오피스텔 또는 가목 및 나목 외의 지하층 무창층 및 11층 이상의 부분	• 중형 피난구 유도등 • 통로 유도등
라. 다과점, 여인숙, 의원, 노유자시설, 업무시설, 종교시설, 교정시설, 교육원, 직업훈련소, 학원, 슈퍼마켓, 대중음식점, 기원, 일반목욕장, 기숙사	• 소형 피난구 유도등 • 통로 유도등
마. 그 밖의 것	• 피난구축광유도표지 • 통로축광유도표지
비고 : 소방서장은 소방대상물의 위치, 구조 및 설비의 상황을 판단하여 대형 피난구 유도등을 설치하여야 할 소방대상물에 중형 피난구 유도등 또는 소형 피난구 유도등을, 중형 피난구 유도등을 설치하여야 할 소방대상물에 소형 피난구 유도등을 설치하게 할 수 있다.	

■ 피난구 유도등

1. 피난구 유도등은 다음 각호의 장소에 의하여 설치하여야 한다.
   ① 옥내로부터 직접 지상으로 통하는 출입구 및 그 부속실의 출입구
   ② 직통계단·직통계단의 계단실 및 그 부속실의 출입구
   ③ 제1호 및 제2호의 규정에 의한 출입구에 이르는 복도 또는 통로로 통하는 출입구
   ④ 안전구획된 거실로 통하는 출입구
2. 피난구 유도등은 피난구의 바닥으로부터 높이 1.5미터 이상의 곳에 설치하여야 한다.
3. 피난구 유도등의 조명도는 피난구로부터 30미터의 거리에서 문자 및 색채를 쉽게 식별할 수 있는 것으로 하여야 한다.

■ 통로 유도등

1. 통로 유도등은 다음 각호의 기준에 의하여 설치하여야 한다.
   ① 옥내로부터 직접 지상으로 통하는 출입구. 다만, 부속실을 경유하여 지상으로 통하는 경우에는 그 부속실의 출입구에 설치하여야 한다.
      ①의2. 복도 통로 유도등은 복도에, 거실 통로 유도등은 거실의 통로에, 계단 통로 유도등은 계단 및 경사로에 설치하여야 한다. 다만, 거실의 통로가 벽체 등으로 구획된 경우에는 복도 통로 유도등을 설치하여야 한다.
   ② 복도 통로 유도등 또는 거실 통로 유도등은 구부러진 모퉁이 및 보행거리 20미터마다 설치하고, 계단 통로 유도등은 각 층의 경사로참 또는 계단참마다(1개층에 경사로참 또는 계단참이 2이상 있는 경우에는 2개의 계단참마다) 설치하여야 한다.

③ 통행에 지장이 없도록 할 것
④ 복도 통로 유도등은 바닥으로부터 높이 1미터 이하의 위치에 설치하여야 한다.
⑤ 주위에 이와 유사한 등화광고물·게시물 등을 설치하지 아니할 것

2. 조도는 통로 유도등의 바로 밑의 바닥으로부터 수평으로 0.5미터 떨어진 지점에서 측정하여 1[lx] 이상(바닥에 매설한 것에 있어서는 통로 유도등의 직상부 1미터의 높이에서 측정하여 1[lx] 이상)이어야 한다.
3. 통로 유도등은 백색 바탕에 녹색으로 피난 방향을 표시한 등으로 하여야 한다. 다만, 계단에 설치하는 것에 있어서는 피난의 방향을 표시하지 아니할 수 있다.
4. 바닥에 설치하는 통로 유도등은 하중에 의하여 파괴되지 아니하는 강도의 것으로 하여야 한다.

■ 객석 유도등

1. 객석의 통로, 바닥 또는 벽에 설치하여야 한다.
2. 객석 내의 통로가 경사로 또는 수평로로 되어 있는 부분에 있어서는 다음의 식에 의하여 산출한 수(소수점 이하의 수는 1로 본다)의 유도등을 설치하고, 그 조도는 통로 바닥의 중심선에서 측정하여 0.2[lx] 이상이어야 한다.
3. 객석 내의 통로가 옥외 또는 이와 유사한 부분에 있는 경우에는 당해 통로 전체에 미칠 수 있는 수의 유도등을 설치하되, 그 조도는 통로 바닥의 중심선에서 측정하여 0.2[lx] 이상이 되어야 한다.

※ 피난구 유도등·통로 유도등 및 유도표지는 모든 소방대상물(지하가 중 터널을 제외한다)에, 객석 유도등은 무도유흥음식점과 관람집회 및 운동시설에 설치하여야 한다. 다만, 지하구의 경우에는 피난구 유도등 및 통로 유도등을 제외한다.

■ 유도등 설치의 포인트

유도등은 소방법에 의해 표 2와 같은 기술 기준이 규정되어 있다.

유도등을 설치하는 경우에는 가장 먼저 소방법의 기술 기준을 확인하고, 그 다음으로 에너지 절약과 유지 관리적 측면, 시인성, 건축 디자인과의 조화 등을 종합적으로 판단해서 유도등을 결정하도록 한다. 일반 조명 기구와 달리 비상시에 반드시 기능해야 하므로 유지 관리가 매우 중요하다.

■ 차세대 유도등

유도등은 흔히 모두 같은 것으로 생각하기 쉽지만 획기적인 유도등이 점차 개발되고 있다.

(1) 고휘도 유도등

냉음극 형광 램프를 광원으로 한 유지 관리 절약형(장수명), 에너지 절약형, 고휘도, 표시면이 컴팩트한 우수한 디자인을 특징으로 하는 유도등이다.

(2) LED 유도등

유럽이나 미국에서는 LED(발광 다이오드)를 광원으로 한 유도등이 높은 에너지 절약적 특성과 장수명으로 인해 널리 보급되어 있다. 일본에도 곧 도입될 것으로 기대되고 있다.

▲ 그림 1 피난구 유도등
공간의 크기에 비해 지나치게 큰 예

▼ 그림 3 복도 통로 유도등
바닥면에 설치된 유도등은 멀리서는 잘 보이지 않는다.

▲ 그림 2 복도 통로 유도등
근접 조명 기구로 인한 반사가 시인성을 떨어뜨리고 있다.

● 표 2. 유도등 기술 기준의 개요

- ■ 유도등의 구분
- ■ 유도등의 설치 기준
- ■ 유도등·유도표식의 설치가 면제되는 건물
- ■ 유도등의 설치·간격
- ■ 유도등의 소등
- ■ 점멸·음성 유도등의 설치
- ■ 장시간(60분) 정격형 유도등의 설치
- ■ 각실 유도등의 설치
- ■ 유도표식의 설치

▲ 그림 4 고휘도 유도등의 예

● 표 3. 1대당 운영비의 비교(출전 : REFORM 1999년 10호)

종별	연간 전기세	연간 램프비	운영비
B급 고휘도 유도등	2,821엔	438엔	3,259엔
종래형(대형) 유도등	18,939엔	759엔	19,698엔

전기세 계산식 : 소비전력[kW]×연간 점등 시간[h]× 전기세[엔/kW·h]
운영비 계산식 : 연간 점등 시간[h]× 램프 총 개수[개]×램프 수명[h]× 램프 단가[엔/개]
소비전력 : B급 고휘도 유도등 9.3W, 종래형(중형) 23W
램프 단가 : 냉음극 램프 1,500엔, 백색 형광 램프 340엔
전기세 : 23엔/kW·h로 계산

▲ 그림 5 대표적인 LED 유도등의 예
사진 : Donna Abbott-Vlahos

▲ 그림 6 광점멸 주행식 피난 유도 시스템의 실시 예
사진 : 東芝ライテック

(3) 음성 유도 시스템

통로의 적절한 장소에 스피커를 설치하고 허스 효과(인접한 스피커 사이에 시간차를 두어 순차적으로 음성을 발생시키면 마치 한 방향으로부터 들려오는 듯한 효과)에 의해 음성으로 피난 경로를 알리는 유도 시스템이다.

(4) 광점멸 주행식 피난 유도 시스템

바닥면에 매입된 점멸 광원 장치의 동적인 빛의 주행에 의해 유도하는 시스템이다. 점멸하는 빛에 의해 사람들을 피난 경로로 효과적으로 유도할 수 있다.

4.7 사인 계획

사인은 현재 위치를 표시하거나 목적지로 유도하는 것 이외에도 공간에 장식적인 역할을 하는 중요한 설비이다. 그러나 검토가 불충분한 채로 설치되면 본래의 기능을 충분히 발휘할 수 없는 경우도 많다. 여기서는 사인의 기능을 충분히 발휘하기 위해 반드시 갖추어야 할 사인 계획의 방법을 소개하고자 한다.

■ 공간의 구조와 사인의 체계화

사인 계획이란 그 공간에 설치해야 하는 여러 종류의 사인을 체계적이고 종합적으로 파악하여 일관성 있는 규칙을 정해 사인 시스템을 구축하는 것이다. 그 첫 번째 단계는 공간의 구조를 파악해서 각각의 장소에 필요한 표시 내용을 결정하는 것이다.

먼저 그림 1과 같이 동선(통로)과 그 교차점인 '거점'을 몇 가지로 분류한다(그림 1에서는 각각 3개씩 분류). 분류해야 하는 이유는 '거점'마다 표시해야 하는 내용이 다르기 때문이다. 한편, 사인의 표시 내용은 그 기능에 따라 그림 2와 같이 분류할 수 있는데, 그 가운데 필요한 것을 '거점'별로 선정한다

(a) 안내 사인의 예
목적지와 현재 위치와의 관계를 나타낸다.

(b) 유도 사인의 예
목적지의 방향을 나타낸다.

(c) 기명 사인의 예
장소의 이름을 표시하여 다른 것과 구별한다.

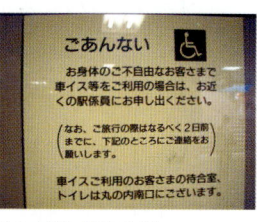

(d) 설명 사인의 예
장소의 내용이나 관리자의 의도를 전달한다.

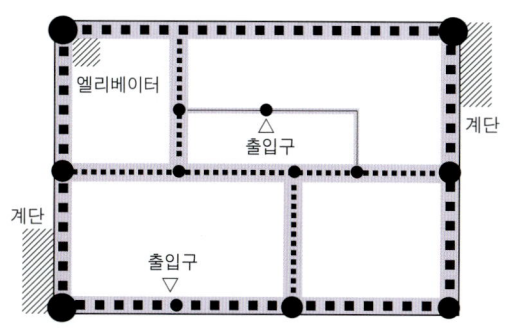

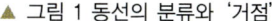

■■■ 메인 동선 : 주요 계단이나 엘리베이터를 연결하는 동선
····· 서브 동선 : 메인 동선을 연결하는 동선
── 보조 동선 : 위 동선 이외의 동선

● 대거점 : 메인 동선의 교차점, 주요 계단과 엘리베이터 출입구 등
● 중거점 : 메인 동선과 서브 동선의 교유점, 메인 동선의 모퉁이 지점 등
● 소거점 : 서브 동선과 보조 동선의 교차점, 각 실의 출입구 등

▲ 그림 1 동선의 분류와 '거점'

(e) 규제 사인의 예
안전 유지에 필요한 행동을 촉구한다(금지·주의·지시).

▲ 그림 2 사인의 표시 내용의 종류

(그림 3). 단, 사인과 사인의 간격이 떨어져 있는 경우에는 필요에 따라 같은 종류의 사인을 추가할 수 있다.

이와 같은 사인 시스템을 구축함으로써 각각의 '거점'에 있어서 이용자가 필요로 하는 정보를 적절하게 제공할 수 있다. 또한 자칫 범람하기 쉬운 사인을 필요 최소한의 개수와 양으로 제한할 수 있다.

■ 알기 쉬운 디자인

사인의 표시 내용을 알기 쉽게 전달하기 위해서는 디자인에 대한 배려도 소홀해서는 안 된다. 이를 위해 다음과 같은 사항을 검토해야 한다.

(1) 시인성(사인의 존재를 멀리서도 쉽게 알 수 있다)
- 사인을 크게 하거나 유목성이 높은 색채를 사용한다.
- 사인면의 조도를 확보한다.
- 매어서 다는 형이나 돌출형의 사인을 사용한다.
- 사인은 눈높이보다 약간 높은 위치에 설치한다.

(2) 가독성(사인의 표시 내용을 쉽게 읽을 수 있다)
- 큰 문자나 대조색 바탕의 흰색 문자를 사용한다.
- 반사가 적은 소재를 사용한다.
- 글꼴과 자간에도 주의한다.

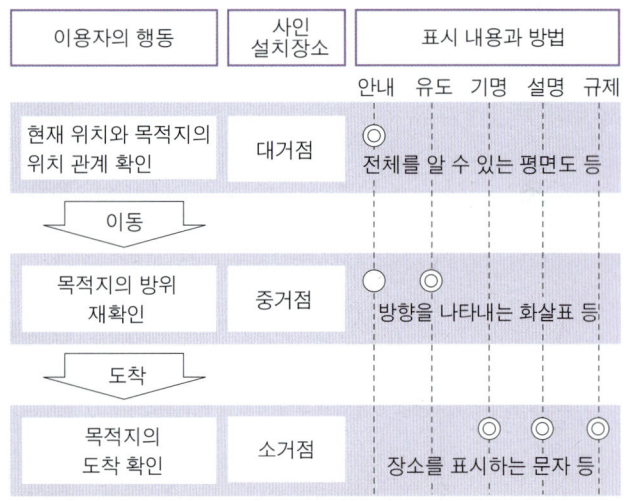

▲ 그림 3 이용자의 행동에 맞춘 표시 내용

(3) 의미의 용이성(사인의 의미를 쉽게 알 수 있다)
- 표시 내용을 빠짐없이 중복되지 않도록 최소한으로 요약한다.
- 내용의 중요도에 따라 위치나 크기에 변화를 준다.
- 사인의 방향을 실제 공간의 방향에 일치시킨다.

그림 4는 어느 원자력 발전소에서 실시한 사인 계획의 예이다. 원자력 발전소의 경우 외부의 경관이 보이지 않아 방위를 알기 어렵고 공간의 배치가 복잡하다는 문제가 있어, 지하가와 마찬가지로 사인 계획의 필요성이 높은 곳이라고 할 수 있다.

(b) 중거점의 예
- 매어다는 형태의 사인을 채용하여 멀리서도 눈에 띄게 했다.
- 대조색 바탕의 흰색 고딕체 문자를 사용하여 가독성을 높였다.
- 조명 가까이에 설치해서 사인면의 밝기를 확보했다.
- 반사가 적은 소재를 사용하여 가독성을 배려하였다.

(a) 대거점의 예
- 사인의 크기를 크게 하여 멀리서도 눈에 띄도록 하였다.
- CI컬러를 사용하여 시인성의 향상과 함께 공간 연출을 꾀하였다.
- 건물에 테마 컬러를 사용하여 위치 확인이 쉽도록 했다.

(c) 소거점의 예
- 돌출식으로 벽과 수직되게 설치하여 시인성을 높였다.

▲ 그림 4 사인 디자인의 예

■ 조기 계획과 지속적 관리

사인 계획 및 관리에 관한 유의점은 다음과 같다.

(1) 조기 대응

사인 계획은 추후 또는 현장에서 실시되는 것으로 생각하기 쉽다. 그러나 사인 계획은 종합적인 환경 계획의 하나로서, 건축 설계의 초기 단계에서부터 검토하는 것이 바람직하다. 이미 다른 주체에 의한 사인이 설치되어 있는 경우에는 그것과 모순되거나 중복되지 않도록 특히 주의해야 한다.

(2) 임시 설치에 의한 확인

기존 건물의 사인 계획을 새로 실시하는 경우에는 가능한 한 임시로 설치해 보고 설치 지점 등을 확인하는 것이 바람직하다. 이렇게 함으로써 도면으로 알기 어려운 조명의 위치나 장애물의 존재 등을 파악할 수 있고, 이용자의 의견을 계획에 반영시킬 수도 있다.

(3) 유연한 대응

특히 신축 건물의 경우, 실제로 이용해 보고나서야 비로소 사인의 문제점이 드러나게 되는 경우가 많다. 그 때문에 사인을 추가·제거·이동해야 하는 경우도 발생한다. 따라서 정기적인 체크를 통해 이런 경우에 유연하게 대처해야 한다. 또한 지켜야 하는 규칙을 지침서로 정리해 두는 것도 바람직한 일이다.

협력 : 일본중부전력 하마오카(浜岡) 원자력 발전소

4.8 텍스처와 표면 지각

>> 공간 지각의 메커니즘

텍스처의 개념은 재질감 등으로 표현하지만 사실 쉽게 알 수 있는 것은 아니다. 사전적인 의미로 텍스처는 직물의 직조 방식이나 석재의 결정 등의 구성이 만들어낸 시각적·촉각적 특징 외에도 음의 강약이나 고저의 변화가 짜낸 패턴, 음식물이 혀에 닿는 느낌과 씹는 느낌의 청각적·미각적인 특징에 이르기까지 매우 넓은 의미를 가진 용어이다. 이와 같이 텍스처는 본래 다양한 감각을 통해 대상의 '부드러움과 딱딱함', '강함과 약함'이 뒤섞인 불균질 상태를 총체로 하는 감각 내용이지만, 여기서는 시각적 텍스처에 초점을 맞춰 그것이 어떠한 정보를 전달해서 환경의 시각적 체험에 관련되는지를 살펴보기로 한다.

■ 텍스처와 표면 지각

시각적으로 지각하는 텍스처란 (1) 표면의 광학적 반사 특성(반사율, 색 등)의 부분적인 변화, 즉 문양에 의한 경우와 (2) 표면의 요철(凹凸)에 의해 생기는 미묘한 음영에 의한 경우로 크게 나눌 수 있다. 그러나 실제로는 이 양자가 함께 지각되는 경우가 많다. 예를 들어 서로 다른 색실로 짜여진 직물에서는 색의 변화와 짜임의 미묘한 음영이 합쳐져 하나의 텍스처로 지각된다.

완전히 균질하며 평활한 표면, 예를 들어 표면을 잘 갈아놓은 유리의 면에서는 텍스처가 지각되지 않지만 그러한 상태에서는 그 표면 자체를 볼 수가 없다. 텍스처가 지각되지 않으면 표면까지의 거

 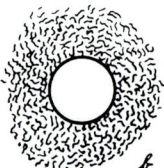

▲ 그림 1 텍스처와 '도형'이 되기 쉬운 정도

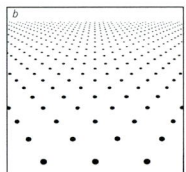 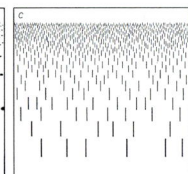 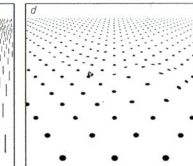

▲ 그림 3 텍스처의 밀도 구배에 의한 표면 지각

▲ 그림 2 텍스처에 의한 환경 구성면으로서의 존재감
(사진 제공 : 下坂浩和)

▲ 그림 4 「문화의 집」(설계 : A. 알토)의 외벽

146 ●●●

리가 규정되지 않으며 초점을 맞출 수 없다. 이것은 카메라로 초점을 맞추려고 해도 되지 않는 상태와 마찬가지라고 할 수 있다. 실제로는 표면의 오염이나 표면 주위의 틀 등이 힌트가 되어 위치를 알 수는 있지만 표면 그 자체의 지각에는 텍스처가 반드시 필요하다.

아른하임(Arnheim)은 저서 「예술과 시지각」에서 회화 표현에 있어 텍스처가 있는 부분이 바탕(地)과 도형(圖)에서 '도형'이 되기 쉽고, 단단한 인상을 주며, 농밀한 텍스처가 마치 진출색과 같이 앞으로 나와 보이는 현상을 지적하였다(그림 1). 이는 텍스처의 유무가 환경을 구성하는 면에서 존재감의 강약에 관계된다는 것을 시사하는 것이다. 실제로 같은 벽돌벽이라도 줄눈이 깊고 요철이 분명한 것이 벽으로서 더 강한 인상을 준다(그림 2). 한편, 깁슨(Gibson)은 표면이 기울어지거나 굴곡이 있거나 하는 것을 지각하는 것은 텍스처 구성 요소의 점진적 변화, 즉 텍스처의 밀도 구배에 의한 것이라고 하였다(그림 3). 실제로 벽돌벽이 평활한 벽면보다도 그 건물의 벽면 형상을 더 쉽게 알 수 있게 한다(그림 4).

■ 텍스처와 공간 지각

나이서(Neisser)는 환경에 점재하는 물체의 크기를 지각하고 그 공간적인 위치 관계를 파악하는 데, 배경의 텍스처가 기본적인 역할을 한다고 하였다(그림 5). 물체가 가까이 있든 멀리 있든 그 크기가 같으면 배경에 있는 텍스처의 요소를 같은 양만큼 가리게 된다. 따라서 광장에 깔린 보도블록과 같이 멀어짐에 따라 일정하게 작아지는 경우, 그 텍스처의 요소가 척도가 되어 그 곳에 있는 물체의 크기와 위치 관계가 바르게 지각될 수 있게 된다.

또한 깁슨은 사람의 이동에 따라 변화하는 시각상의 변화를 텍스처의 유동으로 보고(그림 6), 그 유동 방식에 포함되는 정보의 유출이 3차원적인 공간 지각의 기본적 메커니즘이라고 했다. 즉 우리 인간이나 동물이 아무 지장 없이 공간을 움직이고 있는 것과 같이 기본적인 행동에 있어, 환경 구성면의 텍스처가 중요한 역할을 한다는 것이다.

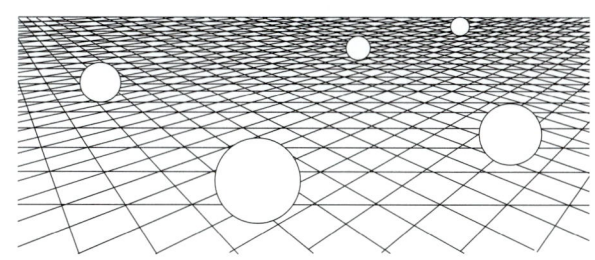

▲ 그림 5 배경에 있는 텍스처 요소에 의한 공간 척도

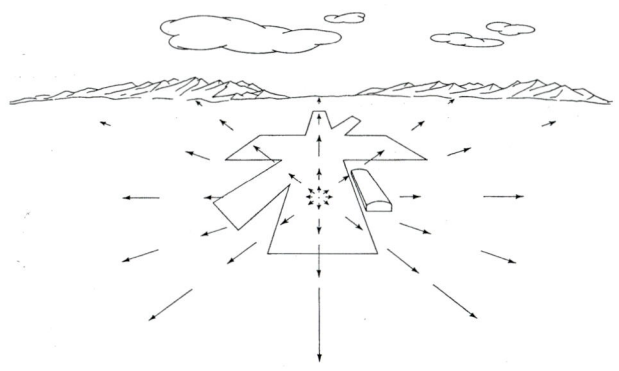

▲ 그림 6 텍스처의 유동에 의한 3차원적 공간 지각

■ 텍스처와 소재

최근 컴퓨터 그래픽 분야에서 텍스처란 용어가 자주 등장하고 있다. 컴퓨터로 제작된 풍경 등을 현실에 가깝게 표현하기 위해서는 텍스처가 중요하다는 점을 인식하게 되었기 때문이다. 앞에서 설명했던 기본적인 거시적 행동에 관련된 정보뿐만 아니라, 텍스처는 물체 표면의 문양이나 요철(凹凸)의 지각을 통해 그 물질 내부의 조성, 더 나아가 소재를 특정짓는 보다 고도의 미시적 판단에 관련된 정보를 제공해 준다. 텍스처는 실제 만져보지 않더라도 딱딱함, 차가움, 무거움 등 촉각의 체험을 불러일으킨다. 소재를 인지할 수 있는 시각적 속성으로는 색이나 광택, 형상 등이 있는데, 이러한 속성과 더불어 거리를 둔 상태에서도 대상물을 지각할 수 있다. 이것은 위험한 것에 부주의로 접촉하는 것을 방지하는 중요한 기능이다.

건축 재료의 경우 마감 방법에 따라 그 소재처럼 보이는지 아닌지, 더 나아가서는 소재가 주는 인상의 바람직한 정도가 달라진다. 그림 7은 여러 종류의 건축 마감 재료에 관해 마감의 거칠기 정도를 변화시킨 후 그 평가가 어떻게 달라졌는지를 조사한 것이다. 그 결과, 대리석이나 목재 등 소재 자체에 특유한 문양의 텍스처가 있는 재료는 거칠게 마감할수록 평가가 낮아지는데 비해, 콘크리트와 같은 균질한 소재의 경우는 요철(凹凸)의 텍스처를 내어 거칠게 마감할수록 높은 평가를 얻는 경향이 나타났다. 이 결과는 어디까지나 개별 소재에 대한 것으로서, 그 소재들이 실제 건축 공간에 사용되었을 때의 효과는 사용 부위나 주위와의 관계 등에 의해 달라질 것으로 생각된다.

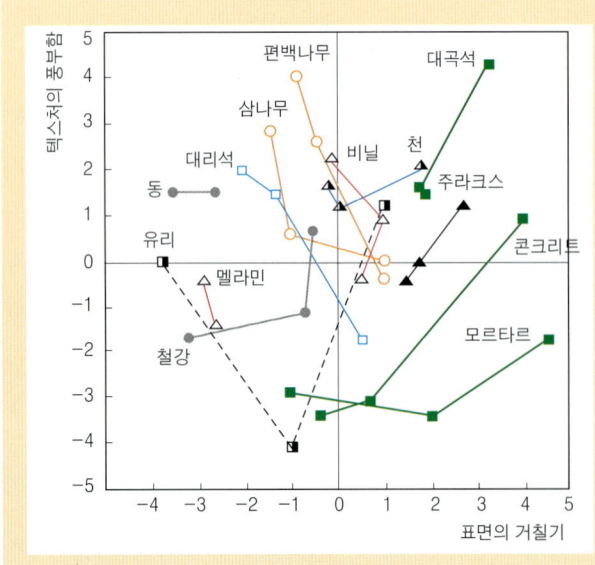

◀ 그림 7 건축 마감면의 거칠기와 평가

Column 니시키에(錦繪)에서 배우는 조명의 역사

니시키에(錦繪)란 다색판 우키요에(浮世繪) 판화를 말하며, 그 중에서도 메이지 시대의 니시키에(錦繪)에는 문명 개화에 의해 일본의 생활에 들어오게 된 새로운 문화와 풍속이 많이 그려져 있다. 21세기를 살아가는 우리의 생활에서는 야간에 가로등을 켜는 것이 너무나도 당연한 일이라서 특별히 의식하지 않으면 그냥 지나치는 것이 보통이지만, 가스등이 처음으로 일본에 들어 왔던 당시를 묘사한 니시키에(錦繪)를 보면 사람들이 빛에 대해 갖는 놀라움과 호기심을 짐작할 수 있다.

▲ 고바야시 기요치카(小林淸親)의 「淺草藏前之夜」
(Kuramae, Asakusa at Night)

▲ 이노우에 야스지(井上安治)의 「新吉原夜櫻之景」
(Cherry Blossoms at Night in the Shin-Yoshiwara)

▲ 고바야시 기요치카(小林淸親)의 「일루미네이션」
(Illumination) (복각 · 복판)

Chapter 05

디자인의 프로세스

5.1 주광 디자인 (1)

≫ 기본 계획 : 일사 제어의 프로세스

자연광은 지구상의 대부분의 지역에 존재하는 보편성 높은 자연 에너지이다. 이 에너지를 효과적으로 이용하는 방법으로 태양광 발전, 태양열 이용 시스템 등이 실용화되고 있다. 이러한 기술 가운데 가장 이용 효율이 높은 방법은 자연광을 빛으로, 즉 조명광으로 직접 이용하는 방법이다.

자연광은 문자 그대로 자연스러운 스펙트럼 분포를 가지고 있으며, 이와 동시에 인간의 생체리듬에 일치하는 변동 특성(오히려 인간의 생체리듬이 자연계의 빛의 변화에 적응한다)이 있으므로, 단순히 에너지 절약의 측면에서가 아니라 인간에게 알맞은 환경을 만들기 위해서 반드시 있어야 하는 중요한 요소라고 할 수 있다.

자연광은 항상 일정하지 않고 계절, 시각 또는 지역에 따라 그 양과 방향, 색 등이 변화한다. 이러한 특성을 가진 자연광을 보다 효과적으로 이용하기 위해서는 반드시 설계 각 단계마다 충분한 검토가 이루어져야 한다.

■ 자연 채광의 의미

인간은 외부로부터 들어오는 정보의 많은 부분을 시각에 의존한다고 한다. 말할 것도 없이 시각은 빛을 매개로 한 감각이며, 빛이 없는 상태에서 인간이 얻을 수 있는 정보는 한정될 수밖에 없다. 여기서 말하는 '빛에 의한 정보'란 사물을 읽거나 쓰거나 하는 것뿐만 아니라 옥외의 기후와 시각의 변화, 계절의 변화 등도 포함된다. 이러한 정보는 인간이 자연스러운 생활을 영위하는데 반드시 필요하므로, 건축 공간에 있어서도 필요에 따라 자연광의 실내 도입이 적극 요구되고 있다.

빛의 효용은 문자나 사진 등을 보기 위한 기능적인 빛과 공간의 분위기를 만들어 내는 환경적인 빛으로 나눌 수 있다. 기능적인 빛으로는 밝기의 얼룩이 적은 안정된 밝기의 빛이 적합하며, 환경적인 빛으로는 공간의 밝기감이나 개방감과 같은 감각적인 쾌적성이 중요하다.

자연 채광으로 얻는 빛은 광량이나 기후의 변동과 같은 문제로 인해 기능을 위한 빛으로는 난점이 많은 편이지만, 개방감이나 밝기감 등 환경을 위한 빛으로는 매우 우수한 특성을 갖고 있다. 따라서 이러한 특성을 파악하여 활용하는 것이 효과적인 자연 채광 계획을 위한 핵심이 된다고 할 수 있다.

(a)

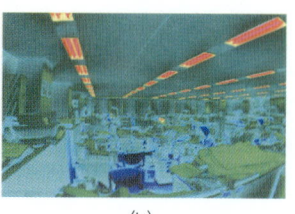
(b)

◀ **그림 1 창이 있는 사무 환경의 휘도 대비**
개구부와 그 주위의 휘도 대비가 강해서 실 깊은 곳에서 창쪽을 향해 보는 경우, 창면이 눈부시고 실내가 어둡게 느껴진다(그림 (a)). 이러한 경우에는 옥외에 풍부한 자연광이 있음에도 불구하고, 그림 (b)와 같이 블라인드를 내려서 공간의 빛환경은 100% 인공 조명에 의존하게 된다.

■ 일사의 특성 파악

(1) 자연 채광과 휘도 대비

실내에 자연광을 도입하는데 있어서는 항상 휘도(면의 밝기) 대비에 충분히 배려해야 한다. 일반적으로 외부의 휘도는 실내의 휘도와 비교하여 몇 배에서 몇 십 배나 더 커지므로, 개구부의 처리에 의해 그 대비를 완화시키는 방법이 필요하다.

(2) 일본 건축에서의 자연 채광

일본 건축은 자연 채광을 이용하는 방법이 잘 발달되어 있어, 주간의 실내 조명으로 직사광의 차폐, 확산 채광, 상방 채광 등 현대 건축에도 충분히 활용될 수 있는 내용이 많다.

그림 2의 위는 실내에 유입되는 태양 직사광이 차양과 툇마루 공간에 의해 효과적으로 차폐되는 상황에 대해 휘도 분포를 실측한 결과를 보여주고 있다.

한편, 그림 2의 아래는 확산재인 장지문을 닫음으로써 실내의 휘도가 더욱 완화된 모습을 보여준다. 이 상태에서도 천장 난간보다는 천장면에 대한 채광이 효과적인 것으로 나타나 있다.

(3) 대양 직사광의 차폐

태양 직사광을 차폐하는 것은 유용한 자연광을 얻기 위해 반드시 필요하다. 차양이나 루버, 블라인드 등을 적절히 사용함으로써 채광 효율의 저하를 최소한으로 억제하고, 태양 직사광을 차폐할 수 있는 방법을 모색해야 한다.

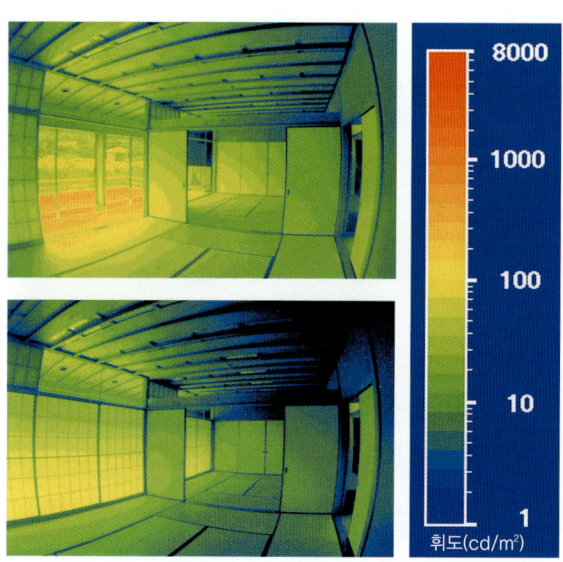

▲ 그림 2 일본 건축에서의 자연 채광

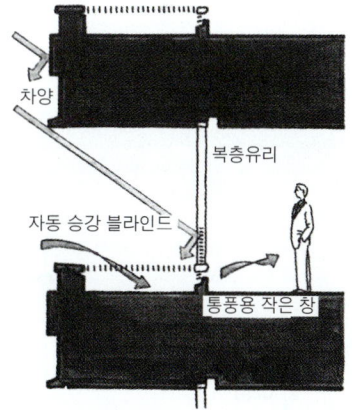

▲ 그림 3 차양 및 블라인드에 의한 태양 직사광의 차폐
태양광의 변동은 대부분의 경우 작업에 장애를 줄 수 있다. 사무 공간에서 자연 채광을 실시하는 경우, 앰비언트(환경) 조명으로는 자연광을, 태스크(작업) 조명으로는 인공 조명을 이용함으로써 밝기감이 높은 인접광의 안정된 빛환경을 확보할 수 있게 된다.

채광 계획에 있어서 건물 평면의 구성은 매우 중요한 의미를 갖는다. 만약 채광이 어느 한 방향에 서만 이루어지면 개구부 주변과 실 깊은 곳의 밝기의 대비가 커지기 때문에 개구부에는 눈부심이, 실내에는 어두운 느낌이 생기게 된다. 이러한 현상을 막기 위해서는 여러 방향으로부터의 채광이 효 과적이다.

(4) 동선과 자연 채광

주간에는 외부 조도가 수만 [lx]나 되는 데 비해 실내 조도는 수백 [lx]인 경우가 많다. 이 때문에 옥외에서 실내로 이동할 때 조도 변화가 매우 큰 폭으로 발생하게 되며, 만약 눈의 순응이 이동 시간 을 좇아가지 못하면 실내가 어둡다는 인상을 받게 된다.

이를 막을 수 있는 가장 효과적인 방법은 동선에 자연광을 도입하여 외부의 빛에 연동하는 자연의 조광 기능을 이용하는 것이다.

그림 6은 옥외에서 실내로 이동하는데 따르는 시야 내의 평균 휘도 분포의 변화를 나타낸 것이다.

동선에 자연 채광을 고려한 건물은 그렇지 않은 건물에 비해 그 변동 폭이 억제되어 있으며, 암순 응이 쉽게 이루어진다는 것을 알 수 있다. 또한 외 부의 조도가 변화한 경우에도 동선상의 조도가 연동하여 변하므로, 자연스러운 밝기의 변화가 유지될 수 있다.

▲ 그림 5 여러 방향에서의 채광을 위한 평면 계획
여러 방향에서 채광하게 되면 실내의 조도 분포가 균일해지고, 실루엣 현상과 창면 글레어가 완화되는 등의 장점이 있다.

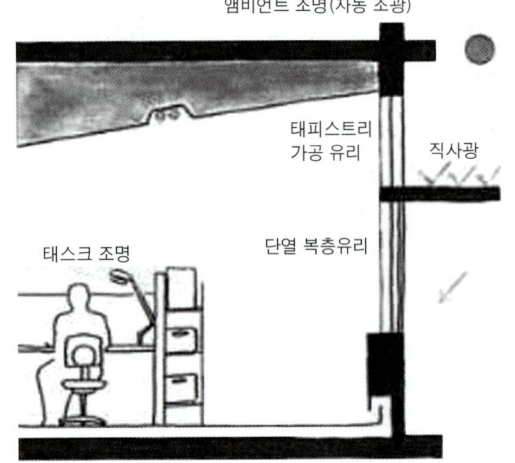

▲ 그림 4 자연광과 인공 조명의 병용

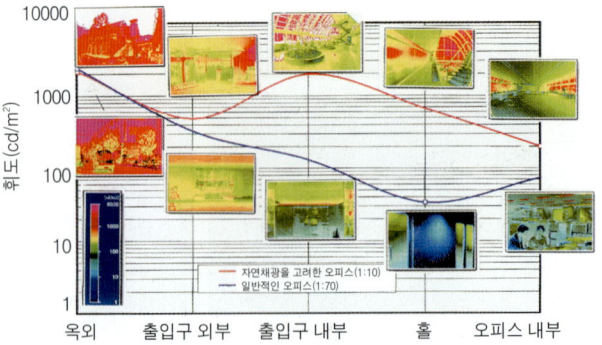

▲ 그림 6 동선상의 시야 내 평균 휘도 변화

빛환경을 설계 단계에서 파악하기 위해 가장 일반적으로 채용하는 것이 바닥면, 작업면 등의 수평면에 대한 평균 조도 또는 조도의 분포이다. 한편, 상황에 따라서는 시야 내의 휘도 분포가 보다 중요한 경우가 있으므로, 전체적인 빛환경을 파악하기 위해서는 3차원의 조도와 휘도 분포의 데이터를 확보하는 것이 바람직하다. 특히 자연광을 도입하는 경우에는 그 빛이 환경 조명으로서 유효한 경우가 많으므로 수평면 조도 이외에도 벽면, 천장면 등을 포함한 공간 전체의 밝기의 분포를 파악해야 한다.

■ 예측 · 실측 · 평가

양호한 빛환경을 실현하기 위해서는 설계 단계에서의 '예측', 시공 및 준공 단계에서의 '실측' 그리고 사용 단계에서의 '평가'가 반드시 필요하다. 이 3가지 조건의 기능을 상호 보완하여 기본 데이터를 구축함으로써 적절한 주광 설계가 가능해진다.

(1) 예측

예측에는 계산에 의한 주광률 계산, 컴퓨터에 의한 조도 및 휘도 분포 예측, 모형을 이용한 채광 예측 등의 수법이 있다. 각각의 수법이 모든 것을 나타낼 수는 없기 때문에 필요에 따라 구분해서 사

▲ 그림 1 2층에 있는 채플 정면으로 지상의 연못에서 반사된 외부의 빛이 유입되고 있다. 이러한 경우에는 바닥면 조도로 공간의 밝기를 평가하기 곤란하기 때문에 벽면, 천장면을 포함한 3차원의 조도 및 휘도 분포가 필요하게 된다.

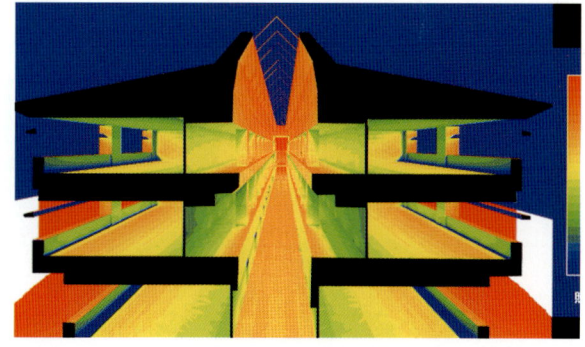

▲ 그림 2 3차원의 조도
종래에는 고도의 계산 능력이 필요하다는 이유로 휘도 분포의 예측이 일반적이지 못했다. 그러나 컴퓨터의 고성능화로 인해 저렴하고 쉽게 휘도 분포를 예측할 수 있는 시뮬레이션이 가능하게 되었다. 그러나 복잡한 반사 특성이 재현되지 않는다거나, 천공 휘도 분포의 재현성의 한계 등 컴퓨터 시뮬레이션이 갖는 한계가 있으므로 이를 미리 인식해 두어야 한다.

용하거나 병용하는 것이 바람직하다.

(2) 실측

가장 일반적인 방법은 조도계를 사용하여 수평면 조도의 분포를 실측하는 것이다. 자연광이 입사되는 경우의 실내 조도는 시시각각 변화하게 되므로 시간을 추이하여 측정하는 경우가 많다. 최근에는 컴퓨터를 이용한 연속 측정 등이 실용화되었다.

(3) 평가

예측 및 실측의 결과는 그것을 적절하게 평가함으로써 비로소 의미를 갖게 된다. 그 지표로서 가장 일반적으로 채용되는 것이 조도값이다. 이는 실내의 바닥 또는 작업면에 필요한 밝기가 확보되었는지를 확인할 수 있는 가장 기본적인 평가법이다.

그러나 주광의 경우, 창면 등의 개구부와 그 주위 또는 시대상의 휘도 대비, 직사광 침입의 유무, 밝기의 변동 폭 등 많은 평가 항목이 있으며, 이를 판단하려면 3차원의 휘도 분포의 예측 또는 실측 데이터가 반드시 필요하다.

(a) 양면 채광·경사진 천장

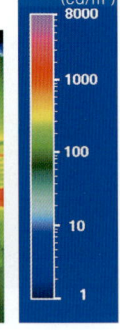

(b) 편면 채광·종래의 천장

▲ 그림 3

그림 2의 시뮬레이션의 아트리움 부분을 시공 후에 실측한 결과이다. 정밀도로 본다면 공간의 휘도 분포를 파악하기에 충분하다고 할 수 있다.

▲ 그림 4

모형을 실제 자연광 아래에 놓고 개구부 형상의 차이에 따른 실내의 빛환경 변화를 평가한 예이다. 디지털 카메라를 이용하여 휘도 분포를 계측함으로써 빛환경의 3차원적인 정량 평가가 가능하게 되었다.

■ 컴퓨터 시뮬레이션에 의한 빛환경 예측

설계 단계에서 이루어지는 각종 검토나 제안 등에 있어서 빛환경을 예측하는 경우에는 컴퓨터를 이용한 3차원 해석이 효과적이다. 이러한 경우 조도 분포 이외에 공간을 구성하는 면의 반사 특성을 고려한 휘도 분포를 시뮬레이션 함으로써 빛환경을 보다 정확하게 평가할 수 있게 된다.

■ 모형에 의한 빛환경 예측

모형을 이용하면 비교적 용이하게 빛환경을 예측하고 평가할 수 있게 된다. 가장 간단한 방법으로 모형을 옥외에 두고 자연광에 의한 빛환경을 예측하는 방법이 있다. 이 방법은 실험을 실시하는 일시의 자연광 상태에서만 평가하기 때문에 기상 조건, 계절, 시각 등을 임의로 설정하기 곤란하다. 따라서 보다 정량적인 평가가 필요한 경우에는 컴퓨터에 의한 시뮬레이션과 병용하는 것이 바람직하다.

■ 실측

빛환경을 실측하는 의의에는 준공된 공간을 평가하는 것 이외에도 빛환경 시뮬레이션 결과를 평가할 수 있는 데이터를 확보한다는 의미도 포함된다. 이를 위해서는 예측 수법과 동등한 레벨의 실측 데이터를 확보하는 것이 매우 효과적이다.

그림 5는 디지털 카메라에 의해 실내의 휘도 분포를 실측한 결과이다. 컴퓨터에 의한 3차원 휘도 분포 예측과 마찬가지의 출력 결과를 얻을 수 있으며, 단시간에 상세한 실측이 가능하므로 급속하게 변화하는 자연광을 정량화하는데 최적의 수법이라 할 수 있다.

▲◀ 그림 5
준공된 실내 공간의 3차원 휘도 분포를 실측한 예이다. 이와 같은 실측 결과는 3차원 빛환경 시뮬레이션 결과를 평가하는 기초 자료가 된다.

자연 채광 계획을 실현하는데 있어 충분한 배려가 요구되는 것이 태양 직사광의 취급과 변동에 대한 대응이라 할 수 있다. 이 두 가지 점에 관해서는 채광 공간의 용도에 따라 그 영향이 크게 달라진다. 예를 들어, 사무 공간에 대해서는 태양 직사광과 밝기의 변동 모두 큰 장애가 될 수 있지만 출입구, 복도, 어매니티 관련 공간 등에서는 이들 현상에 의한 장애가 그다지 심각한 것은 아니다. 오히려 개방감이나 쾌적성을 위해 태양 직사광이나 시각·기후에 따른 밝기의 자연스러운 변화가 필요한 경우도 있다. 따라서 차양이나 루버, 확산재 등의 채광 조정 장치를 선택할 때는 반드시 공간의 용도를 고려해서 그에 대응하는 것을 선택해야 한다.

■ 건물 형상의 계획

건물 단면의 형상에 대한 연구는 효과적인 자연 채광을 위해 매우 중요한 과제라고 할 수 있다. 형상을 어떻게 계획하고 처리하는가에 따라 태양 직사광의 차폐, 확산광의 도입, 실루엣 현상의 완화 등이 가능해지거나 또는 그 상태가 악화될 수 있기 때문이다.

■ 직사광의 차폐

(1) 차양의 효과

차양은 태양 직사광을 차폐하기 위해 많이 사용되는 수법이다. 비교적 위도가 높은 지역에서는 효

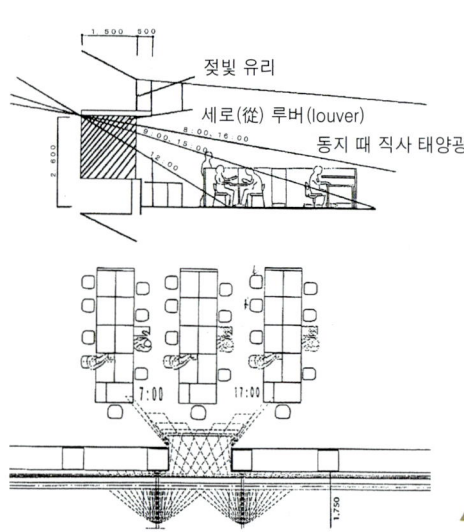

▲ 그림 1 수평, 수직 차양의 조합에 의한 직사광 차폐 효과
장시간에 걸쳐 태양 직사광을 차폐함으로써 천공광의 채광을 효과적으로 실행할 수 있다.

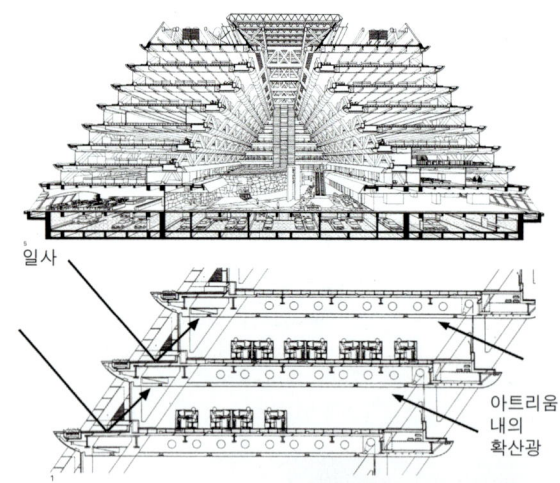

▲ 그림 2 자연 에너지의 유효 이용을 위한 단면 계획
아트리움을 내포하는 사다리꼴 단면 형상에 의해 일사의 완화, 양면 채광 등을 가능하게 한 예이다. 이 경우, 자연 채광뿐만 아니라 아트리움을 이용한 자연 환기도 가능하다.

과적이지만 개구부의 방위에 따라 유효성이 달라지므로 차양의 높이, 돌출 치수를 결정하는 경우, 태양 고도와 차양 방위와의 관계를 고려해야 한다.

창 중간 단에 차양을 설치하는 광선반은 차양 아래를 투명창으로 하고, 차양 상부를 확산창으로 함으로써 개방감과 직사광의 차폐, 확산 채광을 균형 있게 실현할 수 있는 수법이다. 창의 방위에 따라서는 수직 차양이 효과적인 경우도 있다. 특히 남면 개구부에 대해 서향 빛을 차단하는데 효과적인데, 수평 차양과 병용하면 낮 동안의 태양 직사광의 침입을 장시간 차폐할 수 있게 된다.

(2) 차양의 형상

차양은 건물의 입지 조건에 따라 최적 형상이 결정된다. 그림 5는 차양의 돌출에 의한 연간 채광 효과의 변화를 나타낸 것이다. 건물이 위도가 낮은 오키나와(沖縄)에 위치한 경우, 차양의 돌출/창 높이는 1.2 정도에서 최고조를 이루며, 그 이상 차양의 크기를 크게 해도 채광 효과가 저하된다는 것을 알 수 있다. 이에 비해 고위도인 삿뽀로(札幌)에서는 0.5 정도까지는 효과가 상승하지만 그 이상

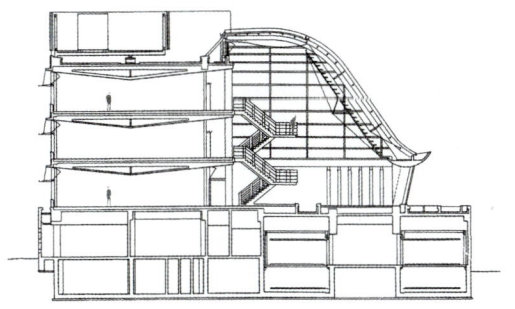

▲ 그림 3 양면 채광을 위한 건축물 단면
북쪽면에는 유리로 된 아트리움에 의해 천공광 채광을 실시하고, 남쪽면에는 광선반에 의해 직사광과 상방 채광을 실시함으로써 양쪽면으로부터 효과적인 채광을 실현한 예이다.

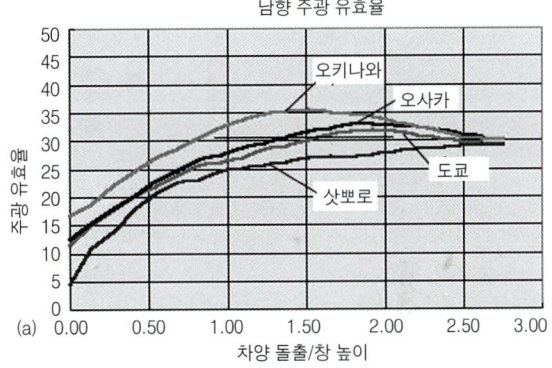

▲ 그림 4 남쪽면의 개구부 단면
상방으로부터의 채광을 실현하기 위해 개구부의 높이를 충분히 확보한 경사 천장으로 하고 중간단에 차양을 설치하였다.

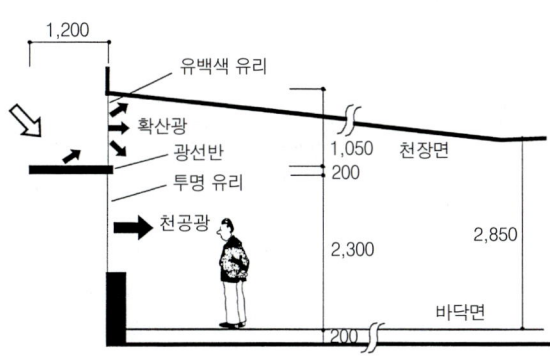

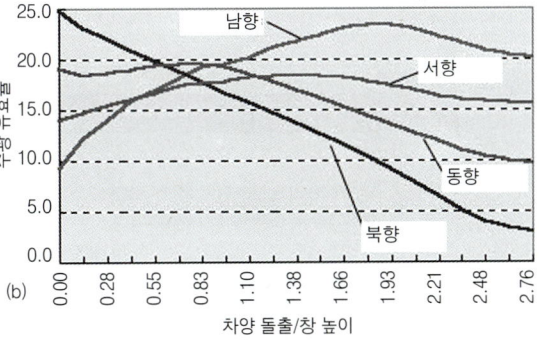

▲ 그림 5 차양 치수에 의한 연간 채광 성능의 변화
주광 유효율은 설정 조도에 대해 필요 조도가 확보되는 면적의 비를 연간 집계한 것이다.

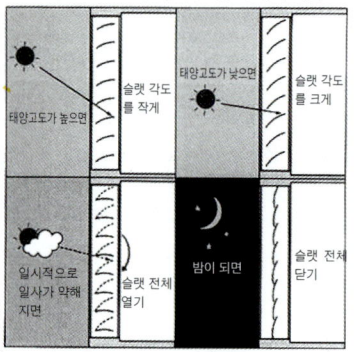

블라인드에 의한 일사(日射) 차폐의 개념

▲ 그림 6 자동 각도 제어 블라인드

에서는 효과의 상승이 둔해지는 것으로 나타났다.

그림 5(b)는 개구부의 방위에 따른 연간 채광 효과의 변화를 나타낸 것이다. 이를 통해 개구부의 방위에 따른 차양 형상의 최적치의 변화를 알 수 있다.

■ 일사 조정

실내의 빛환경을 양호한 상태로 유지하려면 일사 조정을 위한 확산, 투과, 반사 재료의 적절한 선택과 적용이 반드시 필요하다. 또한 시시각각 변화하는 태양 위치에 대응하기 위해서는 자동 각도 제어 블라인드 등 센서와 연동한 자동 조정 시스템도 효과적이다.

■ 인공 조명과의 공생

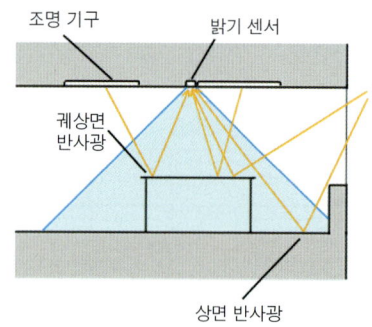

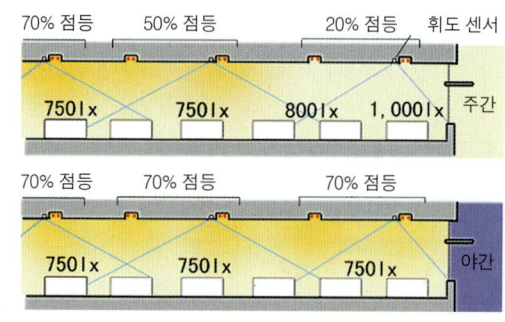

▲ 그림 7 불필요한 인공광을 억제하기 위한 자동 조광 시스템
천장면에 밝기 센서를 설치해서 바닥, 책상 면으로부터의 반사광이 항상 일정하도록 인공 조명을 자동으로 조광하는 시스템

■ 열부하와 채광

자연 채광에 따르는 열의 침입을 억제함으로써 종합적인 에너지 절약이 가능해진다. 이를 위해서는 유리의 종류를 적절히 구분해서 사용하여 충분한 단열 성능을 확보하는 것이 중요하다.

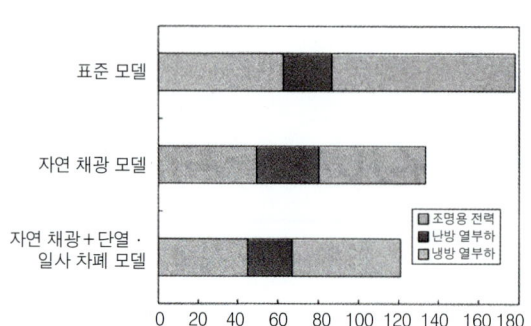

▲ 그림 8 자연 채광과 단열, 일사 차폐의 조합에 의한 에너지 절약의 예(그림 9의 시설에서의 실측 데이터)

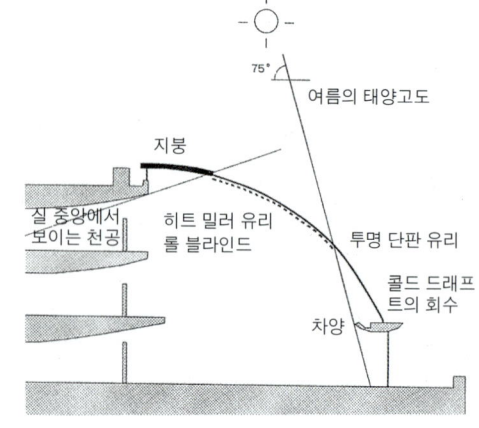

▲ 그림 9 여름의 태양 궤도를 고려한 유리의 사용

≫ 공간에 적합한 빛의 제작

조명 기구 없이 조명 계획은 성립하지 않는다. 아무리 훌륭한 건축 공간이라도 사용하고 있는 조명 기구의 형상이 주는 이미지가 적절하지 못하다면 그 건축 공간의 아름다움도 사라지기 쉽다. 조명 기구는 공간의 이미지를 고양시키고 보다 드라마틱한 인상을 창출하는 것이므로, 만약 기성품 중 적당한 빛이나 형태가 없다면 새로운 조명 기구의 디자인이 필요하게 된다.

조명 기구 디자인에는 특정 건축 공간을 위해 한정된 특주품과 대량 생산형의 신개발 제품이라는 2가지 방향을 목적으로 하는 디자인이 있다. 양쪽 모두 디자인 프로세스(기획ㆍ조사 → 디자인 → 설계 → 시험 제작)에 기본적인 차이는 없지만, 여기서는 특주 조명 기구의 디자인 프로세스의 유의점을 중심으로 설명하기로 한다.

■ 기획ㆍ조사

구체적인 디자인 작업을 시작하기 전에 조명 기구를 설치할 공간의 제반 조건을 파악해야 한다. 또한 건축가의 설계 이미지와 건축주의 요망 등을 알아 두어야 하고, 건축 설계 컨셉트와 조건 및 준수 사항 등을 확인해야 한다. 조명 기구의 계획에 있어서는 공간의 기능이나 성격뿐만 아니라 용도와 내부 장식의 마감에 관한 정보도 필요하다. 특히, 천장ㆍ벽ㆍ바닥의 소재와 색은 조도와 빛의 효과에 관련될 뿐 아니라 조명 기구의 사양에도 영향을 주는 사항이다.

다음은 공간의 용도에 적합한 배광 분포와 연출 장면을 상정해서 명암이나 색온도 등을 구획한다.

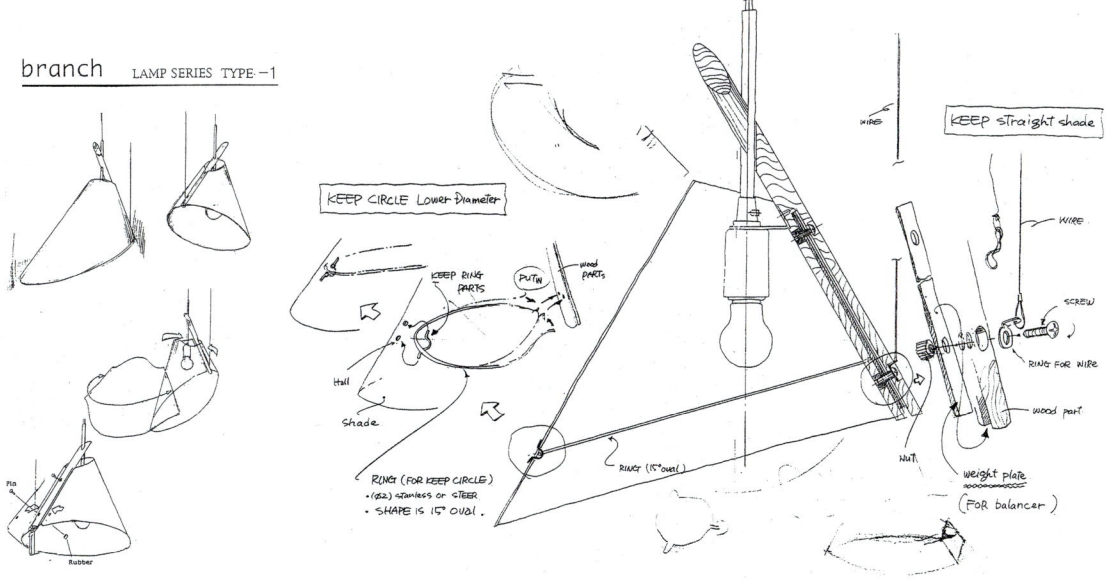

▲ 그림 1 기구 이미지의 기본 설명도

이는 조명의 기본 계획에서도 실시하는 것이지만, 조명 기구의 형상이나 빛의 확산을 설정하기 위해서도 필요하다.

■ 디자인

조명 기구의 디자인은 빛을 디자인하는 것이므로 '어떠한 빛의 조형물을 만들어 내는가' 가 중요하다. 빛은 기구 자체의 형상이나 소재에 의해 반사되거나 투과되어서 공간으로 퍼져 나가게 된다. 디자인은 이러한 빛의 확산 방식이 중요하며, 공간의 기능과 용도에 적합해야 한다.

조명 기구의 형상은 공간의 상황이나 내부 장식의 마감과 같은 특징을 고려해서 결정하며, 설치되는 위치에 따라서는 형상이 재검토 되는 일도 있다. 특히 인간의 눈높이 위치를 배려하고, 낮 동안 조명을 켜지 않은 상태에서 기구가 어떻게 보이는지도 유의해야 한다. 참신한 디자인도 장소나 장면의 선택이 적절하지 못하면 조화를 이루지 못하게 되고, 결국 공간의 이미지를 해칠 수도 있다. 따라서 되도록 공간과의 일체감을 중시한 디자인을 염두에 두어야 한다.

공간의 크기와 조명 기구의 크기가 이루는 균형은 빛의 확산 방식이나 설치 위치, 소재 등에 따라

● 표 1. 조명 기구 디자인의 체크 항목

- 설계 이미지와 요구 등의 확인
- 건축 컨셉트와 공간의 기능 · 용도의 파악
- 건축 구체 및 내부 장식 공사 마감의 확인
- 배광 분포 · 배등 계획
- 중량 · 전원 · 전기 용량 등의 설치 대책
- 청소 · 유지 관리의 확인
- 가구 배치의 확인

● 조명 디자이너의 종류

조명 디자인의 총칭은 '조명 분야에 있어서의 창조 활동'을 의미하며, 조명 디자인 활동을 하는 사람을 조명 디자이너라고 부른다. 현재 일본의 경우 3가지 유형의 조명 디자이너 업무가 있다.

(1) 건축 공간에 대한 조명 연출을 하는 '공간 연출 조명 디자이너'-Architecture Lighting Design
(2) 무대나 영화 또는 디스플레이 등의 '스테이지 연출 조명 디자이너' -Stage Lighting Design
(3) 조명 기구를 디자인하는 '프로덕트 조명 디자인' - Product Lighting Design

위의 3가지 유형 모두 조명 디자이너로 총칭하고 있는데, 유럽이나 미국에서는 조명 디자이너의 의미가 stage lighing designer를 가리키는 경우가 일반적이며, (1)의 건축 공간의 연출 조명을 디자인 하는 사람은 '조명 컨설턴트', (3)의 조명 기구를 디자인하는 사람을 '프로덕트 디자이너'라고 부른다.

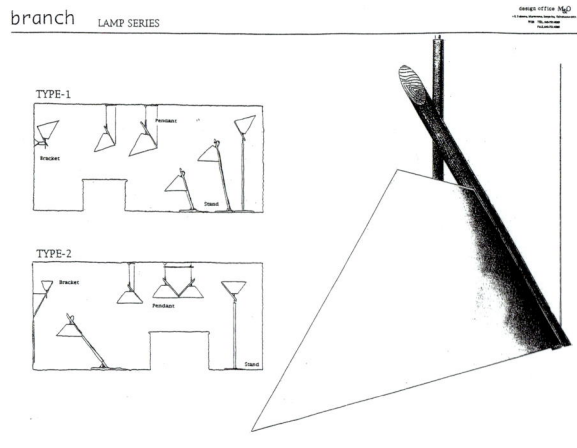

▲ 그림 2 조명 기구 디자인의 프레젠테이션 사례

결정한다. 빛의 존재감을 강하게 보이기 위한 조명 기구로는 작은 편이 좋고, 투명 유리 등 공간에 일체화된 소재의 조명 기구라면 큰 편이 공간과 균형을 이루게 된다.

■ 설계

디자인이 결정되고 제작에 들어가기 전에 설치 예정 공간에 적용하는 제반 조건과 항목을 정리하고 검토하는 설계 업무가 있다. 건축물의 구조와 설비, 전기의 용량이나 배전회로 등의 기본 사항을 확인한 후에 구체적인 조명 기구의 설계가 시작된다.

배광과 기구 효율을 고려하여 광원과 통전부품의 배치를 결정하고, 설치와 유지 관리의 방법을 계획한 기본 구조를 설계하는 것이 중요하다. 또한 사용하는 소재와 가공 특성을 살려 최종 마감의 사양 등을 쉽게 알 수 있도록 설계도로 표현해야 한다.

설계 업무에 있어서 가장 중시되는 것은 안전성이다. 조명 기기의 전기적(절연성)·온도적(고온화)·강도적(내구성) 안전을 최우선으로 해야 한다.

■ 시험 제작

기구 디자인을 할 때 시험 제작(시작)은 중요한 최종 확인 작업으로서, 실척 시작과 축척 시작이 있다. 특주품으로 대형 기구를 제작하는 경우에는 축척 공간 모형에 같은 축척의 기구를 시험 제작하여 공간과의 조화 및 배광 등을 확인한다.

시험 제작은 설계도에 의해 제작되는데 우선 형상을 확인하기 위해 수정과 가공이 쉬운 재료로 만들어지는 경우가 많다. 시험 제작의 가장 큰 역할은 사용성과 안정성에 대한 검사(기구 온도, 하중 강도, 낙하 방지 등)이다.

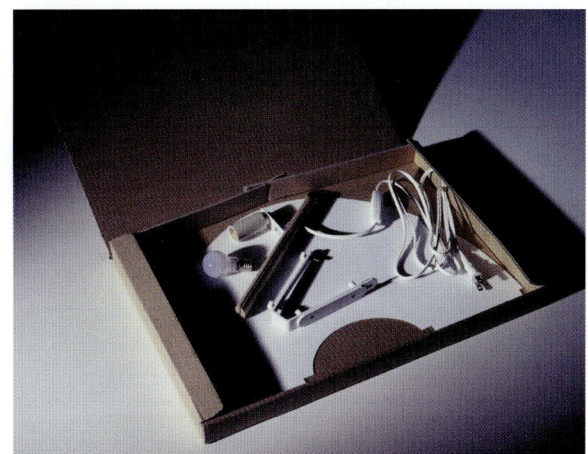

▲ 그림 3 기구의 구성 부재와 포장의 예(사진 : 藤塚光政)

▲ 그림 4 최종 작품

조명 디자인은 공간에 어떠한 빛이 필요하고 그 빛이 어느 지점에 분포하게 되면 쾌적한 환경을 이루는지를 목적으로 하는 디자인이다. 따라서 조명 디자인의 프로세스는 대상이 되는 공간의 스케일과 기능을 이해하고 필요한 빛을 찾아내는 것부터 시작된다. 다시 말하면, 빛이 공간 안에서 하는 역할을 명확하게 함으로써 요구되는 빛의 질과 양을 결정하는 것이다. 이 일련의 공정을 '컨셉트 결정 단계'라고 부른다. 컨셉트가 결정되면 그 다음은 조명 기구의 레이아웃과 디테일을 결정하는 '설계 단계'로 이어지게 된다.

컨셉트는 관계자들에게 똑같이 전달되어야 하므로 키워드나 간결한 문장으로 표현하고, 빛의 효과를 스케치나 이미지 도면 등을 이용해 시각적으로 알기 쉽게 정리한다. 이러한 '컨셉트 결정 단계'에서 실시되는 작업의 상세한 내용은 다음과 같다.

■ 공간의 스케일과 기능의 이해

도면을 읽는 것은 마치 암호를 해독하는 작업과 같아 2차원으로 표현된 정보를 디자이너의 머리 속에서 입체화해야 한다. 현재 존재하는 공간을 새로 고치는 경우라면 그 공간을 실제로 체험해 볼 수 있지만, 신축의 경우에는 도면에만 의존해서 공간의 이미지를 파악해야 한다.

그러한 암호를 해독하려면 도면에 펜으로 기입해 가면서 가상 공간을 체험하는 방법이 가장 빠를 것이다. 공간의 구성상 중요하다고 생각되는 벽이나 자연광이 유입되는 창의 크기 등을 펜으로 표시하면서 살펴 나간다. 계단이나 오픈된 공간은 단면도를 함께 보면서 체크한다. 슬래브나 벽은 연하게 색칠하면 도면이 좀더 알기 쉬워진다. 공간의 배치나 구성은 투시도법으로 스케치를 해서 확인하기도 한다. 마지막에 입면도도 체크해서 야간에 빛이 새어나갈 수 있는 개구부는 색연필 등으로 표시해 둔다.

이처럼 머리 속에 가상의 공간을 만들고 그 공간을 채울 빛의 구성을 위한 재료(바탕)를 준비한다.

■ 대지 주변의 환경 조사

대지가 숲 속에 위치하지 않는 이상 주변에는 야간에도 무언가 빛이 존재할 것으로 예상해야 한다. 대지 주변의 환경 조사는 조명 디자인 과정에 있어서 두 가지 의미를 갖는다.

첫 번째는 '빛의 현재 상황을 조사한다'는 의미이다.

▲ 그림 1 공간에 필요한 빛의 질과 양의 스케치

실제 작업은 대지 주변의 야간 상황을 사진으로 기록하고, 조도계를 사용해서 빛의 양을 측정하는 것이다. 대지가 도시에 위치하면 네온사인이나 가로등의 빛, 주변 건물을 라이트업하는 빛이 반드시 존재한다. 그러므로 객관적으로 주변 상황의 빛을 파악해서 건축 공간과 빛과의 관계를 시나리오와 같이 구성한다.

두 번째는 '공간의 스케일을 확인한다' 는 의미이다. 도면을 통해 머리 속에 그려진 공간을 실제 대지를 앞에 두고 떠올려서 그 스케일을 확인하는 것이다. 이 부분에서는 빛과 함께 해 온 조명 디자이너의 경험과 감각이 큰 영향을 준다.

또한, 대지 주변의 환경을 조사하다 보면 실제로 현장에서 디자인의 힌트를 찾기도 한다. 대지를 앞에 두고 받는 첫인상이 디자인의 방향성을 결정하는 경우도 많기 때문이다.

■ 조도와 색온도 분포의 확인

공간의 크기, 공간의 기능, 대지 주변의 상황이 명확해지면 공간에 필요한 빛의 질과 양을 검토해야 한다. 필요 조도가 미리 제시된 경우가 아니라면 한국산업규격(KS)에서 규정한 조도 기준을 참고로 하여 설정한다. 출입구 홀에서 방으로 연속되는 공간에서는 각각의 공간 기능에 따른 조도의 설정이 빛환경으로서 문제가 없는지 확인하도록 한다. 또한 조도와 색온도의 조합에 따라서는 불쾌감을 주는 경우도 있으며, 하나의 건축 공간에 너무 여러 종류의 색온도가 사용되면 통일감을 잃을 수도 있으므로 주의해야 한다.

조도와 색온도의 설정은 제시된 다양한 조건에 우선순위를 매겨 정리하도록 한다.

위 그림은 연주 시작 전에는 벽면에 빛을 비추어 화려한 분위기를 나타내고(왼쪽), 연주 중에는 시선이 무대에 집중될 수 있도록 빛을 디자인 하였다(오른쪽).

▲ 그림 2 투시도법에 의한 스케치

■ 시간의 변화를 디자인한다

태양의 빛은 아침, 점심, 저녁에 따라 빛의 색과 양을 달리해서 감동을 준다. 마찬가지로 건축 공간의 인공 조명도 주광의 영향이나 공간 기능, 공간 연출이라고 하는 목적에 따라 낮, 저녁, 밤, 심야에 따라 변화를 부여하도록 디자인할 수 있다.

이 디자인 작업은 투시도법에 의해 작성한 스케치에 빛의 분포를 색연필로 그리고 시간의 흐름에 따라 배열하는 작업부터 시작된다(그림 2). 공간이 복잡한 경우에는 개략적인 모형을 제작하고 광섬유를 사용해서 실제로 빛을 비추어가며 확인하는 방법도 있다(그림 3). 또한 계절에 따른 빛의 변화와 연출을 달력처럼 정리할 수도 있다.

이 작업에서 중요한 것은 공간의 기능과 빛의 존재 형식 그리고 운영비와의 관계에 무리가 가지 않도록 조율하는 것이다. 즉 시간을 축으로 해서 빛을 디자인하는 것은 단순히 연출로서 성립하는 것이 아니라, 공간에 필요한 빛을 기능적인 요구에 알맞도록 조절하는 것이라 할 수 있다.

■ 빛의 이미지

각 공간에 대한 빛의 이미지를 구현하려면 한 장의 종이에 빛의 양상을 그려보도록 한다(그림 4). 푸른색 종이에 건축 도면을 복사한 것을 바탕 그림으로 해서 색연필을 사용하여 빛을 묘사해 나간다. 이 작업을 통해 공간 전체의 빛의 균형과 동선에 따른 빛의 변화 등의 디자인을 시나리오처럼 정리할 수 있게 된다. 평면도 뿐만 아니라 단면도나 입면도에도 상세히 빛을 배분해 가면 지금까지 애매했던 빛의 이미지가 서서히 떠오르게 될 것이다.

감동적인 빛의 디자인이란 얼마만큼 아름다운 빛의 이미지를 그리는가 하는 데 달려있다. 조명 디자이너는 이 빛의 이미지 드로잉을 상세히 그림으로써 머리 속의 가상의 빛 공간을 완성시킬 수 있다. 또한 이 그림은 컨셉트 결정 단계의 성과물로서 공간 설계자나 건축주에게 빛의 컨셉트를 설명할 때 중요한 자료가 된다.

▲ 그림 3 광섬유 모형

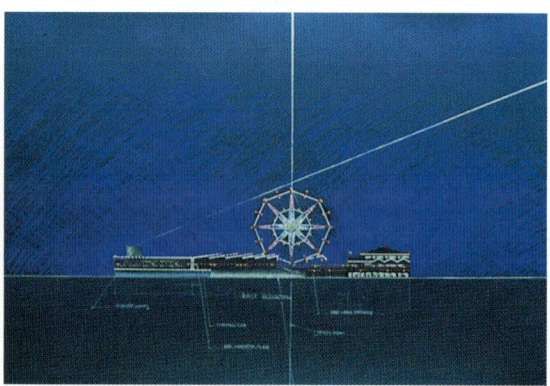

▲ 그림 4 빛의 이미지 도면

>> 설계 단계

조명 설계란 이미지 속의 빛의 현상을 빛을 발하는 조명 기구와 빛을 받는 건축 마감재 등의 하드웨어로 바꾸어 공사를 지시하는 도면을 작성하는 것이다. 구체적으로는 컨셉트 단계에서 그려진 각 공간에 대한 빛의 이미지를 조명 계산이나 조명 실험에 의해 검증하고, 빛을 만들어 내는 하드웨어를 선정해서 레이아웃을 실시하는 것이다. 이렇게 설계도서를 만드는 공정을 '설계 단계'라고 부른다. 대규모 건축에서는 기본 설계와 실시 설계로 나누어 단계적으로 진행되는 경우가 있지만, 여기서는 하나로 정리해서 작업의 세부 내용에 대해 설명하기로 한다.

■ 피지빌리티 스터디

각 공간에서의 조도와 색온도 등 기술적인 설계 조건이 결정되면 그 빛을 만들어 내는 조명 수법의 선정에 들어간다. 여기서는 공간의 특징과 요구되는 빛을 창출하기 위한 여러 가지 안을 열거하고 그 각각을 평가하는 방식으로 진행한다. 처음부터 하나의 수법으로 한정하게 되면 발상에 유연성이 결여되기 쉬우므로, 반드시 여러 가지 대책을 병행해서 검토하도록 한다. 이러한 작업 방식을 피지빌리티 스터디(feasibility study)라고 한다.

기술적인 평가의 핵심은 초기 비용, 운영비, 휘도, 글레어(눈부심), 색온도, 유지 관리의 난이도 등으로, 이들을 표로 정리하여 점수를 매겨 평가한다. 또한 상정되는 동선에 따라 시

(a) 현 설계의 기구 형식 : 자립·고정형의 폴 조명 기구

| 조명방식 | 양질의 쾌적성 확보 | | | 설정 조도 | 유지 관리성 | | 에너지 절약 효과 | | | | | |
	서가의 조명	공간의 밝기감	연직면 조도의 확보		램프 수명	램프 교환의 난이도	램프 효율	조명 효과	전기세			
현 설계	간접 조명	◎	◎	◎	300lx	○ 6,000h	◎	○	○	○	○	○	126
변경 후	간접 조명	◎	◎	◎	300lx	○ 6,000h	◎	○	○	○	○	△	144

(b) 변경 후의 기구 형식 : 천장 현수형 어퍼 라이트 기구

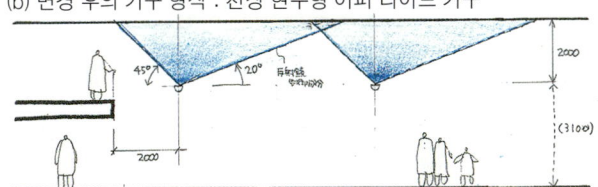

▲ 그림 1 피지빌리티 스터디(현 설계로부터의 변경)

야에 들어오는 빛의 순서를 시뮬레이션 한다. 또한 조명 계산을 통해 필요한 조명 기구의 수량을 산정하고, 어떠한 레이아웃이 가능한지 검토한다. 이들 결과를 바탕으로 종합적인 판단이 이루어진다.

한편, 이 작업 중간에는 건축 설계자, 건축주와의 빈번한 협의를 통해 조명 수법에 대해 충분히 토의하도록 한다.

■ 조명 기구의 선정

조명 기구를 선정하는 방법에는 다음과 같은 4가지가 있다.

첫째, 광학 성능을 중시하여 기구를 선정한다. 스포트라이트로 벽을 비추었을 때 피조사면에 만들어지는 빛의 아름다움이란 실제 점등해 보지 않으면 알 수 없는 것이다. 조도 데이터는 이러한 빛의 미적인 측면을 전적으로 반영한 지표가 아니기 때문에, 반드시 조명 기구를 점등해서 빛의 상태를 확인해야 한다.

둘째, 조명 기구가 눈에 두드러지지 않도록 한다. 공간은 조명 기구를 전시하는 곳이 아니므로 되도록 단순하고 작은 기구를 선택한다.

셋째, 불필요한 눈부심이 발생하지 않는 조명 기구를 선택한다. 예를 들어, 흰색 반사판이 있는 다운라이트는 거기에서 발하는 빛에 의한 공간 연출보다도, 발생되는 눈부심으로 인해 기구를 어떻게 배치해야 하는가 쪽에 더 주의를 기울여야 하는 경우도 있다.

넷째, 조명 기구의 효율을 고려한다. 특히 대공간이나 오피스 등 설정 조도가 높고, 같은 조명 기구를 반복해서 배치하는 경우에는 조명 기구의 효율에 따라 운영비에 큰 영향을 받을 수 있으므로 기구 효율이 현저하게 나쁜 것에 대해서는 선정의 여부를 충분히 검토하도록 한다.

■ 광원의 선정

조명 램프의 종류는 수천 종류에 이르지만 실제로 이용되는 것은 크게 백열 전구, 형광 램프, 방전 등이다. 대부분의 램프는 이 중 어느 하나로 분류되어 램프 수명, 전광속, 색온도, 발광 효율, 연색성의 관점에서 선정된다.

예를 들어, 하루 동안의 점등 시간이 긴 조명용 광원으로는 무엇보다도 램프의 수명이 중요하다. 또한 고조도가 요구되는 공간의 광원으로는 램프로부터 발생하는 빛에너지(광속)가 많은 것이 바람직하다.

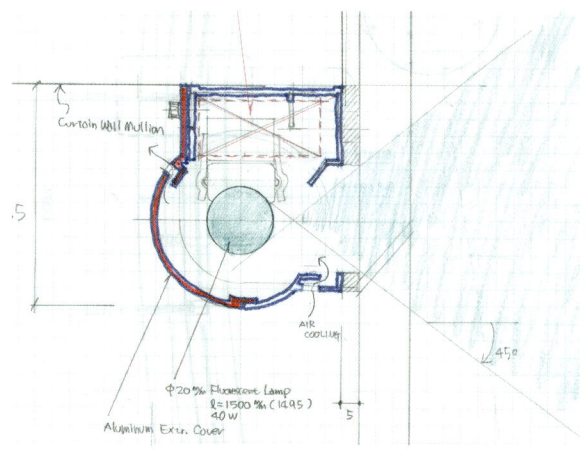

▲ 그림 2 조명기구도

만약 광속이 적은 램프를 사용하게 되면 그만큼 램프의 개수가 많아져야 하기 때문이다.

색온도는 공간의 인상을 결정하는 중요한 요인이다. 설정 조도와 색온도 사이에는 크류소프 (Kruithof)의 원리(6−6절 그림 2참조)라고 하는 빛의 쾌적성에 관한 법칙이 성립하는데, 이 원리에 따라 상호의 관계를 체크하도록 한다.

또한, 발광 효율도 검토해야 한다. 이는 운영비에 직접 영향을 주는 것으로, 만약 광원을 대량으로 사용하는 경우에는 반드시 점등 시간을 따져 보도록 한다. 색의 재현성을 중시하는 공간에서는 연색성이 높은 램프를 선택해야 하지만, 일반적으로 연색성과 효율은 반비례의 관계에 있다.

■ 조명 기구의 레이아웃 작성

조명 기구의 레이아웃 도면(그림 3)은 바닥이나 벽과 같은 피조사면과 조명 기구와의 관계를 쉽게 파악할 수 있도록 건축 평면도에 그 위치를 표시한다. 다운라이트는 ●표시, 스포트라이트는 △표시, 형광 램프 기구는 장방형의 기호와 같은 범례에 따라 표시한다.

설계의 포인트를 정리하면 다음과 같다.

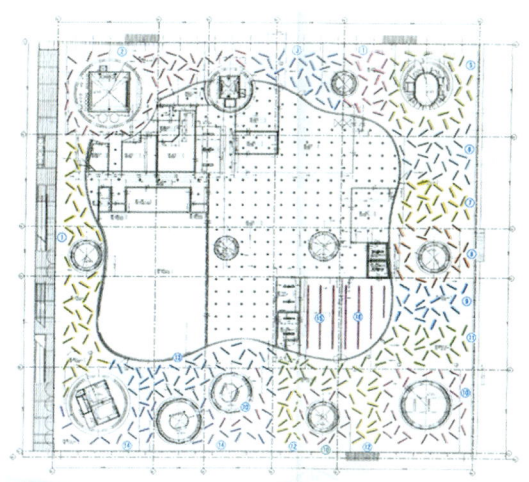

▲ 그림 3 조명 기구의 레이아웃 도면

(1) 건축 모듈과의 관련

(2) 벽으로부터의 거리를 확인해서 기구의 끝부분이 나오지 않도록 한다.

(3) 오픈된 공간이나 창 부근에서 상하의 위치를 맞추는 등 빛이 바닥·벽·천장에 어떻게 분포되는지를 생각해 가면서 배치를 결정한다.

이렇게 해서 완성된 도면에 조명 기구 위치의 치수와 기구의 사양 번호를 표시하고, 도면 위에 표시된 각 조명 기구의 수량표를 첨부하면 완성된다. 이를 기준으로 해서 점멸이나 조광 회로의 그룹을 나타내는 회로 구분도를 제작하는 경우

● 표 1. 조명 기구 일람표의 예

장소	기호	수법	램프	용량 [W]	대수	합계 용량 [kW]	기구 제조회사	기구 유형번호	가격 단가	가격 합계
라운지	AJ1	조절 가능한 다운라이트	할로겐 전구 60W×1	60	22	1.32	·····	·····	￥13,200	￥290,400
화장실	BR1	브래킷	백열 전구 60W×1	60	2	0.12	·····	·····	￥4,000	￥8,000
출입구	D2	다운라이트	미니 클립톤 램프100W×1	100	10	1	·····	·····	￥5,600	￥56,000
세미나실	FL1	현수형 형광 램프 기구	형광 램프100W×1(온백색)	110	6	0.06	·····	·····	￥50,000	￥300,000

도 있다. 회로 구분도는 조명 기구 하나하나를 선으로 연결하고 그 선의 끝부분에 회로 번호를 표시한 도면을 말한다. 시간에 따른 빛의 변화를 디자인할 때에는 회로 구분도 외에 조광 체계도를 첨부하는 경우도 있다.

■ 조명 기구의 일람표

조명 기구의 레이아웃이 완성되었다면 이제는 사용한 조명 기구의 일람표를 작성한다(표 1). 이 표에는 조명 기구의 명칭, 도면 기호, 램프의 종류, 와트 수, 대수, 형식 번호, 제조회사명을 기입한다. 이 표를 만드는 것은 빛을 만드는 하드웨어의 입장에서 빛의 디자인을 객관적으로 평가한다는 것을 의미한다. 아름다운 빛의 디자인은 이를 실현하는 하드웨어의 선택에 있어서도 낭비나 무리가 없어야 한다.

또한 이 표에 조명 기구의 단가, 램프 단가의 정보를 추가하여 초기 경비의 적산에도 사용한다. 설정된 공사비에서 시공이 가능한 지의 여부는 매우 중요하므로, 이 리스트를 작성한 후에 조명 기구의 레이아웃 도면을 수정해서 코스트를 조정하기도 한다. 또한 하루 동안의 점등 시간, 램프 수명 등의 조건을 첨가하여 운영비의 산출에도 사용한다.

일람표는 램프의 색온도, 각 지점에서의 설정 조도 등을 기입해서 조명 디자인을 하드웨어로 바꾸어 놓은 총괄표로서 가장 중요한 역할을 담당한다.

≫ 현장 관리 단계

조명 디자이너는 디자인을 구현하기 위해 건축 공사 기간 중에 정기적으로 현장에 나가 시공이 순조롭게 진행될 수 있도록 공사를 감독하는 건축가, 전기공사회사, 건축공사회사와 협의를 한다. 이것이 조명 디자인에 있어서의 현장 관리 단계이다.

규모가 큰 현장에서는 공사 착공 후 1년 이상 경과하고 나서야 조명에 대한 논의가 시작되는 경우도 있으므로, 설계의 주지를 다시 설명한다거나 시공에 있어 주의할 점과 문제점을 협의하는 정기적인 모임을 갖고 필요한 조명 실험을 실시해 가면서 공사 관리를 하게 된다. 그 세부 항목에 대한 설명은 다음과 같다.

■ 현장 설명회

빛의 디자인은 설계 단계에서 작성한 조명 설계도에 정리되어 있는데 그 설계도대로 시공을 한다고 해서 반드시 원하는 결과가 얻어지는 것은 아니다. 그 이유는 공사 발주용 설계도서에 실리는 정보량에 한계가 있기 때문이다.

일반적으로 조명 디자인 설계도서의 내용은 공사 발주도인 전기설비 설계두와 천장·복도로 나뉘어 실려 있으므로, 조명 기구의 형태와 대수를 알 수 있을 정도의 정보밖에 전달되지 않는다. 최근에는 조명 디자이너가 작성한 조명 설계도서가 공사 발주시에 참고로 첨부되는 경우도 있지만, 디자인의 요점이 직접 공사 담당자에게 전달되기란 쉽지 않다.

그래서 필요한 것이 '조명 디자인 설명회'로서 공사 관계자에게 조명 디자인의 내용을 전달하는 연수회 등을 개최하는 것이다. 이것은 조명 디자이너가 강사가 되어 디자인의 요점을 알기 쉽게 전달하고, 빛에 관한 용어, 예를 들어 색온도, 광속, 연색성과 같은 전문 용어와 월 워셔 등의 조명 기구의 명칭 등을 자세히 설명한다. 또한 조명 기구를 설치할 때까지의 일정을 확인하고, 특주 조명 기구가 있는 경우에는 승인도를 작성하는 공정이나 시험 제작 기구의 점등 시기 등을 결정한다.

▲ 그림 1 조명 정례회

■ 조명 정례회[1]

아무리 상세하게 작성된 설계도라도 막상 공사를 시작해 보면 다양한 문제가 발생하게 된다. 그

---

1) 조명 정례회 : 일반적으로 건축 공사에서는 정기적으로 현장에서 공사 관계자와 건축 설계자가 모여 공사가 원활하게 진행되도록 '현장 정례회'라고 불리는 회의를 통해 문제점을 해결해 나간다. 조명 공사에 있어서도 마찬가지로 정기적으로 회의를 하는데 이를 '조명 정례회'라고 부른다.

래서 그러한 트러블을 해결하기 위해 '조명 정례회'를 개최한다(그림 1). 조명 정례회는 일반적으로 조명 공사를 담당하는 전기공사 업체가 주최하여 건축가, 설비설계자, 조명 제조회사의 기술자, 조명 디자이너가 참가하고, 조명 기구의 디테일, 건축 공간과의 조율 등 공사에 관계된 상세한 협의가 이루어진다. 규모가 큰 건축에서는 착공 후 설계 변경이 많은데, 만약 그 내용이 공간의 사용이나 용도의 변경에 이를 경우 어쩔 수 없이 조명 수법을 재고해야 하는 일도 발생한다. 현실적으로 발생할 수 있는 여러 가지 사태를 예측하고 한 발 앞서 대응하기 위해 조명 정례회가 열리는 것이다.

■ 목업(Mock-up) 조명 실험

뛰어난 빛의 연출은 빛을 발생시키는 조명 기구의 성능에 의해서만 이루어지는 것은 아니다. 빛을 받는 벽이나 바닥, 천장의 마감색이나 광택의 상태 등을 제대로 파악하지 못하면 전혀 예상하지 못했던 빛의 상황이 발생할 수도 있다.

그래서 새로운 마감 소재를 사용하거나 특수한 조명 기구를 사용해서 빛을 만들어내는 경우, 현장에서 목업(Mock-up)을 제작해서 조명 실험을 실시한다(그림 2). 이때 조명 디자이너는 사전에 실험 목적을 명확히 기재한 계획서를 작성하여 관계자에게 협력을 구한다.

실험의 내용은 목적별로 달라지겠지만 보통 조도나 휘도의 데이터를 실측하고, 빛에 의한 연출 효과를 비교 실험한 사진을 찍어 기록한다. 실험 결과는 보고서로 정리하고, 조명 기구의 상세 내용을 결정하여 마감 소재를 선택하게 된다. 또한 이 실험은 건축주나 건축가 등에게 빛의 연출 효과를 프레젠테이션 하는 기회로 삼기도 한다.

■ 인폼드 콘센트(informed consent)[2]

조명 디자인을 진행하면서 가장 어려운 점은 공간이 완성되어 설치된 조명 기구를 점등하기 전까

▲ 그림 2 목업 조명 실험

▲ 그림 3 프레젠테이션

2) 인폼드 콘센트 : 원래 의학 용어이며, 의사가 환자에게 병의 상태·치료 방침을 충분히 설명해서 환자가 납득하고 동의한 후에 치료를 진행한다는 원칙을 말한다. 빛의 디자인에 있어서도 사업주의 사전 양해가 필요하므로 이 용어를 빌어 썼다.

지는 최종적인 빛의 효과를 볼 수 없다는 점이다. 건축주가 디자인과 그것을 구체화하는 하드웨어에 대한 투자의 가치를 확인할 수 있는 것은 건축물을 인도받기 직전뿐이다. 만약 그들의 이미지와 다른 결과가 발생해도 이미 늦은 셈이다. 물론 그러한 상황이 되지 않도록 컨셉트의 결정 단계에서부터 설계 단계에 이르기까지 몇 번이고 프레젠테이션을 한다(그림 3). 그러나 빛에 대한 느낌은 개인차가 있고 심지어 가치관조차 다른 경우가 있다.

인폼드 콘센트(informed consent)란 상대가 의문스러워 하는 것을 설명해서 불안감을 제거한다는 의미에서 필요한 것이다. 같은 의미에서 현장 관리 단계에서 실제의 빛을 보여주면서 최종적인 설명을 한다.

■ 승인

조명 기구를 발주하기 직전에 전기공사 업체로부터 조명 기구의 승인도가 제출된다(그림 4). 이는 지금까지 협의한 내용을 반영한 조명 기구 도면(시험 제작도인 경우가 많다)의 파일로서, 내용을

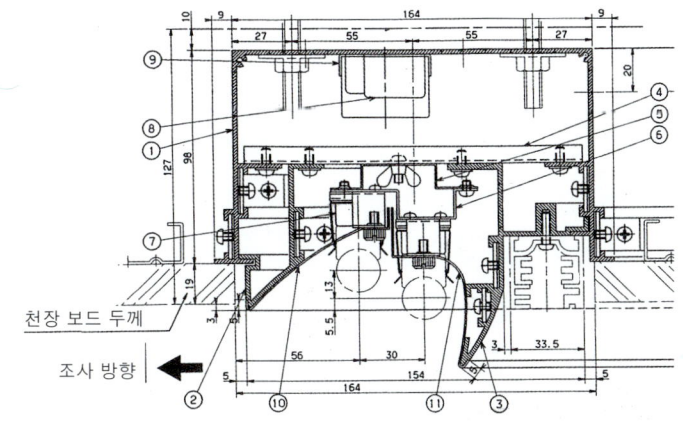

번호	부품명	개수	재질	개요
1	본체	4	알루미늄	멜라민 도장·흰색
2	조명 기구용 틀	4	알루미늄	멜라민 도장·흰색
3	사광용 틀	4	알루미늄	멜라민 도장·흰색
4	설치 부품	17	SPC	멜라민 도장·흰색
5	소켓용 연결구	3	SPC	
6	소켓 대	6	SPC	멜라민 도장·흰색
7	램프 소켓	12	수지	
8	단자대	3	유리아 수지	DFS-3609
9	안정기	6		
10	반사판	4	알루미늄	경면 마감
11	반사판	4	알루미늄	경면 마감

▲ 그림 4 조명 기구 승인도(단면도 예)

확인한 후에 날인한다.

　협의를 반복해서 작성한 도면이므로 큰 문제가 있을 수는 없겠지만 여기서도 최종적으로 확인해야 하는 사항이 있다. 그것은 사용 램프의 색온도와 배광을 확인하는 것이다. 색온도는 형광 램프의 경우 전구색(3,000K), 온백색(3,500K), 백색(4,200K), 주백색(5,000K), 주광색과 같은 5종류가 있다. 이 선정을 잘못하면 매우 곤란한 상황이 발생한다. 또한 반사경이 있는 할로겐 전구에는 빛의 확산을 나타내는 1/2 빔각 10도, 20도, 30도와 같은 것이 있는데, 만약 이를 제대로 체크하지 않으면 대상물까지 빛이 도달하지 않거나 또는 집중하거나 한다.

5.8 조명 디자인 (4)

≫ 포커싱 단계

조명 기구가 발하는 빛의 강도와 방향을 조정해서 조명 디자인을 마감하는 것을 포커싱이라고 한다. 대규모 현장에서는 포커싱 지시도를 작성해서 전기공사 업체에 작업을 의뢰하는 경우가 많다. 이 작업은 공사가 거의 완료되어 디자인된 결과물을 공사 업체로부터 건축주에게 인도하기 직전에 실시된다. 조명 디자이너는 이때 포커싱 작업을 직접 지휘하면서 컨셉트 단계에서 그린 빛의 이미지 도면이 현실의 빛이 되어 등장하는 모습을 확인하게 된다.

한편, 같은 공간에 여러 종류의 빛 장면이 있는 경우 각 장면을 구성하는 조광 레벨을 설정하고, 장면이 교차되는 순간을 입력하는 것도 포커싱의 일부이다. 이 단계는 조명 디자인 프로세스의 최종 단계가 된다.

■ 포커싱 지시도 및 조정

최종적인 조명 기구의 레이아웃 도면을 바탕으로 각 조명 기구에서 화살표를 그려 조사(照射) 포인트를 나타내는 그림을 포커싱 지시도라고 한다(그림 1). 이 도면에는 피조사면에서의 빛의 확산을 나타내는 원호, 조명 계산에 의해 구해진 조도값, 조명 기구로부터 조사 포인트까지의 조사 각도를 기입한다.

실제 작업에서는 이 그림에 의해 빛을 겨냥하는 지점을 종이테이프 등으로 표시해서 그 점에 빛의 중심이 오도록 조정한다. 또한 콘서트 홀 등의 대규모 공간에서는 조명 기구를 설치하기 전에 계산

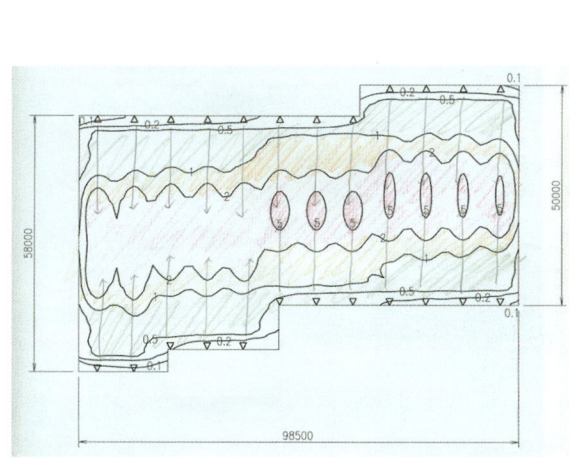

▲ 그림 1 포커싱 지시 · 최종 조도 분포도

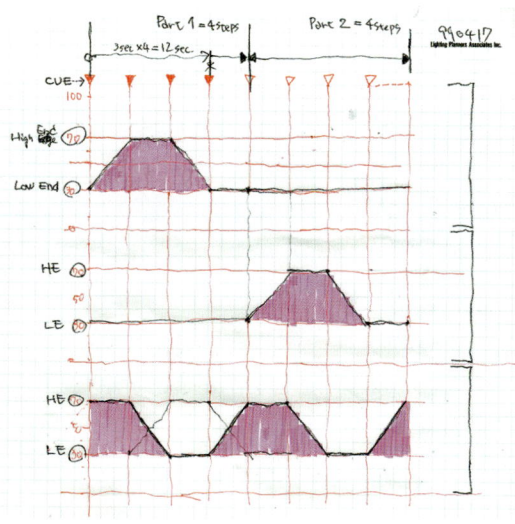

▲ 그림 2 빛의 스코어

에 의해 피조사면과 조명 기구와의 3차원 각도(수평각, 회전각, 연직각)를 산출해서 미리 조정된 조명 기구를 설치하는 방법을 사용한다. 이러한 경우, 현장에서의 포커싱 시간이 단축되므로 대규모 건축 공간에서는 효과적인 방법이라고 할 수 있다.

조정 작업은 야간에 이루어지는 경우가 많기 때문에 지휘를 맡은 조명 디자이너에게는 신속한 판단과 지시 능력이 요구된다.

■ 빛의 스코어 작성과 입력 작업

여러 종류의 빛 장면을 지정 시간에 교체하는 경우, 각 조명 기구의 조광 레벨이나 점멸, 변화 시간을 설정해야 한다. 빛의 스코어란 그러한 정보를 표와 그래프로 표현한 것으로 악보와 같은 역할을 한다(그림 2). 이 표는 조도 레벨을 세로축에, 시간을 가로축으로 한 꺾은선 그래프로 나타낸다. 따라서 선이 수평이면 변화가 없고, 기울기의 경사가 급하면 변화 시간이 짧다는 것을 의미한다.

빛의 스코어를 작성함으로써 공간을 구성하고 있는 빛이 서로 조화를 이루어 아름다운 정경을 만들어 간다. 실제 조정 작업은 조광 시스템의 컨트롤 패널을 조작하는 디지털 입력에 의하지만, 한 번 입력한 빛의 변화는 몇 번이고 재현하고 다시 수정을 더해가기 때문에 빛의 악곡이 복잡할수록 조정에 시간이 걸리게 된다.

■ 유지 관리 · 매뉴얼 작성

조명 디자이너의 임무는 이미지대로 빛이 완성되는 것만으로 끝나는 것이 아니다. 빛의 디자인을 구체화하는 조명 기구나 램프는 영원히 그 빛을 내주는 것이 아니기 때문이다. 완성된 빛이 그 순간뿐만 아니라 오랫동안 지속되기를 바란다면 빛의 성립 배경과 유지 관리의 방법을 관리자가 충분히 이해할 수 있도록 설명해야 한다.

▲ 그림 3 입력 작업의 정경

▲ 그림 4 최종 사진

유지 관리를 위한 매뉴얼은 사용한 램프에 관한 램프 명칭, 정격 전압, 와트 수, 수명, 베이스 크기, 제조회사명, 제품 번호, 가격 및 유지 관리 방법 등의 정보를 표로 정리한 것이다. 이 리스트를 작성해서 관리자에게 설명하고 전달했을 때 비로소 조명 디자이너의 임무가 완료되었다고 할 수 있다.

■ 기록

최종적으로 완성된 빛의 기술적인 데이터(조도 레벨, 조사 포인트, 장면의 페이드 타임 등) 및 빛의 연출 효과를 사진으로 기록해 둔다. 컨셉트 단계에서 작성했던 빛의 이미지 도면을 구현하기까지의 과정은 무척 길고, 게다가 최종적으로 빛을 조정할 때는 빛의 미묘한 변화 시간에 집착하는 경우도 있다. 조명 디자인은 얼핏 보아서는 알 수 없는 빛의 현상을 만들어 내는 것인 만큼 그 성과로서 양적인 데이터를 기록해 두어야 한다. 또한 추후 빛의 유지 관리에 있어서도 설정시의 데이터가 필요하게 되므로 이를 빈틈없이 정리해 둘 필요가 있다. 마지막으로 완성된 빛의 사진을 찍으면 조명 디자인의 모든 과정이 끝나게 된다(그림 4).

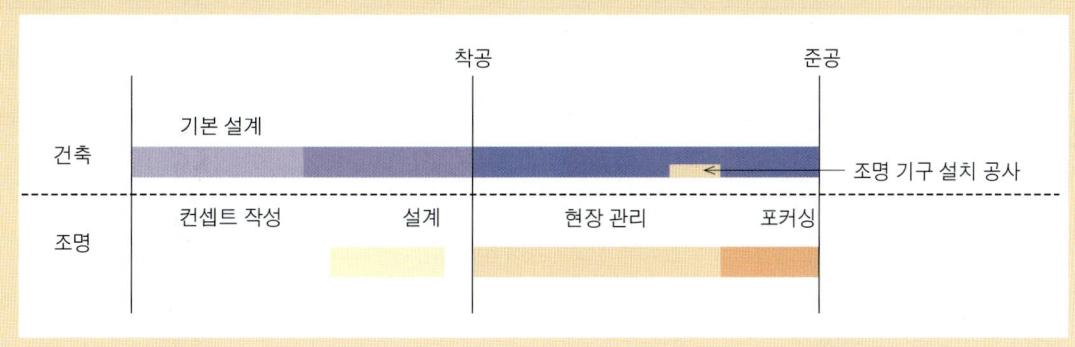

조명 디자인의 흐름도

마지막에 조명 디자인 전체의 흐름을 정리하여 나타낸다. 조명 디자인의 프로세스는 건축의 설계·시공과 밀접하게 연계되어 있다. 그것은 빛의 디자인이 조명 기구에서 발생된 빛과 빛을 받는 건축 그 자체와의 상호작용에 의한 것이기 때문이다. 빛의 디자인, 즉 빛에 의한 공간 표현을 위해서는 조명 효과를 최우선으로 한 건축의 디테일의 조정이 필요하다. 또한 시공 도중의 조명 실험이나 준공 직전의 포커싱 등 건축 공사의 진행에 맞추어 실시해야 하는 것이 많다.

컬러 디자인 (1)

>> 컨셉트의 설정

컬러 디자인은 색채 계획(컬러 플래닝) 가운데 색채 설계의 행위를 가리키지만 여기서는 종합적인 의미를 갖는 용어로 취급하기로 한다. 컬러 디자인은 기본적으로 대상이 건물이건 공작물이건, 도시와 같은 집합체나 실내 공간이건 간에 공통적인 사고와 작업 프로세스를 거쳐 디자인안을 설정하게 된다. 여기서는 그 방법에 대해 실무적인 관점에서 설명하기로 한다.

■ 컨셉트의 설정

환경의 컬러 디자인에 있어서 컨셉트의 설정은 중요한 의미를 갖는다. 이는 색채 설계의 방침을 나타내는 것은 물론 중간과 완성 단계에 있어서 설계 내용을 체크하는 데도 이용되기 때문이다.

컬러 컨셉트는 건축 설계의 이념이나 목표에 적합해야 하므로 설계 의도와 그 배경이 되는 자료를 충분히 이해하는 것에서부터 시작한다. 설계도와 마감재를 파악하고 환경 특성 조사의 평가를 활용한 컨셉트 설정 작업을 실시한다. 환경 특성 조사 중 환경 색채의 조사에 관해서는 다음에 상세히 설명하기로 한다.

컬러 컨셉트는 색채로 바꾸어 생각할 수 있는 용어를 사용하여 표현하는 것이 바람직하다. 키워드를 고르고 이를 컬러 이미지 용어로 바꾸어 표현하며, 이때 되도록이면 색표나 사진을 이용하여 색채에 의한 표현을 병용하는 것이 좋다. 또한 컬러 컨셉트를 포함한 색채 설계 평가의 체크 시트를 작성해 둔다.

컨셉트의 설정					색채설계				색채관리	
주어진 조건의 확인	작업계획	환경특성 조사	분석 및 평가	컨셉트 결정	색채구성	배색설계	시뮬레이션	프레젠테이션	색견본 승인	시공 색채 관리

- 건설의도 확인
- 설계이념 확인
- 설계도 파악
- 마감재 확인
- 색채설계 성과품 확인
- 색채설계 작업 계획

- 환경특성 조사계획 입안
- 환경색채 문헌조사
- 환경색채 예비조사
- 환경색채 측색조사
- 조사 색채의 데이터화
- 환경특성조사의 총괄
- 컨셉트 키워드 추출
- 컬러 이미지 용어 추출
- 컬러 컨셉트 결정
- 컨셉트의 시각화
- 컬러 디자인 체크 시트 작성

- 마감재의 실물 색견본 수집
- 컬러 시스템 설계
- 색채(배색) 구성군의 작성
- 배색 설계
- 컬러 시뮬레이션 그림 작성
- 프레젠테이션 자료 작성
- 프레젠테이션
- 지정용 색견본
- 색채설계 지정서 작성

- 마감재의 색 승인
- 건축현장에서의 색 조정
- 시공시의 색채관리

▲ 그림 1 컬러 디자인의 프로세스

■ 환경 색채 조사

경관이나 지역의 색채 계획은 물론 개개의 건축물의 색채 설계에 있어서도 주변 환경의 색채를 조사할 필요가 있다.

환경 색채 조사는 문헌 조사를 통해 역사나 풍토적 특성을 분석해서 색채의 반영을 검토하거나, 통계를 이용해서 실태를 정량적으로 파악하거나, 이용자의 색채 기호를 고려하는 것 등이 포함된다.

실태 조사는 현장 조사로서 현장을 중심으로 한 비교적 넓은 범위의 상황을 관찰하는 조사 및 약간 범위를 좁혀 다소 상세하게 경관의 질을 파악하는 조사이다. 이 조사에서 측색 조사의 대상을 결정하고, 시점(視點)을 지정하는 작업 등이 이루어진다.

측색 조사는 건축물 등의 외장색을 측색함으로써 그 환경이 갖는 색채적인 특성을 객관적으로 파악하기 위한 조사이다. 측색은 조사용 색표를 이용해서 시감 비교에 의해 실시하는 경우가 많지만 색채계(色彩計)를 병용하면 효율적이다. 조사용 색표는 산업자원부에서 제작한 「한국표준색표집」이나 건축물에 자주 사용되는 저채도의 색을 다수 모은 전용의 색표를 준비하면 된다. 어느 쪽이라도 휴대에 편리한 것이 좋다. 측색에 있어서는 마스크(그림 3에서 오른쪽의 무채색 바탕에 개구부가 있는 것)를 이용해서 측색 대상의 면적과 배경에 근사하도록 하여 정밀도를 높인다. 만약 측색 대상에 가까이 접근하기 곤란한 경우에는 지각되는 색에 가장 가까운 값을 추정한다. 색채계는 대부분 손이 닿을 수 있는 평활한 면의 측정밖에 할 수 없지만 정확하고 신속하다는 장점이 있다.

측색치로는 먼셀 표색계의 표기에 의한 값을 이용하면 색을 직감적으로 파악하기 쉽고, 배색에 있어서도 먼셀 표색계에 의한 기법을 응용할 수 있어 편리하다. 측색 조사에서 사진 촬영을 병용하면 분석시 도움이 된다.

■ 환경 색채의 분석 및 평가

측색 데이터는 지역별, 건물 유형별, 부위별, 색면적별(기조색, 보조색, 강조색 등의 구분) 등 색채 분석에 필요한 분류를 한 다음에 색상, 명도, 채도의 3속성이나 톤으로 분류하여 정리한다.

색상, 명도, 채도의 3속성은 각각의 속성마다 또는 색상-명도, 색상-채도, 명도-채도와 같은 형

▲ 그림 2 조사용 색표에 의한 시감 측색   ▲ 그림 3 먼셀 색표에 의한 시감 측색

▲ 그림 4 색채계에 의한 물리 측색

태의 그래프로 표현하면 알기 쉽다.

  톤은 명도와 채도의 복합 개념으로서 색상과 톤의 2가지 속성으로 색을 표시할 수 있다. 톤 분류는 분석 목적에 맞추어 새롭게 만들어도 되지만 한국산업규격(KS) A0011「물체색의 색이름」에서 명도와 채도의 상호 관계를 나타내는 수식어를 사용해도 된다.

  이렇게 해서 작성된 그래프는 그 특성에 따라 분류하는 작업을 통해 대상 지역의 환경 색채의 특성이 파악되므로 컨셉트의 설정을 위한 자료로 활용한다.

  또한 측색 데이터로 색표를 만들어 환경 색채의 특성을 시각화하면 보다 활용도 높은 자료로 사용될 수 있다.

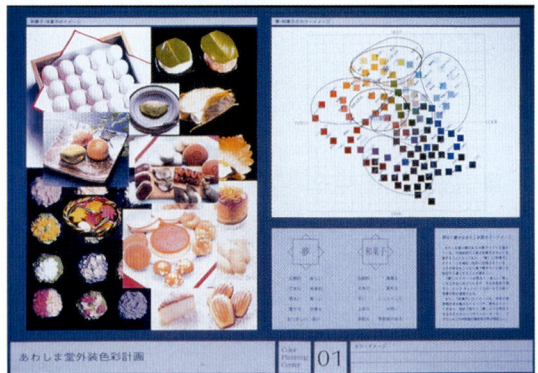

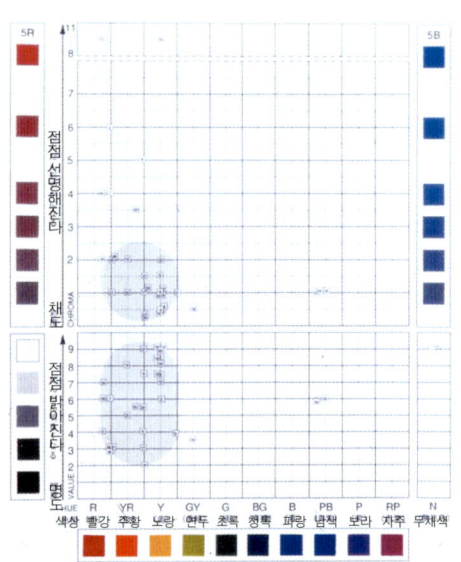

▲ 그림 5 먼셀 표색계를 이용한 측색 대상 색채의
  그래프 표시

▲ 그림 6 컨셉트의 표현 예

5.10 컬러 디자인(2)

>> 색채 구성과 배색

색채 설계는 설정된 컨셉트를 목표로 해서 진행되는데, 첫 번째 단계는 건축 재료 등의 색채 특성을 고려하여 색채를 구성하는 작업이다. 이를 위해서는 재료의 수집이 반드시 필요하다. 또한 색채 조화론을 기초로 하여 배색의 유형을 선택해야 한다. 이러한 배색을 객관적으로 표시하기 위해 먼셀 표색계를 이용하는 방법을 익혀두면 편리하다.

■ 색채 설계의 프로세스

컨셉트를 설정함으로써 기본 계획이 명확해지면 이제 색채 설계의 작업에 들어간다.

마감재의 실물 색견본을 수집한 후에 색채 설계상 중요한 지점과 색의 관계를 색채 구성의 형태로 정리해서 여러 종류의 배색의 예를 만들어 본다. 그 중에서 컨셉트에 맞는 배색을 검토하여 채색된 도면을 작성한다.

여러 차례 선택을 반복해서 컨셉트와 채색 도면을 포함한 프레젠테이션 자료물을 제작하고, 이를 의뢰인과 관계사에게 설명한다.

그 결과 선정된 색채 설계안에 사용된 색에 관해 지정용 색견본을 작성하고, 동시에 색채 설계 지정서의 형태로 제출한다.

■ 색견본의 수집

건축 마감재의 색은 도장의 색과 같이 색의 선택이 자유롭지 못하고 한정되어 있는 경우가 일반적이다. 따라서 가장 먼저 색이 한정되어 있는 것과 자유롭게 사용할 수 있는 것으로 마감재를 분류한다.

이러한 제약 속에서 색채를 설계하는 것이므로 색이 한정적인 것에 대해서는 건축 마감재의 실물 색견본을 마감재의 제조업체 등을 통해 입수해서 사용 가능한 색의 범위를 파악해야 한다. 그리고 가능하다면 견본 색의 먼셀값을 측정해 두면

▲ 그림 2 건물 색견본의 예

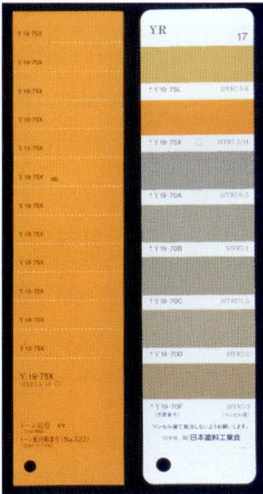

◀ 그림 1 일본도료공업회 표준색 견본장의 와이드판(왼쪽)과 포켓판(오른쪽)의 첫 번째 페이지

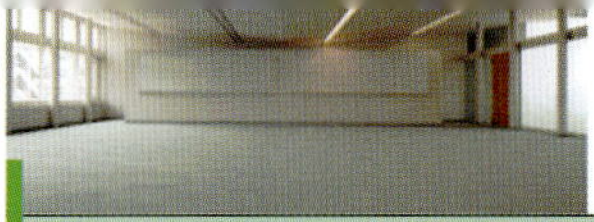

먼셀값을 기준으로 한 배색 설계시 도움이 된다.

■ 색채 구성

가장 먼저 설계도와 사양서를 파악하고 색채 구성을 계획한다. 이는 건축의 부위와 재료, 색을 관련시켜 표로 작성하는 작업으로서 색의 면적 계층을 함께 결정해 둔다. 이렇게 해서 색채 배치의 틀이 결정되면 표 안에 색을 배당하면 된다.

색 선택의 자유도가 적고 중요한 부분의 색부터 설정해서 색채 구성표를 채워 나간다. 배색은 여러 종류의 색을 조합하는 것이므로 다양한 변형이 있을 수 있다. 이 때문에 기조색(베이스 컬러)과 보조색(어시스트 컬러)의 2색 배색이나, 여기에 강조색(액센트 컬러)을 더한 3색 배색을 기준으로 해서 상기 색채 구성에 따라 많은 배색 구성을 만들어 본다.

그 배색 구성군 가운데 컨셉트에 적합한 배색을 선정하여 배색 설계의 작업에 들어간다.

배색 설계는 색견본을 조합하면서 동시에 컬러 시뮬레이션 방식으로 진행하는 것이 바람직하다. 외장 색채 설계의 경우는 입면도에 착색하는 방법이, 인테리어의 경우는 투시도에 착색하는 방법이 배색 구성을 파악하기 쉽다.

제안하는 색채 설계안의 수는 충분히 검토된 것으로 2~4안 정도가 적당하며, 너무 많은 경우에는 오히려 컨셉트와의 정합성이 애매해져 기대 이하의 색채 설계안이 나올 수 있다.

■ 색채 설계의 배색 기법

색채 조화론은 그리스 시대에 비롯된 이래 많은 화가와 과학자들이 나름대로의 독자적인 안을 전개시켜 왔기 때문에, 반드시 어느 특정 색채 조화론이 옳다고 할 수 있는 성질의 것이 아니다. 그러나 일반적으로 친숙한 배색, 질서성을 가진 배색, 공통 요소를 가진 배색은 조화되기 쉽다고 하는 원리는 인정되고 있다. 따라서 이 원리에 따른 배색 설계를 환경의 색채 설계에도 응용하면 된다.

질서성 또는 공통 요소를 먼셀 표색계의 색상, 명도, 채도를 사용해서 구성 또는 검토한다. 먼셀 표색계를 기준으로 한 배색으로는 유사색 배색, 유사 색상 배색, 동일 톤 배색이 환경의 색채 설계에 적합하다.

D	E	F
베이스 컬러	베이스 컬러	베이스 컬러
T19-700 ltg 10YR 7/2	T27-700 g 7.5Y 7/2	T45-700 ltg 5G 7/2
어시스트 컬러	어시스트 컬러	어시스트 컬러
T22-500 dkg 2.5Y 5/2	T29-40H dk 10Y 4/4	T45-50H d 5G 5/4
액센트 컬러(지붕 공통)	액센트 컬러(지붕 공통)	액센트 컬러(지붕 공통)
T15-20B cBK 5YR 2/1	T35-30B cDGy 5GY 3/1	T69-20D rck 10B 2/2
공통 액센트 컬러	공통 액센트 컬러	공통 액센트 컬러
TN-90 r N-9	TN-90 r N-9	TN-90 r N-9
포인트 컬러	포인트 컬러	포인트 컬러
T25-70T a 5Y 7/10	T32-70T a 2.5GY 7/10	T55-50P a 5BG 5/8

▲ 그림 3 색상구성의 예

유사색 배색은 색상, 명도, 채도 모두 근사 범위에 있는 색으로 구성하는 것이다. 건축에서 일반적으로 자주 사용되고, 사람들에게 친숙한 저채도의 유사색 배색은 부드러운 조화감이 느껴진다. 유사 색상 배색은 근사 색상에 톤의 차이로 대비를 이루도록 한 배색이다.

단일 건축물 외장의 색채 설계를 예로 들면, 외장의 기조색, 보조색, 액센트색의 위치를 결정하고 나서 어느 유사 색상면에서 기조색 1색, 보조색 1~2색, 액센트색 1~2색을 고른다. 유사 색상이라는 점만으로도 최저한의 색채 조화가 얻어지므로 무난한 색채 설계가 가능해진다. 특히 목재의 색상과 같은 난색계를 사용하면 눈에 익은 친숙한 색으로서 조화감을 얻을 수 있다.

경관의 색채 설계를 예로 들면, 여러 건물의 벽면 기조색을 유사 색상면에서 골라 조합하면 경관의 색상이 정리되어 질서를 이룬다. 기존의 경관에 새로운 건물군을 하나 넣는 경우에도 인접한 건물이나 주변 건물의 벽면 등의 색을 측정해서, 만약 유사 색상으로 구성되었다면 그 색상 가운데 1색을 선택한다.

동일 톤 배색의 경우, 적당한 톤을 선택해서 여러 개의 건물에 색상이 다른 동일 톤의 색을 배치해 가는데, 만약 적용 면적이 큰 경우라면 저채도의 색을 사용하는 것이 중요하다. 이러한 수법을 따르면 최저한의 배색 조화는 확보할 수 있게 된다.

먼셀 표색계를 기준으로 한 배색 기법을 이용하는 경우에 유용한 도구로서 일본에는 일본도료공업회 표준색 견본장이 있다. 이는 먼셀값과 ABC톤 분류가 있는 350색에 가까운 도료 색표집이다.

우리에게 친숙한 배색으로서 '내추럴 컬러하모니(natural harmony)'라는 배색 유형이 있다. 이는 양지와 음지의 색의 관계를 배색의 형태로 한 것으로서, 노랑에 가까운 색의 명도를 높이고, 남색 방향에 가까운 색의 명도를 낮추어 배색한다. 즉 밝은 색은 노랑빛을 띠고, 어두운 색은 파랑빛을 띠도록 하는 기법으로서 이 배색도 먼셀값을 기준으로 검증할 수 있다. 앞서 언급한 바와 같이 건축 마감재의 먼셀값을 측정해 두는 것의 이점이 바로 여기에 있다.

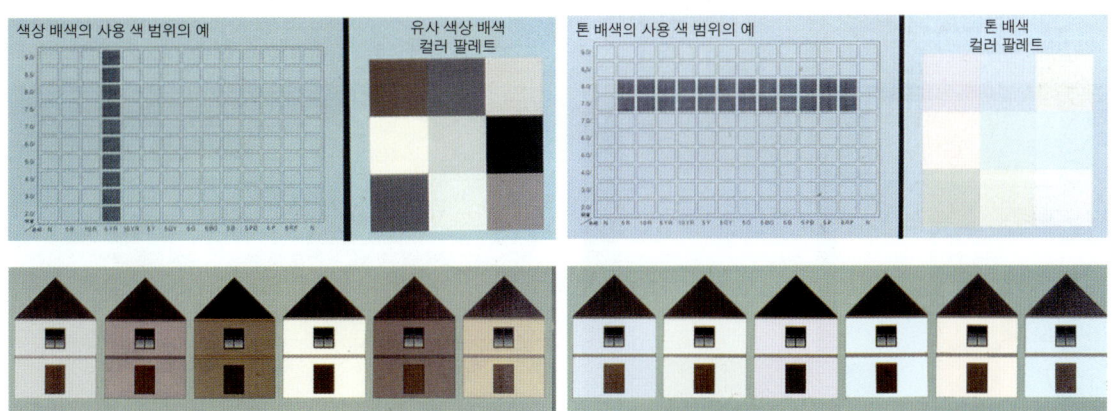

▲ 그림 4 유사 색상 배색   ▲ 그림 5 동일 톤 배색

5.11 컬러 디자인 (3)

>> 컬러 시뮬레이션

재료의 색을 색채 선정의 조건으로 해서 배색 유형을 채용하고 이에 근거해서 색채를 구성하였다. 이제 그 배색이 대상 공간에서 어떻게 보이고, 어떠한 효과를 주는지를 상상해가면서 검토에 참가하는 사람들이 올바른 판단을 내릴 수 있도록 시각적으로 마감하는 작업이 계속된다. 이 작업은 컬러 디자인에 있어서 가장 주의를 기울여야 하는 작업으로서 시행착오를 반복해 가면서 완성도를 높여 간다. 최종 평가에 제출하기 위한 디자인의 제시 및 표현 방법에는 다음과 같은 것이 있다.

■ 컬러 디자인의 확인 방법

색채 설계의 결과를 평가하기 위해서는 컨셉트와의 정합성을 검증해야 한다. 이를 위해 색채설계 평가의 체크 리스트에 기입하거나, 프레젠테이션의 자리에서 의뢰인이나 관계자의 평가를 받거나 또는 완성 후의 색채의 양상을 판단할 수 있도록 색채 설계안을 제시해야 한다. 이러한 수단을 총칭하여 컬러 시뮬레이션이라고 하는데, 표현 수단으로 컬러 입면(평면)도, 컬러 투시도, 컬러 모형 등이 있다.

컬러 입면(평면)도는 설계도를 이용할 수 있다는 점에서 간편하며, 사용하는 색을 그대로 쓸 수 있다는 이점이 있다. 컬러 투시도는 색의 변화에 의해 입체감을 표현하기 때문에 색의 이미지는 전해지지만 정확한 색이 전달되지 않는다는 결점이 있다. 컬러 모형은 간단한 모형에는 적용할 수 있지만, 복잡한 것은 시간이나 노력이 많이 필요하다는 결점이 있다.

■ 마감 재료의 제시

색채설계는 색과 함께 소재감에 대한 설계도 포함되므로, 질감을 전달하기 위해서는 마감 재료의

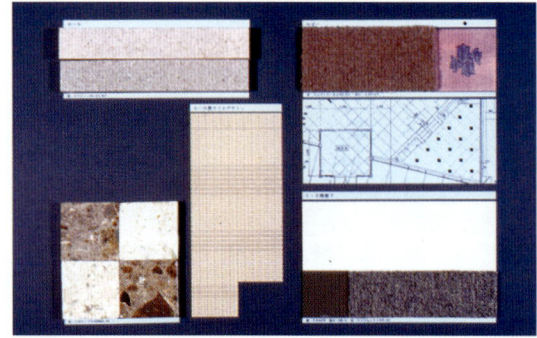

▲ 그림 1 마감 재료 제시 패널의 예

▲ 그림 2 컬러 투시도의 예

색견본을 상호 관계가 알 수 있도록 모아 붙인 패널을 제작하여 프레젠테이션에 사용한다(그림 1).

　인테리어의 색채 설계에 있어서는 가장 전형적인 실의 색채 구성안을 위와 같은 패널의 형태로 제작하여 결정안을 선정하고 나서, 개별 공간의 색채 설계로 전개시켜 나가면 효과적이다.

■ 컬러 투시도

컬러 투시도(그림 2, 4)는 옥외 공간이나 실내 공간 어디에도 사용할 수 있으며, 특히 실내 공간의 색채 설계에 유용하다.

　직접 손으로 그리기도 하지만 최근에는 컴퓨터 그래픽에 의해 제작하는 경우가 많아졌다. 투시도는 정확한 색을 나타냄으로써 컬러 이미지를 표현하는 것에 중점을 두므로 반드시 마감 재료의 색견본을 함께 제시하도록 한다.

■ 컬러 입면·평면도

컬러 입면(평면)도는 지정색이나 근사색을 사용해서 표현할 수 있기 때문에 제작이 간편하고, 색의 전달에 차이가 적어서 자주 사용되는 방법이다.

　설계도면을 컴퓨터로 읽어 들여 각 부위의 색을 바꾸어 가는 방법으로 컬러 입면(평면)도를 만들 수 있지만, 컬러 프린터에 의한 출력을 조정하지 않으면 생각한대로 색이 재현되지 않으므로 숙련을 요하는 작업이라 할 수 있다.

　섬세한 수작업이 되지만 지정색의 색지를 만든 다음 도면에 붙여 넣어 컬러 입면(평면)도를 만드는 방법도 있다. 이때 색의 조정은 색지를 만드는 단계에서 실시한다. 그림 3과 같이 컬러 입면도에 의한 표현은 건축물 외장의 색채 설계에 적합한 방법이다.

▲ 그림 3 컬러 입면도의 예(상하 모두)

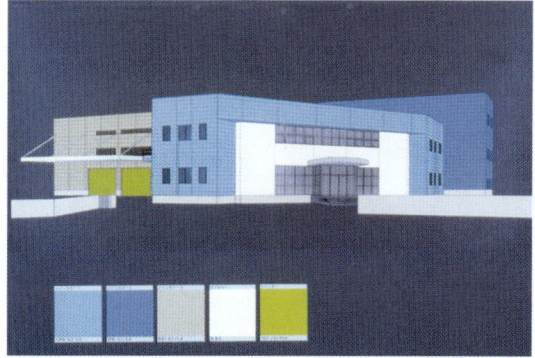

▲ 그림 4 컬러 투시도의 예

■ 컬러 모형

컬러 모형(그림 5)은 제작 경비가 많이 들기 때문에 일반적으로 외장의 경우는 최종 결정안의 검증을 위해 제작되는 경우가 많다. 오히려 인테리어의 경우에 특정 부위를 모형으로 나타내면, 3차원적으로 검토할 수 있어 효과적이다. 또한 부품을 교체함으로써 배색의 차이에 따른 색의 보임을 검토할 수 있는 방식도 있다.

■ CG에 의한 컬러 시뮬레이션

최근에는 3차원 CAD에 의한 설계가 활발해지면서 CG(Computer Graphics)를 이용해서 손쉽게 채색을 할 수 있게 되었다. 그러나 재료 표면의 색을 3차원으로 구성했다는 점만으로는 단순한 이미지화에 불과하며 색채 설계에 적합하다고 할 수 없다. CG를 색채 설계에 사용하는 이점은 어떤 색을 사용하였을 때 실제 공간에서 어떻게 보이는가를 디자이너의 감각에 의존하지 않고 정확한 계산에 의해 예측할 수 있다는 점, 조명 방식과 시점을 정확하게 설정하면 실제 공간에서의 색의 보임을 누구라도 예측할 수 있다는 점이다.

CG에 의한 표현은 몽타주 기법을 사용할 때 유용하다. 이는 주변 색채도 시야에 포함하는 외관 색채 전체의 색채 조화를 검토하기 위해 현장의 사진에 설계 예정 건물을 넣는 수법으로서, 건물을 CG로 작성할 때는 현장에서 사진 촬영시의 빛환경과 마찬가지의 빛환경을 상정해서 계산하면 된다.

일반적으로 CG에 의한 컬러 시뮬레이션은 프린터로 출력하거나 모니터로 제시하기 때문에 현실 공간과의 정합성에는 충분한 고려가 필요하다. 예를 들어, 몇 종류의 실제 공간을 동일한 프린터로 출력하여 실제 공간과 어떠한 차이가 있는지를 파악해 두는 것도 좋은 방법이라고 하겠다.

현재 상태

재도장 색
(10R 7.5/2)

◀ 그림 6 벽면을 재도장하는 경우의 시뮬레이션의 예. 현재 상태도 같은 매체로 나타낸다.

▲ 그림 5 컬러 모형의 예

>> 색채의 최종 조정

시각적인 표현에 의한 디자인안을 평가의 자리에 제시하고 이를 설명하여 이해와 찬동을 얻는 작업이 프레젠테이션이다. 컬러 디자인 도면과 언어에 의한 설명 또는 컴퓨터나 컬러 슬라이드에 의한 영상 등을 복합적으로 사용해서 실시한다. 이렇게 해서 결정된 안(案)은 공사에 사용될 수 있도록 구체적인 색채 지정을 한다. 컬러 디자인이 색채면에서 타당한지의 여부를 최종적으로 평가하고 보정하는 자리로서 현장에 실물 견본을 지참하여 검토하는 것이 바람직하다.

■ 프레젠테이션

프레젠테이션은 색채 설계안을 의뢰인이나 관계자에게 제시하고 설명하여 결론을 도출하는 행위를 가리킨다.

주된 표현 방법으로는 보고서에 의한 방법과 프레젠테이션 보드에 의한 방법, 컬러 슬라이드에 의한 방법, CRT화면이나 스크린 등에 투영하는 컴퓨터 화상에 의한 방법 등이 있다.

환경디자인에서 지역을 대상으로 하는 환경 색채의 기준이나 컬러 가이드라인에 대한 제안은 일반적으로 보고서에 의한 방법이 많이 사용된다. 이는 지자체 등의 의뢰가 많아 성과물로서 보고서를 제출하도록 요구하기 때문이다.

단일 건축물의 색채 설계라면 프레젠테이션 패널에 의한 방법이 적당할 것이다. 컨셉트와 색채 조사 결과, 그리고 색채 설계안에 대한 패널을 순차적으로 제시하여 설명한다. 색채적인

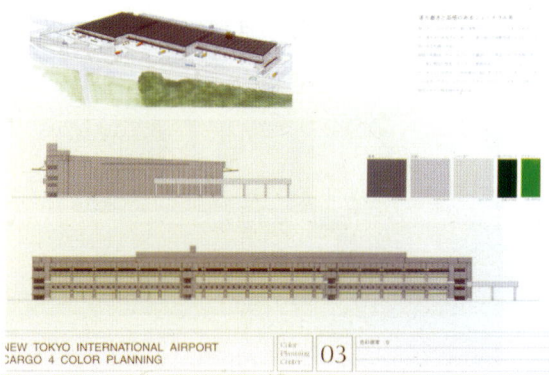

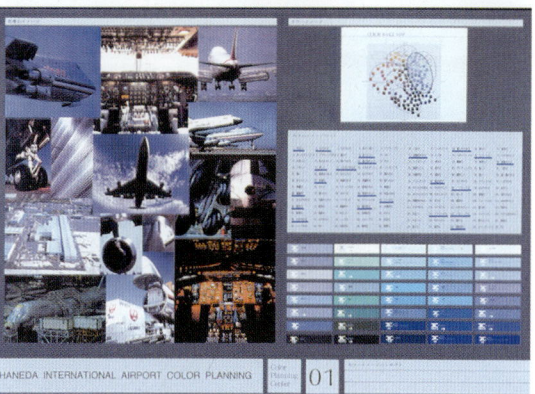

▲ 그림 1 프레젠테이션 패널의 예

현실감이 있고 적당한 크기가 있어 인상적인 프레젠테이션이 가능하며, 건축 공사가 끝날 때까지 제시해 둘 수 있다는 이점이 있다.

컬러 슬라이드에 의한 방법은 색채 현황을 소개하는 등 보조적으로 사용되는 경우가 많다. 특히 색채 설계안을 발표할 때는 촬영과 영사에 의해 색이 어긋날 수 있고, 이로 인해 리얼리티도 감소하게 되므로 보조적으로 이용하는 편이 좋다. 컴퓨터 화상을 직접 사용하는 방법도 점차 늘어갈 것으로 보이지만, 광원색으로 표현된다는 것이 단점으로 작용할 수 있다.

한 번의 프레젠테이션으로 결론이 도출되지 못하는 경우에는 다시 수정안을 제출하게 되는데, 방향이 좁혀져서 색채 설계의 완성도가 높아질 수 있다.

■ 색채 지정도 · 색채 사양서

색채 설계안에서 채용안이 결정되면 색채 지정도와 색채 지정서를 작성한다.

외장의 컬러 입면도는 1면 또는 2면을 대상으로 제작하는 경우가 많기 때문에, 동서남북 전면에 대해 색채 구성을 파악하기 쉽도록 색 구분도의 형태로 작성해서 공사 현장에서 착오가 일어나지 않도록 하는 것이 색채 지정도이다.

인테리어의 색채 설계는 구성면이 많기 때문에 실별로 부위, 마감재의 명칭, 색채를 알 수 있도록 색채 사양서를 작성한다. 도료를 구분해서 사용하는 경우에는 그 규칙 등을 명기해 둔다.

■ 실물 건축 재료에 의한 배색 검증

색채 설계안은 프레젠테이션 자리에서 결정되는데, 이때 대부분은 작은 견본이나 색지에 의해 표현된 설계안 중에서 결정되는 것이므로, 실제 건축 외장의 거대한 벽면의 색 등은 외광 아래에서 큰 면적의 색에 의해 최종적으로 검증을 받아야 한다. 따라서 이러한 경우에는 색의 수정에 주저하지 않는 자세가 필요하다.

▲ 그림 2 실물 건축 자재에 의한 배색 검토

그림 2에서 볼 수 있듯이 주요 벽면 재료, 부재, 도장판, 새시, 포장재 등을 가능한 한 큰 면적으로 조합하고 방향도 고려해서 세운 다음 색채 설계의 최후 평가 및 검증을 실시한다. 이 때는 시각에 따라 변화하는 일사 각도와 색온도에 의한 색의 보임을 평가할 수 있다.

특히 하나의 대지에 설계자가 다른 여러 동의 건물이 같은 시기에 건설되는 경우, 전체 동의 배색 구성을 실물 건축 재료에 의해 검토한다면 보다 조화감 있는 건축군을 형성할 수 있을 것이다. 또한 이러한 방식이 정착된다면 경관 색채의 향상에도 기여할 수 있을 것이다.

■ 도장색의 지정 및 관리

색채 설계에 있어 비교적 색의 선택이 자유로운 도장색의 경우 색의 지정과 내후성을 함께 지정하는 것이 좋다. 도료의 내후성은 안료의 종류, 도막 형성 수지, 색의 농담 등에 따라 변화의 폭이 매우 크다. 같은 안료를 사용한 경우에는 색이 연한 쪽이 겉보기의 퇴색 정도가 크다. 이는 산화티탄(백색)에 대한 유색 안료의 비율이 낮고, 도막 표면의 유색 안료가 자외선에 의해 분해·탈색되면 흰색만이 남아 퇴색되기 때문이다. 따라서 연한 색일수록 내후성이 우수한 안료를 사용해야 한다.

내후성이 우수한 안료로는 탁한 빨강은 벵갈라, 선명한 빨강은 키나크리든 레드, 탁한 노랑은 옐로우 오커, 맑은 노랑은 티탄 옐로우, 녹색은 프탈로시아닌 그린, 파랑은 코발트 블루 또는 프탈로시아닌 블루 등이 있다. 여기에 내후성이 우수한 도막 형성 수지와의 조합 및 상도 도장에 의해 비나 바람으로부터 도막을 보호하는 대책을 세운다.

도료가 지정한 색대로 되었는지의 여부는 지정색과의 색차를 색채계로 측정하면 된다. 이런 경우 색차 2 정도의 합치도가 있으면 충분하다. 타일과 같은 재질이 다른 것과 동일한 색을 만들고자 하는 경우에는 단순히 특정 상태에서만 겉보기의 색이 같아 보이는 것을 막기 위해 분광 분포를 측정해 두거나 광원을 바꾸어 색의 차이를 살펴볼 필요가 있다.

도료의 도막은 정전기를 띠어 쉽게 오염되며 띠 형태로 더러움이 생기는 경우가 많은데, 이를 개선한 도료도 있으므로 검토하도록 한다. 도료나 뿜칠재의 지정에 있어서는 농도의 정도를 농도의 퍼센트 등으로 나타내고, 무늬 형성 마감의 경우에는 모래벽상 무늬, 요철 무늬, 섬유상 무늬, 법랑, 인조석 등의 용어로 지정한다.

● 기계화 설비에 관련된 색채 계획(표준색견본 일람표)

• 설비색 (소프트 톤)	M 1	M 2	M 3	M 4
• 바닥색 메인 컬러 (다크 톤)	F 5	F 6	F 7	
• 바닥색 서브 컬러 (덜 톤)	F 8	F 9	F 10	
• 기둥색 (라이트 그레이시 톤)	P 11	P 12	P 13	P 14
• 공통색	U 15	U 16	U 17	

▲ 그림 3 색채 사양서의 일부

Column The Blue & Pink Moment

　블루 모멘트(The Blue Moment)라는 말을 조명 분야에서 가끔 접하게 되는데, 이는 일몰 후의 하늘이 아름다운 푸른색으로 물드는 시간대를 가리킨다. 특히 겨울철 북유럽에서는 이 현상이 몇 시간이고 지속되어 환상적인 경관을 만들어 낸다. 그러나 위도가 낮은 일본은 유감스럽게도 10분 정도밖에 블루 모멘트가 계속되지 않는다. 그래도 푸른색을 배경으로 보색의 오렌지색이 가장 선명하게 보이는 시간대는 조명 디자이너에게 있어 매우 귀중한 시간이 된다.

　프랑스에는 l'heure bleue(푸른 시간)라는 향수가 있다. 여름철 일몰 후 밤이 되기 직전의 푸른 하늘에서 힌트를 얻어 만들었다고 하는데, 겨울의 블루 모멘트의 스산한 분위기와는 전혀 다른 감각의 오리엔탈 향으로 달콤하고도 성숙된 향기라고 한다.

　전에 미국의 어느 인기 TV 드라마에서 핑크 모멘트(The Pink Moment)라는 용어가 사용되었다. 매일 일몰 후 몇 분간 주위가 핑크색 일색으로 물드는 현상을 가리키는데, 한정된 지역에서만 보인다고 한다. 일본에서도 비가 갠 후의 저녁 무렵에 하늘이 묘한 핑크색으로 물드는 일이 있다. 그럴 때는 그 주변 전체가 심지어 공기조차 진홍색으로 빛나는 듯한 감각에 젖게 된다.

　조명 디자인을 즐길 때도 저녁 무렵의 진홍색에서 시작해서 파랑에서 검정으로 자연이 만들어 내는 압도적인 색의 변화를 재현해 낼 수 있는 조명광을 생각해 보는 것은 어떨까? 평소와는 또 다른 도시 경관의 색다른 즐거움을 느낄 수 있을 것이다.

▲ 도쿄-비가 갠 저녁 무렵

▲ 삿뽀로-블루 모멘트

◀ 파리-아침의 에펠탑

◀ 도쿄-저녁 노을

빛과
색의 체계

6.1 측광량

≫ 빛의 스케일

빛의 크기에 대해서는 일반적으로 「밝다」 또는 「어둡다」로 표현한다. 그러나 같은 장소에서도 보는 각도에 따라 밝기가 다른 경우도 있고, 조명 기구로부터 방향별로 어느 정도의 빛이 방출되는지를 표현해야 하는 경우도 있다. 또한 물체가 존재하지 않는 공간 속을 흐르는 빛에너지의 양을 검토해야 하는 경우도 있다. 측광량은 빛의 양의 크기를 재기 위해 정의된 것으로, 용도에 따라 구분해서 사용한다. 여기서는 자주 이용되는 측광량의 정의, 용도, 측정 방법에 대해서 설명한다.

■ 광속

광속이란 단위 시간의 빛의 방사에너지를 말한다. 그런데 빛의 양의 대소에 있어서 시각적으로 인지되지 않는 적외 영역의 성분 등을 포함해도 측광량으로서는 의미가 없다. 인간의 시각계는 빛의 파장에 따라 감도가 다르기 때문에, 빛의 방사에너지를 기초로 파장별로 인간의 시각의 감도인 표준 비 시감도를 곱하여 구한 것이 광속이다. 단위는 루멘(lm)으로 나타내고, 다음 식으로 정의된다.

$$F = K_m \cdot \int \phi(\lambda) \cdot V(\lambda) \cdot d\lambda \quad [\text{lm}]$$

여기서, F : 광속[lm], $\phi(\lambda)$: 파장 λ의 방사에너지[W/nm], $V(\lambda)$: 표준비 시감도, K_m : 최대 시감도이다. 광속은 측정이 쉽지 않아 측정치가 이용되는 것은 주로 조명 기구의 전광속량이다(그림 1).

■ 조도

조도란 입사하는 광속의 밀도(그림 2)를 말한다. 입사하는 광속의 양이 커도 입사면의 면적이 넓으면 그 면은 반드시 밝다고 할 수는 없다. 입

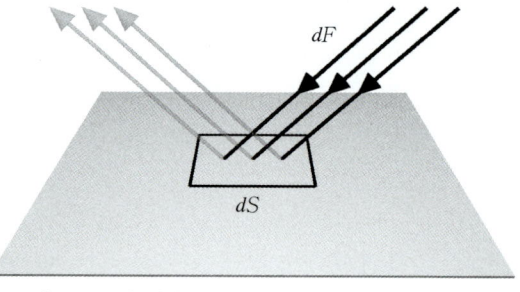
▲ 그림 2 조도의 정의

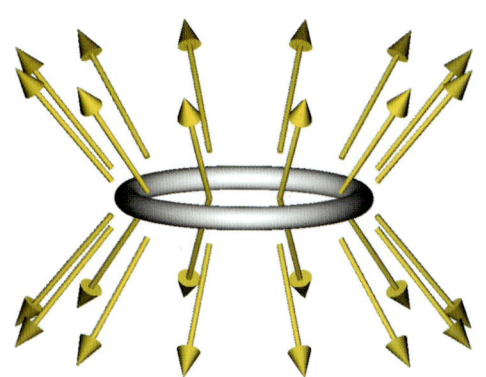
▲ 그림 1 조명 기구로부터 방사되는 전광속량

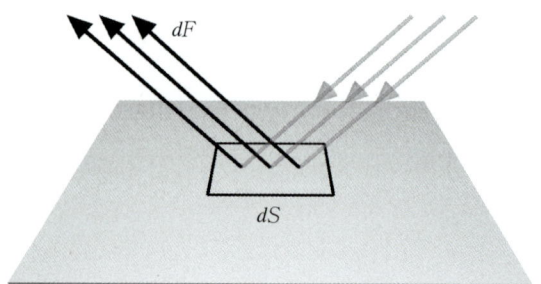
▲ 그림 3 광속발산도의 정의

사하는 광속을 단위 면적당의 크기로 환산하여 밀도로 한 것이 조도이다. 단위는 룩스(lx, lm/m²)로 표시하고, 다음 식으로 정의된다.

$$E = \frac{dF}{dS} \ [\text{lx}]$$

여기서, E : 조도[lx], dS : 조도를 구하는 면의 면적 [m²], dF : 그 부분에 입사하는 광속[lm]이다.

측정은 측정하고자 하는 부분에 조도계를 설치하여 실시하는데, 책상 위와 같이 수평한 면에 평행으로 조도계를 설치하여 측정한 결과를 「수평면 조도」, 연직인 경우를 「연직면 조도」라고 부른다. 조도는 측정이 비교적 쉽기 때문에 건축 공간의 빛환경을 표현하는 목적으로 자주 사용된다. 또한 입사면의 광학적 성질의 영향을 받지 않기 때문에 설계 단계에서 공간의 빛환경을 검토하는 경우에도 이용된다.

■ 광속발산도

광속발산도란 방사되는 광속의 밀도이다. 그림 3과 같이 조도의 경우와는 반대로 방사되는 광속을 단위 면적당 값으로 환산한 것으로, 조도에 반사율을 곱하여 구한다. 단위는 조도와 같은 차원인데, 라도룩스(rlx)가 이용되며, 다음의 식으로 정의된다.

$$M = \frac{dF}{dS} \ [\text{rlx}]$$

여기서, M : 광속발산도[rlx], dS : 광속발산도를 구하는 면의 면적 [m²], dF : 그 부분에서 방사된 광속[lm]이다. 그림 4에 나타낸 바와 같이 조도가 같아도 대상 부분의 반사율에 따라 광속발산도의 값은 다르다.

광속발산도는 조도에 비해 빛환경을 보다 충실하게 표현한 양이라고 할 수 있지만, 측정이 쉽지 않기 때문에 측광량으로서는 그다지 실용적이지 못하다.

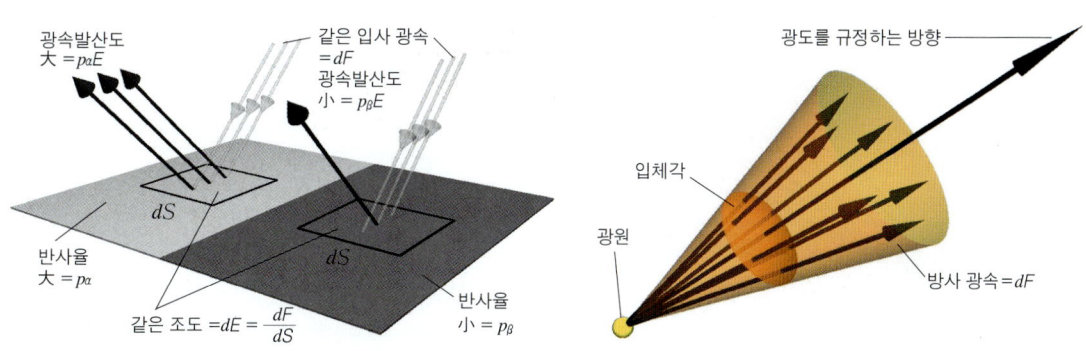

▲ 그림 4 반사율에 의한 광속발산도의 변화   ▲ 그림 5 광도의 정의

■ 광도

광도란 특정 방향으로 방사되는 광속의 입체각 밀도(그림 5)를 말하며, 다음 식으로 정의된다.

$$I = \frac{dF}{d\omega} \ [cd]$$

여기서, I : 광도[cd], dF : 방사 광속[lm], ω : 방사 방향의 입체각[sr]이다.

입체각 ω는 방사 방향을 나타내는 원추체가 단위 구면상에서 잘라내는 범위의 면적이 된다. 광도의 단위는 칸델라(cd)이다. 60만분의 1m²의 완전 방사체가 1,770℃(백금의 응고 온도)일 때의 수직 방향의 광도가 1cd가 된다. 광도는 점광원에 대하여 정의되는 것으로, 크기가 있는 광원에 적용할 때는 거리를 무한대로 한 상태로 한다. 광도는 조명 기구의 방향별 방사광의 강도(배광 특성) 등을 표현할 때 이용된다.

■ 휘도

휘도란 특정 방향으로 방사되는 광속의 밀도(그림 6)를 말한다. 광속발산도는 특정 점의 빛환경을 보다 정확하게 표현한 것인데, 반사면이 정반사성이 높은 광학적 특성을 지닌 경우(6-2절 「빛의 방향성」 참조)에는 방사 방향별로 광속의 크기에 차이가 있으므로, 방사 방향을 고려한 양을 정의하지 않으면 그 장소의 빛의 양상을 정확히 표현할 수 없다. 휘도는 방사되는 광속의, 반사면의 단위 면적당, 단위 입체각당의 크기이다. 단위는 (cd/m²)가 이용되고, 다음 식으로 정의된다.

$$L = \frac{d^2F}{dS \cdot \cos\theta \cdot d\omega} \ [cd/m^2]$$

여기서, L : 휘도[cd/m²], dS : 휘도를 구하는 면의 면적[m²], dF : 그 부분에서 방사되는 광속[lm], θ : 면의 법선과 휘도를 정하는 방향의 각도, ω : 방사 방향의 입체각[sr]이다. 측정은 측정하는 관측점으로부터 측정 대상으로 휘도계를 향하게 하여 계측한다.

이상이 각 측광량의 정의이며, 각각의 관계를 그림 7에 나타낸다.

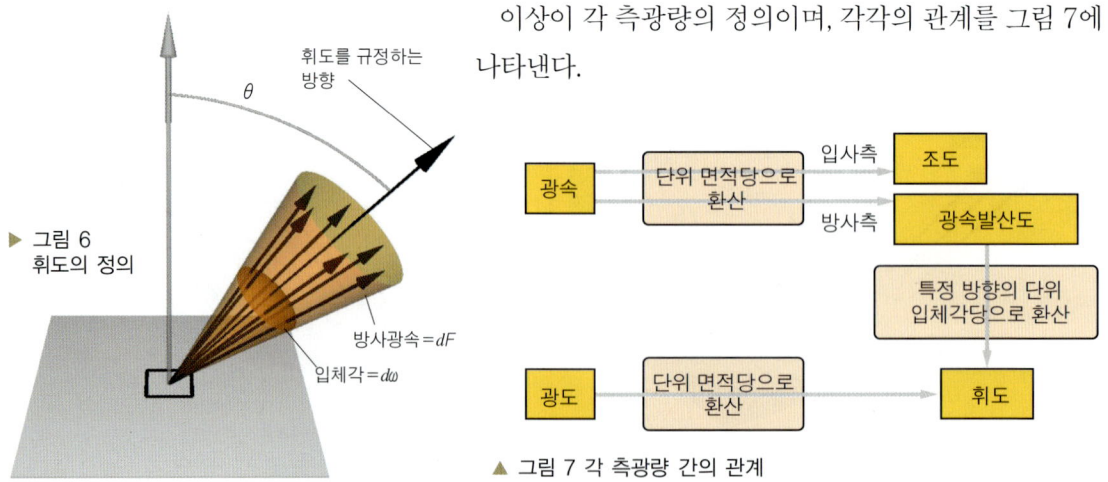

▶ 그림 6
휘도의 정의

θ

휘도를 규정하는 방향

방사광속 = dF
입체각 = $d\omega$

▲ 그림 7 각 측광량 간의 관계

6.2 빛의 방향성

 공간 조도와 배광 특성

빛의 흐름에는 지향성이 강한 것과 약한 것이 있다. 예를 들어, 창에서 들어오는 태양의 직사광과 천장에 설치된 형광 램프의 빛은 실내의 빛환경 면에서 크게 다르다. 구기 경기를 하는 운동장 등에서는 빛의 양적인 확보와 더불어 방향별 흐름의 강도를 고려해서 시인성을 높여야 한다. 6-1절에서는 측광량에 대해서 설명했는데, 공간에서의 빛의 방향성을 검토하기 위해서는 방향성을 고려한 새로운 측광량이 필요하다. 공간 조도는 빛의 방향성을 고려한 측광량이다. 여기서는 공간의 어떤 점으로 방위 전체에서 입사하는 빛의 크기를 나타내는 평균 구면 조도와 평균 원통 조도, 대표적인 공간 조도인 벡터 조도 및 빛의 지향성에 큰 영향을 주는 광원의 배광 특성과 경계면에서의 빛의 양상에 대해서 설명한다.

■ 평균 구면 조도(스칼라 조도)

평균 구면 조도란 공간의 한 점에 무한소의 구를 두었을 때 거기에 입사하는 광속의 양으로, 스칼라 조도라고도 한다(그림 1). 단위 입체각당의 양으로 환산하기 위해 전입사광속의 양을 4π로 나눈다. 입사면의 방향이 정해져 있는 조도와 달리, 모든 방위로부터의 입사광을 고려할 수 있다. 광속발산도나 휘도와 달리 측정이 용이하고, 또 대상이 되는 공간의 특정 점에 있어서 모든 방향으로부터 빛의 흐름의 강도를 구할 수 있기 때문에, 공간의 전체적인 빛환경을 표현하는데 자주 사용된다.

■ 평균 원통면 조도

평균 원통면 조도는 평균 구면 조도와 마찬가지로 공간의 한 점으로 입사하는 광속의 면적 밀도인데, 구면이 아니라 무한소의 원통면에 입사한 광속을 이용한다(그림 2). 원통의 상하면을 통해 입사하는 광속은 포함하지 않는다. 평균 구면 조도에 비해 수직 방향의 빛의 흐름의 영향은 받기 어렵고,

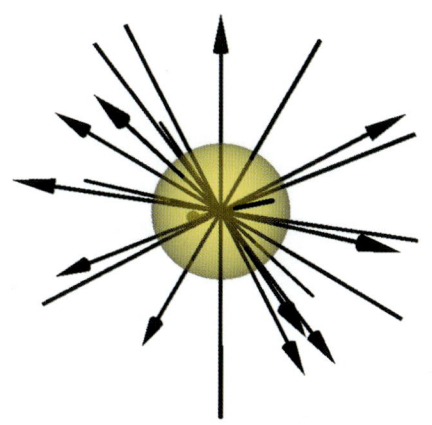

▲ 그림 1 평균 구면 조도(스칼라 조도)

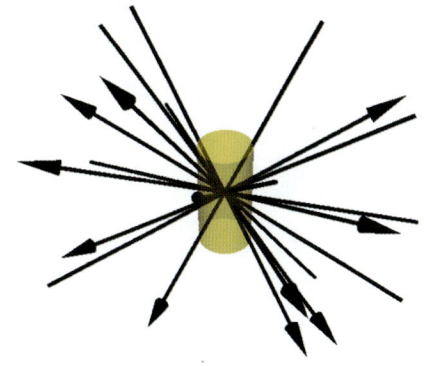

▲ 그림 2 평균 원통면 조도의 정의

수평 방향의 빛의 흐름의 영향을 받기 쉽다. 공간의 빛환경을 표현할 때 이용되지만, 특히 수평 방향의 빛환경이 중요한 공간에 사용한다.

■ 벡터 조도

평균 구면 조도 및 평균 원통면 조도는 공간의 어떤 점에 대해 하나의 양이 정해지는 스칼라 양이므로, 빛의 흐름의 방향성을 고려하는 것이 불가능하다. 그래서 그림 3과 같이 어떤 점에서 미소면(微小面)을 가정하고 그 표면과 뒷면의 조도의 차이가 최대가 되는 경우의 미소면의 법선 벡터를 그 점에서의 빛의 흐름의 주된 방향으로 규정하고, 조도차를 크기로 하는 벡터를 규정한다. 이를 벡터 조도라고 한다. 하나의 점에는 하나의 벡터 조도가 정해지기 때문에, 공간의 단면에서의 벡터 조도의 분포를 도시하거나 해서 공간 전체의 빛환경을 빛의 흐름을 고려해서 표현하는 경우에 적합하다. 하나의 점에는 스칼라 조도와 벡터 조도가 각각 정해지는데, 그 크기의 비는 그 점에 있어서의 빛의 방향성의 강도를 나타내는 지표가 되며, 벡터·스칼라 비라고 한다. 벡터·스칼라 비는 최소값이 0, 최대값이 4이고, 직사일광이나 지향성이 강한 스포트라이트가 있을 때는 값이 커진다. 지나치게 커지면 글레어가 발생하기 쉽고, 작업면에서는 손그림자 등이 생기기 쉽다. 또한 벡터·스칼라 비가 작은 경우에는 관찰 대상의 휘도 대비가 작아져서 요철(凹凸)의 판단이 곤란해진다. 구기 경기를 하는 공간 등에서는 볼이나 경기를 하는 사람에게 강한 그림자가 생기거나 글레어가 발생하지 않도록 하기위해 벡터·스칼라 비가 적절한 값을 갖도록 조명을 설계해야 한다.

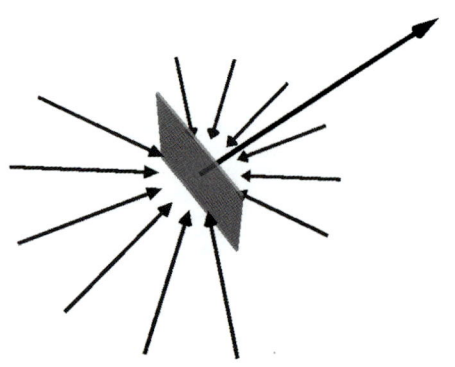

▲ 그림 3 벡터 조도의 정의

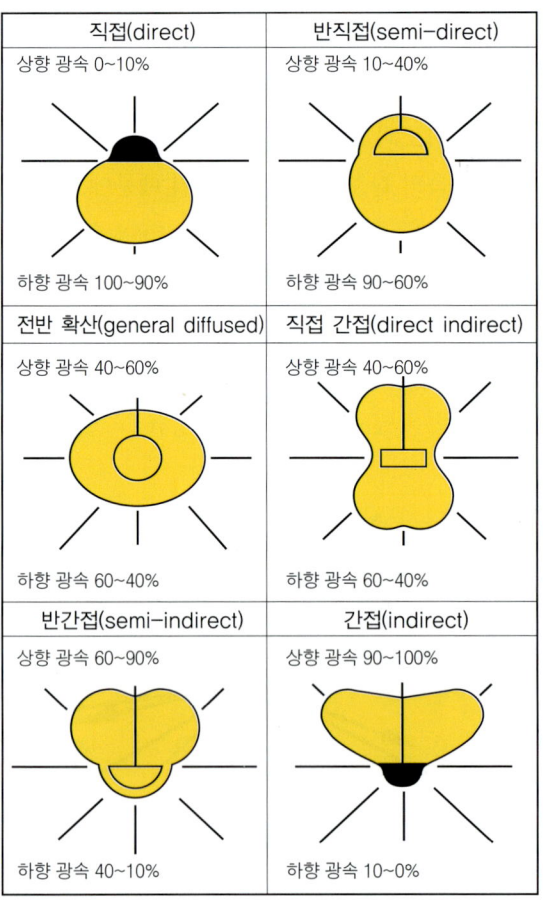

▲ 그림 4 배광 특성에 따른 조명 기구의 분류

■ 광원의 배광 특성

인공 조명의 광원에는 발광부의 소재나 조명 기구에 따라 여러 종류가 존재한다. 갓을 쓰지 않은 백열 전구와 같이 전 방위로 균등하게 빛을 내는 것이 있는가 하면, 스포트라이트와 같이 조명 기구에 따라 특정한 방향으로 강한 빛을 조사하는 것도 있다. 광원에서 나오는 빛의 방향마다의 세기를 나타낸 것을 배광 특성이라고 한다. 지향성이 강한 배광도 있고, 확산성이 강한 배광도 있다. 이들 각각에 따라 시인성이나 공간의 분위기가 달라지기 때문에 용도에 맞는 배광 특성을 가진 광원을 선택하는 것이 중요하다.

일반적으로는 상향 광속과 하향 광속의 비율에 따라 6가지 배광 특성으로 분류된다(그림 4).

■ 경계면에서의 빛의 양상

경계면에 입사한 빛은 경계면의 광학적 특성에 따라 다양한 움직임을 보인다. 입사한 빛이 입사 방향과 정반사 방향으로만 반사되는 경우를 정반사 또는 경면 반사라고 부른다. 또한 입사 방향과 같은 방향으로 투과하는 경우를 경면 투과라고 부른다(그림 5). 거울이나 투명 유리는 강한 경면성을 나타낸다.

이에 비해, 입사 방향과 관계없이 모든 방향으로 빛이 균등하게 반사·투과하는 경우를 확산 반사 및 확산 투과라고 부른다. 엄밀히 말하면 그 경계면을 어디에서 보아도 같은 밝기가 되도록 출사 방향과 경계면의 법선 벡터가 이루는 각도의 코사인 값이 곱해진 값이 된다(그림 6). 실제 공간을 구성하는 소재는 경면·확산 중 어느 하나가 아니라 양자의 중간적인 성질을 나타내는 경우가 많다. 확산성을 지닌 소재는 입사한 빛의 지향성을 낮추기 때문에 공간에 차분하고 편안한 느낌을 줄 수 있다. 사무실 등 장시간 집무를 하는 공간에서는 확산성이 높은 내부 장식재를 사용하는 것이 적절하다. 경면성을 갖고 있는 소재는 지향성을 완화하는 효과가 없기 때문에 자극적인 공간을 연출할 경우에 이용되는 경우가 많다.

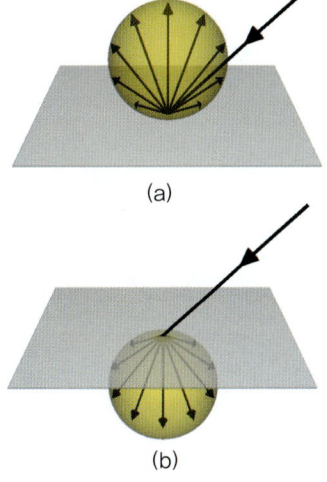
(a)

(b)

▲ 그림 6 확산 반사(a)와 확산 투과 (b)의 양상

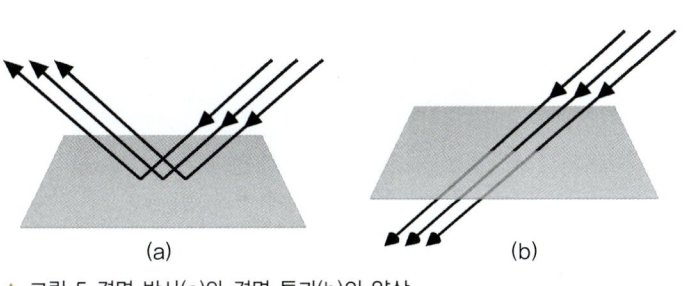
(a)   (b)

▲ 그림 5 경면 반사(a)와 경면 투과(b)의 양상

6.3 빛의 분포

» 조도 분포와 휘도 분포

밝은 부분과 어두운 부분을 효과적으로 만들어 내어 공간의 분위기를 조성하는 것은 빛환경 디자인의 가장 중요한 부분이다. 그러한 밝기 변화는 공간의 목적 등에 따라 적절하게 디자인 해야 하고, 그러기 위해서는 공간적으로 분포하는 밝기 변화의 특성을 이해해야 한다.

■ 균제도

빛환경에는 여러 가지 상황이 있어 밝기에 변화가 있는 것이 바람직하지 않은 경우도 있다. 가장 단적인 예는 전반 조명 방식을 취하고 있는 오픈 플랜 형식의 오피스에 있어서의 책상면 조도이다. 사무 공간에서는 레이아웃이 바뀌거나 작업자가 장소를 이동해도 시작업을 수행하는 데 변화가 없 어야 하므로 이를 위해 작업면 조도가 균일한 것이 좋다. 이와 같이 균일한 밝기가 요구되는 경우, 그 분포의 특성으로서 균일함에서 어느 정도 벗어났는지를 보여주면 되는데, 그 지표가 바로 균제도 이다. 균제도를 나타내는 데는 몇 가지 방법이 있는데, 인공 조명의 조도 분포를 고려할 경우 '(최대 조도 또는 최소 조도) / 평균 조도'로 표시되는 경우가 많다.

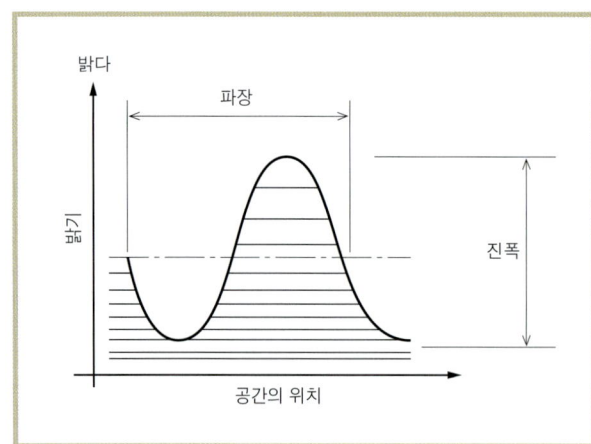

▲ 그림 1 밝기 변화의 표현
밝기 변화를 파(波)로서 이해하면 정량적으로 표현할 수 있다.

▲ 그림 2 라이트업에 의해 생긴 부드러운 경계
건물 아래에서 위로 비추는 라이트업의 경우, 건물의 윤곽선이 희미해 보인다. 이는 보는 위치에 따라서 흐릿한 인상을 주기도 한다.

■ 밝기 변화의 표현

균일하지 않고 적당한 밝기의 변화가 요구되는 경우에는 그 변화의 양상을 보다 적극적으로 표현할 필요가 있다. 밝기의 변화는 그림 1에 나타낸 것처럼 파(波)로 생각할 수 있는데, 파의 길이(파장)와 파의 높이(진폭)를 나타내면 그 파의 특성을 표현할 수 있다. 따라서 바닥에 놓는 천장 간접 조명에서 볼 수 있는 밝기의 변화는 파장이 길고 강한 밝기 변화, 즉 거칠고 강한 밝기의 변화라고 표현할 수 있다. 또 벗꽃이 만들어내는 밝기의 텍스처는 파장이 짧고 약한 파, 즉 작고 약한 밝기의 변화라고 표현할 수 있다. 그리고 이러한 밝기의 변화는 실제 공간에서는 2차원(가로와 세로)으로 분포하는 휘도와 조도의 파로 표현된다.

▲ 그림 3 거칠고 강한 밝기의 변화
바닥에 놓는 조명 기구에 의한 천장 간접 조명은 천장에 거칠고 강한 밝기의 변화를 만들어낸다. 이러한 밝기의 변화는 마치 밤과 같은 인상을 만든다.

▲ 그림 4 섬세하고 약한 밝기의 변화
벗꽃의 꽃잎이 만들어내는 부드러운 텍스처는 섬세하고 약한 밝기의 변화로 구성되어 있어, 그 인상이 부드럽고 우아하다.

▲ 그림 5 천창에 생긴 샤프한 경계
외부의 빛을 도입하기 위한 개구부는 디자인 요소로서 중요하다. 천장의 밝기와 경계를 이루어 긴장감을 연출하고 있다.

▲ 그림 6 사무 공간의 전반 조명
조명 기구를 □형태로 배치한 사무실에서는 책상면 조도의 균제도가 높아진다. 또한 이 경우 조명 기구와 천장의 경계가 뚜렷해서 명료한 인상을 준다.

■ 밝기가 변화하는 경계의 특징

밝기 변화의 양상은 앞서 말한 것처럼 거칠기와 세기로 표현되는데, 밝은 부분과 어두운 부분의 경계 역시 중요하다. 바닥에 놓는 조명 기구에 의한 천장 간접 조명이 만들어내는 천장면의 밝은 부분과 어두운 부분의 경계는 일반적으로 희미하고 부드러운데 비해, 천장에 설치된 창과 천장의 경계는 샤프하고 윤곽이 분명한 경우가 많다. 평면적인 대상물에 스포트라이트를 비추면 전자의 특성을, 입체적인 구성을 갖는 대상에 스포트라이트를 비추면 후자의 특성을 갖는 경우가 많다.

■ 빛의 변화와 인상

거칠고 강한 밝기의 변화가 벽면에 생기면 음울한 인상을 받는다. 그러나 이러한 거친 밝기의 변화는 레스토랑 등에서는 오히려 장점으로 작용해서 차분한 느낌을 주고, 대화와 식사를 즐길 수 있는 분위기를 만들어준다. 또한 섬세하고 강한 휘도의 변화는 번화하고 즐거운 인상을 준다. 경계 부분의 특성 또한 인상과 깊은 관계가 있다. 철골 구조의 라이트업에서는 배경이 되는 하늘의 어둠과 밝은 구조물 표면과의 경계는 윤곽이 뚜렷하고 샤프해서 강렬한 인상을 준다. 이에 비해 평면을 아래에서부터 위로 비추는 조명 방식은 희미한 경계가 생겨 바라보는 위치에 따라서는 흐릿한 인상을 준다.

▲ 그림 7 라이트업에 의해 생긴 샤프한 경계
철골 구조물의 라이트업은 어두운 배경과의 사이에 샤프하고 강한 경계선을 구성한다. 이러한 경계선은 존재감 있는 강한 인상을 부여한다.

▲ 그림 8 장식 조명에 의한 섬세하고도 강한 밝기의 변화
장식 조명에 의한 섬세하고 강한 휘도 변화가 번화한 인상을 연출한다. 또한 휘도 변화가 공간적으로 불규칙한 방향으로 전개되는 전구 장식은 자연스러운 인상을 준다.

6.4 조도의 계산

≫ 빛의 시뮬레이션

조도는 공간의 밝기를 나타내는 가장 기본적인 지표이므로, 조도의 산출은 빛환경 설계에서는 빠뜨릴 수 없는 것이다.

사무실이나 공장 등 비교적 넓은 공간에서는 조명 기구를 규칙적으로 배치하여 작업면의 조도를 거의 균일하게 하는 전반 조명을 채용하는 것이 일반적이다. 그 작업면의 평균 조도는 광속법이라고 불리는 수법으로 비교적 쉽게 계산할 수 있다. 한편, 측창 채광이나 국부 조명을 하는 실에서는 밝기가 균일하지 않아 광속법에 의한 평균 조도로는 오차가 커지므로 실내의 많은 위치의 조도를 하나하나 계산하는 축점법을 이용할 필요가 있다. 축점법에서는 창이나 조명 기구 등의 광원으로부터의 직접광에 의한 직접 조도와 벽이나 가구의 반사를 거친 간접광에 의한 간접 조도를 각각 계산하여 양자의 합을 전조도로 한다.

축점법으로는 작업면 뿐만 아니라 벽이나 천장 등 임의의 면의 조도를 계산할 수 있다. 한편, 면의 특성을 균등 확산 반사성으로 가정할 경우 조도에 반사율을 곱해 원주율로 나누면 휘도를 구할 수 있다.

■ 전반 조명의 평균 조도

전반 조명에 의한 작업면의 평균 조도 E[lx]는 광속법에 의해 식 (1)로 산출된다.

$$E = \frac{N \cdot \Phi \cdot U \cdot M}{A} \tag{1}$$

여기에서, N : 램프의 개수, Φ [lx] : 램프 1개당 광속, M : 램프의 경년 변화와 조명 기구의 더러움에 의한 광속 감소의 정도를 나타내는 보수율, A[m²] : 작업면의 면적이다.

U는 램프에서 나오는 광속 중 작업면에 입사하는 광속의 비율로서 조명률이라고 한다. 조명률은 기구의 효율과 배광, 실내 표면의 반사율, 실의 형상에 따라 다르며, 일반적으로 조명 기구 제조업체로부터 제공된다. 실 형상의 지표를 실지수(室指數) k라 하며, 개구 X[m], 깊이 Y[m], 작업면에서 조명 기구까지의 높이 H[m]에 의해 식 (2)로 구한다.

$$k = \frac{X \cdot Y}{H(X+Y)} \tag{2}$$

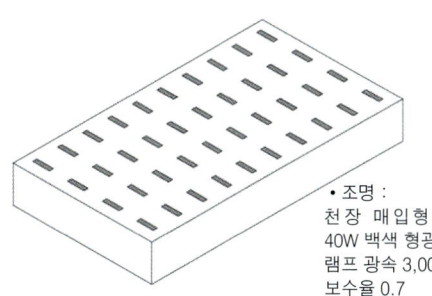

• 실 형상 :
폭 10m,
깊이 18m,
천장 높이 2,7m
• 반사율 :
천장 70%,
벽 30%,
바닥 10%
• 조명 :
천장 매입형 기구 40대,
40W 백색 형광 램프 2등/대,
램프 광속 3,000lm/등,
보수율 0.7

▲ 그림 1 광속법에 의한 평균 조도의 계산 예

● 표 1. 조명률 표의 예

실지수\바닥	반사율[%]			
천장	70			
벽	70	50	30	10
	10			
0.6	0.41	0.34	0.28	0.25
0.8	0.49	0.41	0.36	0.33
1.0	0.53	0.47	0.42	0.38
1.25	0.58	0.52	0.47	0.44
1.5	0.61	0.55	0.51	0.48
2.0	0.64	0.60	0.56	0.53
2.5	0.67	0.63	0.60	0.57
3.0	0.68	0.65	0.62	0.60
4.0	0.70	0.68	0.66	0.64
5.0	0.72	0.69	0.68	0.66

계산의 예로서 그림 1에 나타내는 실의 평균 조도를 구해보자. 실지수는 $k=10\times18/\{(2.7-0.7)\times(10+18)\}=3.2$가 된다. 표 1은 사용된 조명 기구의 조명률표(일부분)이다. 실지수 $k=3.2$와 반사율[주1](천장 70%, 벽 30%, 바닥 10%)에 의해 표에서 조명률을 찾아내면 조명률 U는 0.63이 된다[주2]. 램프의 개수 N은 $40\times2=80$, 램프 1대당 광속 Φ는 3,000[lm], 보수율 M은 0.7, 작업면의 면적 A는 $18\times10=180[\text{m}^2]$이므로 식 (1)에 의한 작업면의 평균 조도 E는 588[lx]가 된다.

■ 점광원에 의한 직접 조도

그림 2에서 점광원 0에서 $r[\text{m}]$의 위치에 있는 점 P의 조도 $E_p[\text{lx}]$는 역제곱 법칙과 코사인 법칙에 의해 식(3)과 같이 나타내어진다.

$$E_p = \frac{I(\theta, \phi)}{r^2} \cos i \tag{3}$$

$I(\theta,\Phi)[\text{cd}]$는 광원의 광도의 방향 분포로 배광이라고 하며, 일반적으로 조명 기구 제조업체로부터 제공된다. 실제의 광원이 점일 수는 없지만, 그 크기가 거리 r의 1/5 이하이면 점광원으로 보고 식 (3)을 적용해도 실용상 큰 오차는 생기지 않는다.

■ 면광원에 의한 직접 조도

주광 조명에서의 채광 창이나 인공 조명에서의 건축화 조명 등 점광원으로 볼 수 없을 정도로 큰 광원을 면광원이라 하며, 이에 의한 직접 조도는 입체각 투사율이라는 개념을 이용해 계산한다. 그림 3에 나타내는 균일한 휘도 $L[\text{cd/m}^2]$가 균등 확산되는 면광원 S에 의한 점 P의 조도는 식(4)로 구할 수 있다.

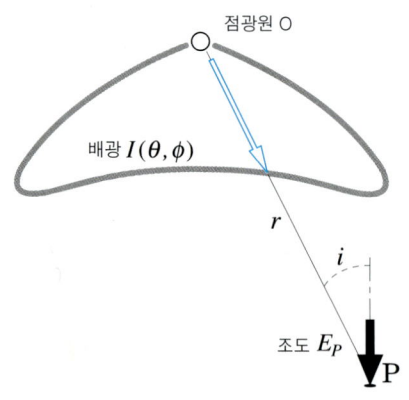

▲ 그림 2 점광원에 의한 직접 조도

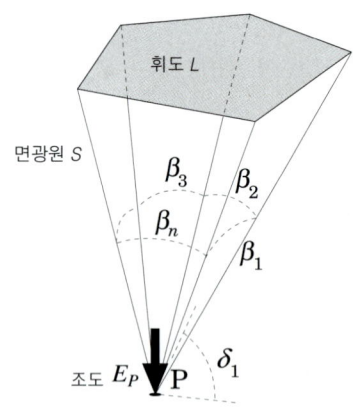

▲ 그림 3 면광원에 의한 직접 조도

주 1) 반사율은 먼셀 표색계의 명도 V에 의해 $V(V-1)[\%]$의 근사치로 구할 수 있다.
주 2) 여기에서는 실지수 3.0과 4.0의 조명률 0.62와 0.66을 안분 계산하였다. 반사율도 마찬가지로 안분 계산한다.

$$E_p = \pi L \cdot c \qquad\qquad (4)$$

c는 입체각 투사율이다. 장방형 등 특별한 형상의 면광원에 의한 입체각 투사율은 계산식이나 도표로 주어져 있다. 또한 그림 3에 나타내는 임의의 다각형 광원의 입체각 투사율은 경계 적분 방정식에 의해 식 (5)에서 구할 수 있다.

$$c = \frac{1}{2\pi} \sum_{i=1}^{n} \beta i \cdot \cos \delta i \qquad\qquad (5)$$

■ 상호 반사 계산에 의한 조도의 산출

간접 조도는 실의 형상이나 실내 면의 반사율에 좌우되지만, 직접 조도에 비해 분포는 완만하다. 작업면의 평균 작업 조도는 작업면 절단 공식[2][3]에 따라 근사치로 계산하는 경우가 많다.

최근에는 컴퓨터의 발달로 직접광과 간접광에 의한 조도 또는 휘도의 분포를 정교하게 예측하는 수법, 즉 상호 반사 계산이 보급되고 있다. 컴퓨터 그래픽스 분야에서는 라디오시티법이라고 불리는 소프트웨어에도 설치되어 있다. 이를 이용하여 그림 4의 측창 채광실의 상호 반사 계산을 실시하였다.

그림 5는 천장·벽·바닥 전면을 노출 콘크리트 정두의 회색으로 마감한 실의 조도 분포로, 선형 스케일로 농담을 표시했다. 직접 조도 분포로 인해 창가는 밝고, 실 안쪽은 어둡다.

그림 6은 전면을 매우 밝은 흰색으로 마감한 실의 조도 분포이다. 직접 조도 분포는 그림 5와 똑같지만 간접 조도가 높으므로 전체적으로 조도가 높아진다.

그림 7은 그림 5와 같은 회색으로 마감한 실의 휘도 분포로, 대수 스케일로 농담을 표시했다. 조도 분포에 비하면 실제의 밝기감에 가깝게 되어 있다.

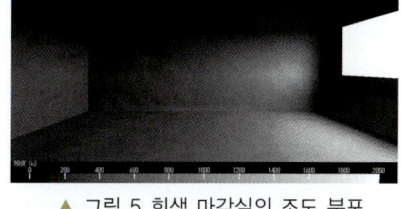

▲ 그림 5 회색 마감실의 조도 분포

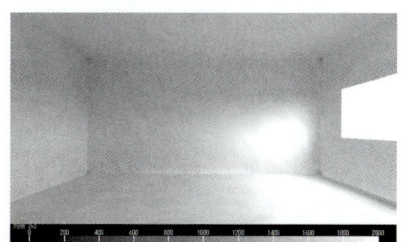

▲ 그림 6 흰색 마감실의 조도 분포

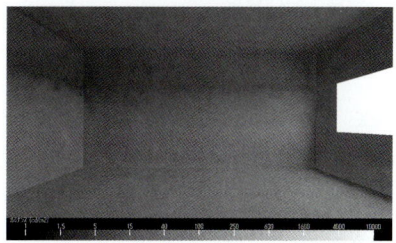

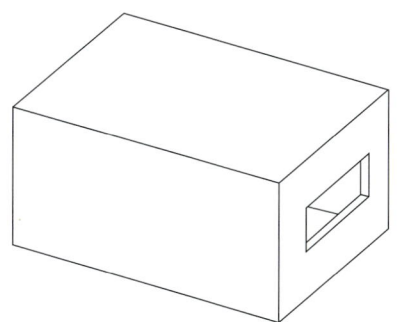

• 실의 크기 : 4.9×3.5×2.6m
• 창의 크기 : 2.0×0.8m
• 실내 마감
  회색 마감실 : 반사율 0.24
           (먼셀 명도 N5.5)
  흰색 마감실 : 반사율 0.88
           (먼셀 명도 N9.5)
• 주광 광원
  균일한 휘도의 천공,
  전천공 조도 12,900[lx]

▲ 그림 4 계산 대상의 측창 채광실

▲ 그림 7 회색 마감실의 휘도 분포

6.5 분광 분포

>> 빛의 파장

빛은 파장의 일종이며, 조명과 물체의 색은 파장의 차이에 따라 특징지어진다. 여기서는 색의 기본이 되는 빛의 특성에 대해서 알아보기로 한다.

■ 빛의 범위

빛은 전자파라고 불리는 방사에너지의 매우 좁은 부분에 상당하며, 진동을 반복하면서 똑바로 진행한다. 전자파에는 우주선, 감마선, X선, 자외선, 적외선, 단파나 중파와 같은 라디오 전파 등이 있다. 이들 전자파는 파장(하나의 파의 길이로서 파장의 마루와 마루 사이의 거리)에 따라 각각 다른 작용을 하며, 그 중에는 인체에 유해한 작용을 하는 것도 있다.

우리들의 눈에 밝기와 색의 감각을 일으키는 빛은 일반적으로 380~780nm(1나노미터=10억분의 1미터)의 파장 길이를 지닌 전자파로, 이 범위를 가시역(가시광선)이라고 한다(그림 1).

■ 분광

태양의 빛을 슬릿에 의해 한 가닥의 가는 선으로 해서 프리즘을 통과시켜 흰색 스크린에 비추면 색의 띠(그림 2)가 보인다. 이렇게 빛을 분해하는 것을 분광이라 하고, 이렇게 해서 얻어진 색의 띠를 분광 스펙트럼이라고 부른다. 분광 스펙트럼의 색은 파장이 짧은 순서대로 보라 → 남색 → 파랑

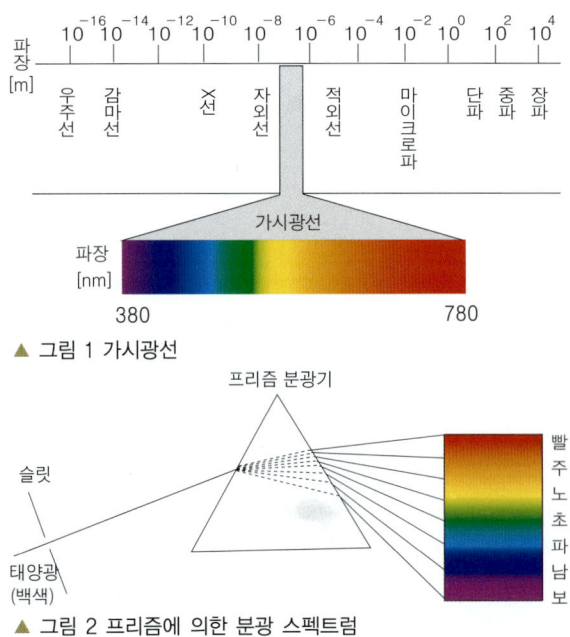

▲ 그림 1 가시광선

▲ 그림 2 프리즘에 의한 분광 스펙트럼

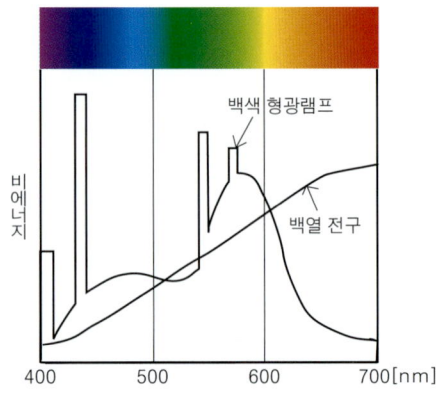

▲ 그림 3 대표적인 광원의 분광 분포

→ 초록 → 노랑 → 주황 → 빨강으로 나누어진다. 분광에 의해 생긴 각각의 빛의 색의 집합을 단광색이라고 부른다. 프리즘에서 분광하는 것은 빛이 물질 속을 진행하는 사이에 각 단색광마다 진로를 달리하기 때문이다. 물질을 빠져나갈 때 파장이 짧은 빛일수록 큰 각도로 구부러져서 진행하고(굴절률이 크다), 파장이 긴 빛일수록 작은 각도로 구부러지므로(굴절률이 작다) 자연의 분광 스펙트럼인 무지개(대기 중의 물방울이 프리즘 역할을 한다)는 가장 안쪽이 보라, 가장 바깥쪽이 빨강이 된다. 가시역이 가장 짧은 파장은 보라인데, 그 바깥쪽에는 자외역(자외선)이 있다. 가장 긴 파장인 빨강이 보이지 않게 되면 적외역(적외선)이 된다.

■ 분광 분포

색을 측정하는 기기를 사용해서 색광을 분광하여 에너지의 양을 살펴보면 파장 성분이 다양한 비율로 서로 섞여 존재한다는 것을 알 수 있다. 이를 분광 조성이라고 한다. 빛이 갖고 있는 색의 성질은 분광 조성의 양에 의해 나타낼 수 있다. 조명광의 색이나 물체의 색도 분광 조성으로 나타낼 수 있는데, 이를 분광 분포라고 한다. 어떤 빛이 어떤 에너지 비율로 구성되어 있는지는 분광 분포 그래프를 보면 알 수 있다. 분광 분포는 가로축을 빛의 파장(400~700nm), 세로축을 강도(광원의 조명색인 경우에는 비에너지, 빈사색인 경우에는 비반시율)로 하여 곡선으로 표시된다.

조명광의 색은 국제조명위원회(CIE)가 정한 표준광을 기준으로 해서 각 파장광의 상대적인 에너지비를 나타낸다. 대표적인 광원의 분광 분포 그래프는 그림 3과 같다.

물체색인 경우에는 표준 백색면의 반사광의 강도에 대한 각 파장광의 반사율이 표시된다. 빨간색 물체의 분광 분포 그래프를 그림 4에 나타내었다.

실제로 우리들의 눈에 보이는 물체의 색은 광원에 의한 조명광의 분광 분포와 물체 표면의 분광 분포와의 관계에 의해 나타난다. 따라서 분광 분포가 다른 물체라도 조명 조건에 따라서는 같은 색으로 보일 수 있다. 이를 메타메리즘(metamerism)이라고 한다.

다음에 구체적인 물체 표면색의 지각에 대한 예를 드는데, 이해를 위해 일정한 태양광 아래에서 보고 있다는 조명 조건을 세워 이야기를 진행하기로 한다.

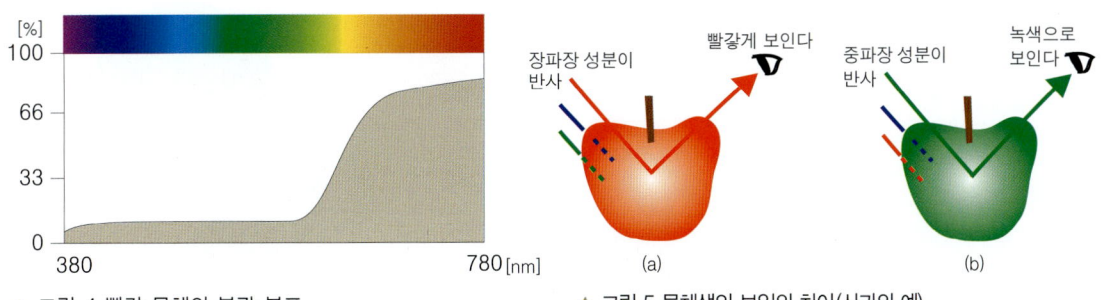

▲ 그림 4 빨간 물체의 분광 분포　　　　　▲ 그림 5 물체색의 보임의 차이(사과의 예)

물체색은 분광 분포 그래프에서 가장 반사율이 높은 파장의 색이 그 물체의 색에 가까운 색이 된다. 예를 들어 사과가 빨갛게 보이는(그림 5(a)) 것은 장파장의 성분(빨강)이 많기 때문이다(그림 4). 익지 않은 사과의 경우에는 중파장의 성분(녹색)이 많으므로 녹색으로 보인다(그림 5(b)). 실제의 다양한 물체는 여러 종류의 반사광이 섞여 표면색이 보인다. 그림 6에 여러 종류의 파장 성분으로 구성된 표면색의 구조를 나타내었다.

모든 파장이 균등하게 반사하는 분광 분포의 경우에는 반사율이 높으면 태양광의 색에 가까운 흰색이 되고, 반사율이 낮으면 색이 칙칙해진다. 예를 들어, 같은 날의 낮 동안 콘크리트가 말라서 하얗게 보이는 경우(그림 7(a))에는 모든 파장에서 반사율이 균등하게 높기 때문에 희게 보이는 것이고, 만약 물을 끼얹으면 표면이 마르기까지 모든 파장에서 반사율이 균등하게 낮아져 회색으로 보이게 된다(그림 7(b)).

■ 빛의 삼원색

빛의 스펙트럼에는 보라·남색·파랑·초록·노랑·주황·빨강의 단색광이 있는데, 인공적으로는 파랑·초록·빨강의 3색만 있으면 대부분의 색을 만들 수 있다. 이를 빛의 삼원색이라고 부른다. 3가지 색의 조합과 파장 성분의 대소에 따라 다양한 색이 만들어지는데, 삼원색을 같은 비율로 섞으면 백색이 된다(그림 8). 빛에너지를 더해서 색을 만든다는 의미로 이를 가법혼색이라고 한다(그림 8). 이 방법을 이용한 가까운 예는 컬러 TV의 브라운관인데, 확대해서 보면 파랑·초록·빨강의 점들이 나열되어 있고, 각각의 발광 상태의 조합에 의해 백색을 포함한 다양한 색이 만들어진다. 그 밖에 무대 조명에서 색이 다른 스포트라이트를 조합하여 다양한 색을 만드는 경우에도 응용되고 있다.

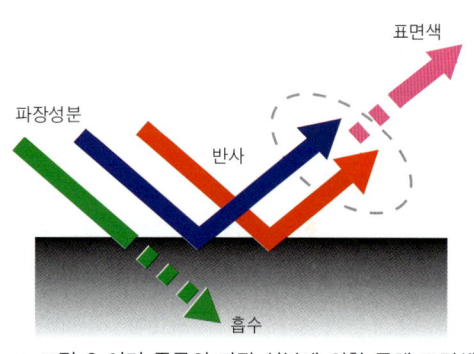

▲ 그림 6 여러 종류의 파장 성분에 의한 물체 표면색

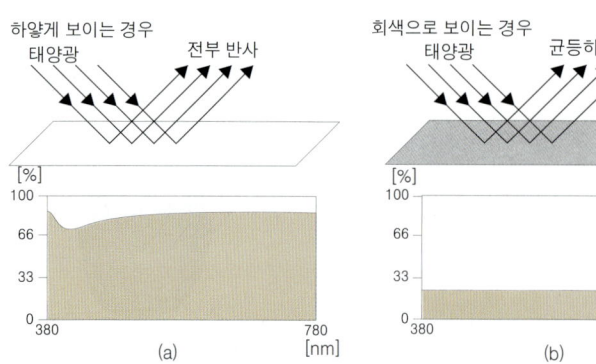

▲ 그림 7 전 파장이 균등하게 반사하는 분광 분포

▲ 그림 8 빛의 삼원색과 가법혼색

6.6 색온도와 연색성

≫ 빛의 색과 물체색의 지각

빛의 색은 그 겉보기의 색과 이에 의한 물체색의 지각을 구별해서 취급할 필요가 있다. 전자는 광색이라고 하고, 후자는 연색이라고 한다. 광색은 보통 색온도로 나타내고, 연색은 연색성으로 나타낸다.

■ 색온도

색온도란 어떤 광원의 색을 그 광원의 색도와 같은 색도를 갖는 완전 방사체(흑체)의 (절대)온도로 나타낸 것이다. 단위는 K(켈빈)을 사용한다. 이 수치가 낮을수록 적색광의 양이 많고, 수치가 높을수록 청색광의 양이 많다. 「난색」은 「색온도가 낮다」, 「한색」은 「색온도가 높다」로 대응되는데, 색온도가 아닌 일반 온도라는 의미에서는 반대가 된다는 점에 주의하도록 한다. 그림 1에 표준적인 광원의 색온도를 나타내었다. 직사 일광으로 말하면 남중시의 정오의 태양이 색온도가 가장 높고, 일출·일몰시의 태양이 가장 낮다.

또한 바람직한 빛의 색온도는 조도와 관계가 있다고 한다. 그림 2에서 보듯이 저조도에서는 색온도가 낮은 따뜻한 빛이, 고조도에서는 색온도가 높은 차가운 빛이 선호된다. 그러나 명암 순응이나

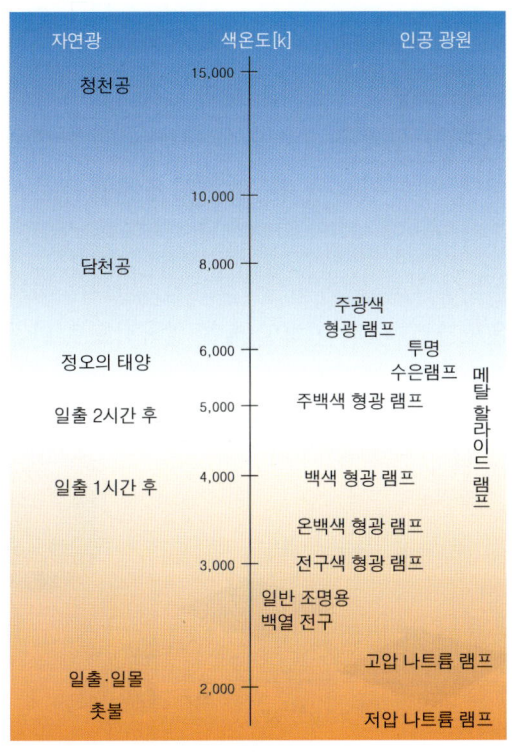

▲ 그림 1 표준적인 광원의 색온도

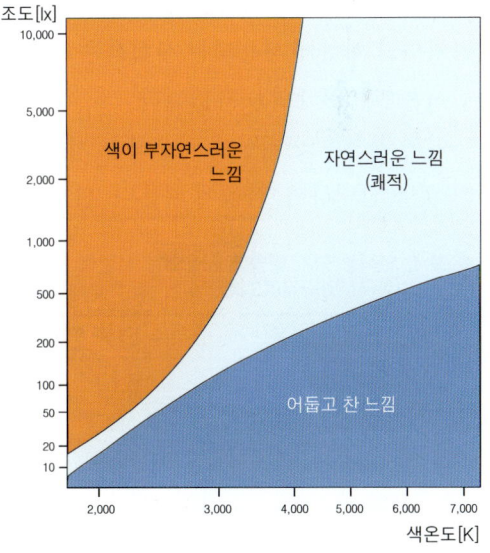

▲ 그림 2 색온도와 조도의 관계
색온도가 낮은 빛은 어두운 편이 쾌적하고, 색온도가 높은 빛은 밝은 편이 쾌적하다.

색순응 되었을 때는 기대만큼의 효과를 얻지 못하는 경우도 있다. 따라서 실제 조명 설계에서는 참고하는 정도로 보면 된다.

■ 연색성

주간에 고속도로를 달리다가 저압 나트륨 램프로 조명된 터널 안으로 들어가면 태양광 아래에서 운전하던 때와 비교해 차내의 내부 장식이나 물체의 색이 크게 달라 보이는 것을 느낄 수 있다. 이렇게 조명광이 물체색의 보임에 미치는 영향을 연색(color rendering)이라고 하며, 이러한 광원의 성질을 연색성이라고 한다. 현재 산업계에서 널리 쓰이는 광원의 연색성 평가 방법은 평가 대상이 되는 시험광의 기준광에 대한 색 재현의 충실성을 평가하는 방법이다. 이 방법은 CIE(국제조명위원회)와 한국산업규격(KS)으로 표준화되어 있다.

■ 광원의 연색성 평가 방법

색 재현의 충실성이라는 면에서 일반 조명용 광원의 연색성 평가 방법은 한국산업규격(KS A0075)의 「광원의 연색성 평가 방법」에 규정되어 있다. 광원의 연색성은 평가하는 시료 광원 아래에서의 시험색(i=1~15, 표 1)의 감각적인 색도를 기준 광원 아래에서의 그것과 비교해서 평가한다. 그림 3에 연색성 평가의 개념을 나타내었다. (1) 시료 광원의 조명에 따른 시험색 각각의 CIE-UCS 색도 좌표를 구한다. (2) 기준 광원의 조명에 따른 시험색 각각의 CIE-UCS 색도 좌표를 구한다. (3) 조명을 기준 광원에서 시료 광원으로 바꾸었을 경우 8종의 시험색 각각의 감각적인 색도의 변화량을 구한다. (4) (3)의 평균치에 의해 시료 광원의 평균 연색 평가수 Ra를 구한다. 평균 연색 평가수의 계산에 사용되는 시험색은 8종(표 1의 1~8)이며, 특수 연색 평가수의 계산에 사용되는 시험색은 7종(표 1의 9~11)이다.

연색 평가수의 계산에 사용하는 기준 광원은 그 색온도가 시료 광원의 색온도에서 5미레드 이내의 것을 선택하며, 다음에 따른다. (1) 시료 광원의 색온도가 5,000K 이하일 때는 원칙적으로 완전

● 표 1. 연색성 평가 방법에 사용되는 시험색
(한국산업규격 KS A0075)

	평균 연색 평가용			특수 연색 평가용	
	색상	명도/채도		색상	명도/채도
1	7.5R	6/4	9	4.5R	4/13
2	5Y	6/4	10	5Y	8/10
3	5GY	6/8	11	4.5G	5/8
4	2.5G	6/6	12	3PB	3/11
5	10BG	6/4	13	5YR	8/4
6	5PB	6/8	14	5GY	4/4
7	2.5P	6/8	15	1YR	6/4
8	10P	6/8			

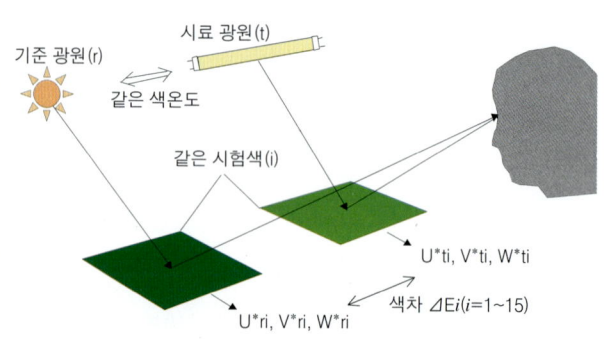

▲ 그림 3 연색성 평가 방법의 개념

방사체를 사용한다. (2) 시료 광원의 색온도가 5,000K을 초과할 때는 원칙적으로 CIE 합성 주광을 사용한다. 표 1의 평균 연색성 평가수의 계산에 사용되는 8색은 주변에 있는 평균적인 색을 대표하는 것으로서 선정되었기 때문에 흔히, 원색이라고 불리는 선명한 색은 포함되어 있지 않다.

한편, CIE(1986)의 실내 조명 가이드와 일본조명학회(1992)의 오피스 조명 기준에는 실의 용도나 작업 내용에 대응한 Ra가 권장되고 있다. 표 2에 CIE(1986)에 게재되어 있는 램프의 연색성과 용도를 나타내었다. 조명 설계시에는 이들 기준에 근거하여 용도에 따른 연색성 램프를 선정할 필요가 있다. 단, 이때 주의해야 할 점은 현재의 연색성 평가 방법은 충실성에 기초한 것이라서, 만약 바람직한 방향으로 색이 벗어나 있다고 해도 연색성은 나쁘게 평가받을 수 있다는 점이다. 예를 들어, 고채도형의 고압 나트륨 램프 등은 평균 연색성 평가수가 낮음에도 불구하고 그 램프에 비추어진 물체의 색은 매우 선명하게 보인다. 이 문제를 해결하기 위해서 바람직한 색 재현의 관점에서의 연색성 평가 방법에 대한 연구 성과를 기대하고 있다. 그림 4에 연색성이 다른 램프로 조명했을 때 물체색이 어떻게 달라 보이는지를 나타내었다.

▲ 그림 4 연색성이 다른 광원 아래에서의 물체의 보임
왼쪽 : 고압 나트륨 램프 Ra =25, 오른쪽 : 삼파장역 발광형 형광 램프 Ra =88

● 표 2. 램프의 연색성과 용도   (CIE 1986 Guide on Interior Lighting)

그룹	평균 연색 평가수	광색	사용 용도	
			바람직한 용도	허용 가능한 용도
1A	$Ra \geqq 90$	따뜻하다 중간 서늘하다	색검사 임상 검사 미술관	
1B	$90 > Ra \geqq 80$	따뜻하다 중간	주택, 호텔 레스토랑, 점포, 사무실, 학교, 병원	
		중간 서늘하다	인쇄, 도장, 직물 공장 정밀한 작업의 공장	
2	$80 > Ra \geqq 60$	따뜻하다 중간 서늘하다	일반적인 작업의 공장	
3	$60 > Ra \geqq 40$		거친 작업의 공장	일반적인 작업의 공장
4	$40 > Ra \geqq 20$			거친 작업의 공장 · 연색성이 중요하지 않은 작업의 공장

≫ 시각의 능력과 한계

우리가 외부 환경에서 얻은 정보의 많은 부분은 시각에 의존한다고 한다. 건축에서 쾌적한 환경을 디자인하기 위한 전제 조건은 잘 보여야 할 것, 그리고 쉽게 알 수 있어야 할 것이다. 이러한 조건을 만족시키려면 먼저 인간의 시각이 가진 능력의 범위와 한계를 파악해야 한다.

■ 안구의 구조

안구는 사물의 형태와 밝기 및 색채를 시각으로서 지각하는 기관인데, 그 구조는 사진용 카메라와 유사하다. 카메라 렌즈의 맨 앞에는 렌즈 자체를 보호하는 필터를 부착하는데 안구에서 이에 해당하는 것이 각막이다. 렌즈에 들어온 빛을 조정하기 위한 조리개에 해당하는 것은 홍채이다. 또한 홍채로 둘러싸여 있는 구멍은 동공이다. 동공의 직경은 밝은 곳에서는 최소 2mm, 어두운 곳에서는 8mm이다. 동공을 통과한 빛은 수정체, 유리체와 같은 투명한 부분을 굴절하여 통과한다. 이 부분과 각막이 렌즈에 해당하는데, 핀트의 조절은 이 수정체의 두께를 조절함으로써 이루어진다. 렌즈를 통과한 빛이 상을 맺는 필름의 역할을 하는 것은 망막이다. 망막은 안구의 안쪽에 넓게 분포하기 때문에 시야도 매우 넓은 범위가 된다.

■ 중심시와 주변시

필름에도 고감도, 저감도의 필름이 있듯이 망막 위에도 추상체(錐狀體)와 간상체(桿狀體)라고 불리는 감도가 다른 두 종류의 시세포가 분포하고 있다. 추상체는 밝은 곳에서 사물의 정확한 형태와 색채를 감지하는 기능을 한다. 시야 내의 해상력은 시야의 중심부가 매우 높고, 중심을 벗어나면 급격히 낮아진다. 이는 추상체가 중심와(中心窩)라고 불리는 중심 부분에 빽빽하게 분포하고 있기 때문이다. 그러므로 인간의 시력은 시야의 중심부만 높고 그 외의 범위에서는 급격히 저하된다. 일반적으로 사물의 형태나 색채를 구분하려면 가장 시력이 높은 시야의 중심부에 의해 대상을 주시하는

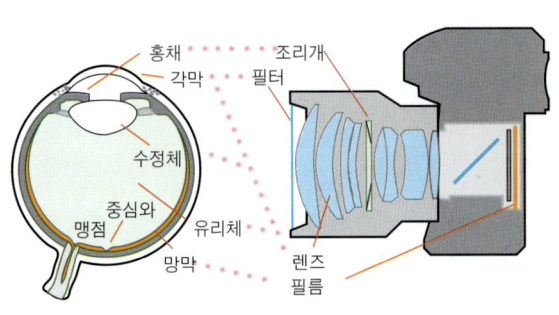

▲ 그림 1 안구와 사진기의 대응

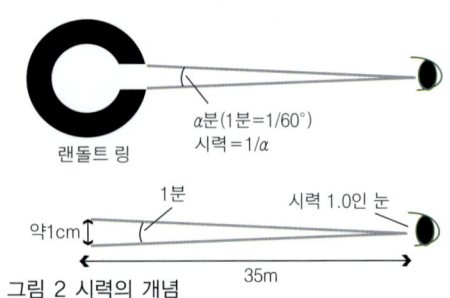

▲ 그림 2 시력의 개념
아래의 그림은 시력 1.0인 경우의 해상도 이미지인데, 실제는 시대상의 휘도비나 밝기에 따라 달라진다.

중심시(中心視)의 조건에서 보아야 한다. 한편, 간상체는 중심 부분에서 떨어진 곳에 넓게 분포한다. 주시점 이외의 시야에 있어서의 시각은 주변시(周邊視)라고 불리며, 주변시에서는 간상체가 중심이 되어 기능한다. 간상체는 감도가 매우 높지만, 사물의 정확한 형태를 파악하는 기능에서는 추상체에 미치지 못한다. 또한 간상체는 색채를 감지할 수 없다. 따라서 중심시에 비해 주변시는 형상이나 색채에 대한 능력이 떨어지지만, 어두운 곳에서의 감도와 사물의 움직임에 대한 감수성은 우수하다. 일반적으로 공간 내에서 행동할 때는 주변시가 크게 공헌하는 것으로 알려져 있다. 어두운 곳에서 눈이 어둠에 익숙해지면 사물의 형태나 움직임은 감지할 수 있는데, 색채는 알 수 없다. 이는 간상체에서 빛을 감지하고 있기 때문이다. 밤하늘의 별을 찾을 때, 시선을 약간 비껴서 보는 것이 별을 찾기 쉬운 것은 간상체가 망막 주변에 분포하기 때문이다.

망막 표면에 분포하는 시신경 섬유는 망막 내의 한 곳에 모여 안구 밖으로 나가 뇌로 연결된다. 시신경 섬유가 모이는 지점에는 시세포가 없어 이 부분에 도달하는 빛은 지각할 수가 없다. 이 지점을 맹점이라고 부른다. 따라서 이 맹점에 도달하는 방향에는 시각이 기능하지 않게 된다. 맹점의 위치를 확인하려면 팔을 쭉 뻗은 상태에서 양손의 검지를 세워 본다. 오른쪽 눈으로 왼손 검지를 응시하고 오른손 검지를 살짝 오른쪽으로 움직여 가면 주먹 두 개 정도 떨어진 곳에서 오른손 검지가 사라지는 위치가 있을 것이다. 시각 실험 등 이느 한 점을 응시하는 경우에는 맹점의 위치에 관찰 대상을 두지 않도록 주의한다. 그러나 시각은 두 눈에서 얻어지는 것이며, 끊임없이 시내 내를 움직인다는 점에서 맹점은 일상생활에서 그다지 문제가 되지 않는다.

■ 시력

시력이란 눈의 해상 능력을 말하는데, 두 개의 선을 분해하여 구분할 수 있는지의 여부로 표현한

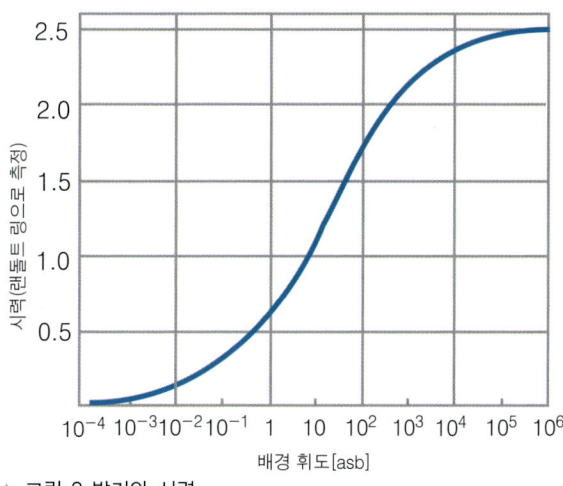

▲ 그림 3 밝기와 시력
단위 asb는 1asb = 1/π[cd/m²]의 관계에 있다.

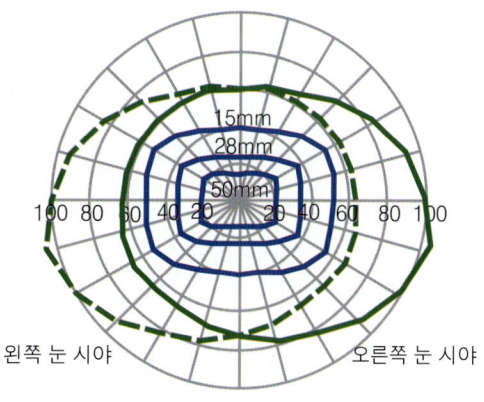

▲ 그림 4 시야
35mm 카메라 렌즈의 시야를 겹쳐서 나타냈다. 양안으로 볼 수 있는 시야에 비해 사진 렌즈의 시야는 상당히 좁다.

다. 일반적으로 시력 검사에 사용되는 잘린 부분이 있는 고리를 랜돌트 링이라고 부른다. 랜돌트 링은 흰색 바탕에 검은색으로 그리는데, 그 두께는 1.5mm, 직경 7.5mm로 잘린 부분의 폭은 1.5mm이다. 시력은 랜돌트 링의 잘린 부분을 관찰하여 구분할 수 있었을 때의 잘린 부분의 시각(단위는 분 = 1/60°)의 역수로 나타낸다. 즉 눈의 분해도가 1분인 경우에는 시력이 1.0, 2분인 경우에는 시력이 0.5가 된다. 랜돌트 링의 경우, 약 5m의 거리에서 구분할 수 있으면 시력은 1.0이 된다. 보다 구체적으로 표현해 보면 폭 1cm의 선에 있는 폭 1cm의 잘린 부분을 약 35m의 거리에서 구분할 수 있는 능력이 시력 1.0이 된다. 한편, 시력을 측정할 때의 랜돌트 링의 배경 휘도는 약 160cd/m²로 정해져 있다. 시력은 대상물이나 그 배경의 휘도에 따라 크게 영향을 받는다. 일반적으로 대상물의 밝기가 밝으면 시력이 높아진다. 또한 랜돌트 링과 같이 흰 바탕의 검은 문자를 읽는 것처럼 대상과 배경의 휘도 대비가 클수록 시력도 높아진다. 인간의 시력은 밝으면 밝을수록 높아지지만, 그 상한치는 일반적으로 2.5 정도라고 한다.

■ 시야

시점을 정면으로 고정했을 때 눈에 보이는 공간의 범위를 시야라고 한다. 시야의 범위는 단안(單眼)의 경우, 수평 시야는 안구를 중심으로 얼굴 내측 방향으로 약 60°, 얼굴 바깥쪽으로는 약 100°가 되고, 양안(兩眼)으로 볼 수 있는 수평 시야는 약 120°, 전체 시야는 약 190° 정도가 된다. 이 시야는 매우 넓어 사진 렌즈의 화각과 비교해 보면 양안으로 볼 수 있는 시야와 동일한 수평 화각을 얻으려면 35mm 카메라에서 초점 거리 10mm인 초광각 렌즈가 필요하게 된다. 28mm 광각 렌즈로는 약 65°, 50mm 표준 렌즈로는 화각이 약 40° 밖에 되지 않는다.

인간의 시야는 실제로는 머리의 움직임도 포함되기 때문에 더 넓어진다. 목을 움직일 수 있는 범위를 각도로 나타내면 앞(아래)으로는 50° 전후, 뒤(위)로는 70° 전후, 좌우는 각각 75° 정도이다. 이 시야로부터 얻는 정보의 밀도와 종류는 상당히 편중된다. 대상을 선명하게 파악할 수 있는 시력이 있는 시야는 중심와 부근뿐이며, 그 범위는 1~2°에 지나지 않는다.

문자나 그림 등을 보고 그것이 의미하는 것을 이해하기 위해서는 어느 정도 넓이의 시야를 필요로 한다. 이를 유효 시야라고 한다. 문자의 경우 10° 시야로 한번에 보이는 문자의 수가 12자라는 실험 예가 있다.

색채의 감지 방식은 시야 안에서도 부위에 따라 다르다. 색의 감각은 시야의 중심으로부터 주변으로 갈수록 저하한다. 주변부에 이르면 색채의 구별은 단순한 명암의 차로서 느껴질 뿐이다. 시야 안에서 판별할 수 있는 색채의 범위는 조건에 따라서도 다르지만 넓은 순으로 흰색, 파랑, 빨강, 녹색이라는 측정 예가 있다.

6.8 순응

>> 공간의 명암과 지각

인간의 시각은 주위와 관찰 대상의 밝기에 따라 그 감수성을 조정하는 순응이라는 능력을 갖고 있기 때문에, 다양한 밝기로 사물을 볼 수 있다. 그러나 관찰 대상이나 공간의 밝기 분포에 대해 순응이 제대로 일어나지 못하면 시각에 불쾌감이 발생할 수 있으므로 순응의 구조를 이해하는 것이 중요하다.

■ 순응이란

사람의 감각 기관은 외부에서 받은 자극에 따라 그 감수성을 변화시키는 기능을 가지고 있다. 눈에 입사하는 빛의 양은 동공의 크기를 바꾸는 것으로는 16배까지 밖에 조절할 수 없다. 그러나 시각 자체는 망막의 감수성을 변화시킴으로써 달밤에서부터 한여름 강렬한 햇빛 아래의 모래밭에 이르기까지 조도로 나타내면 100만 배나 되는 범위에 대응할 수 있다.

밤에 방의 조명을 끄면 소등 직후에는 캄캄해서 아무 것도 보이지 않지만 시간이 지남에 따라 방의 모습이 희미하게 보이기 시작한다. 이를 암순응이라고 한다. 또한 어두운 상태에 눈이 익숙해져 있다가 갑자기 옥외로 나가면 순간적으로 눈이 부셔서 찌푸리게 되지만, 곧 주위의 밝기에 익숙해진다. 이를 명순응이라고 한다. 명순응은 1분 이내로 이루어지는데 비해 암순응은 비교적 시간이 걸린다. 암순응에 필요한 시간은 원래 어느 정도의 밝기에 명순응되었었는지에 의하지만, 최대 30분 정도가 걸린다.

순응에는 망막에 있는 추상체와 간상체의 두 종류의 시세포가 관계된다. 그림 1은 순응의 시간을 나타낸 것이다. 밝은 곳에서 어두운 곳으로 들어가면 추상체의 감도가 상승하기 시작하여 주위의 밝기에 순응하려고 한다. 추상체의 감도는 5분을 경과한 지점에서 한계에 도달하여 그 이상은 증가하

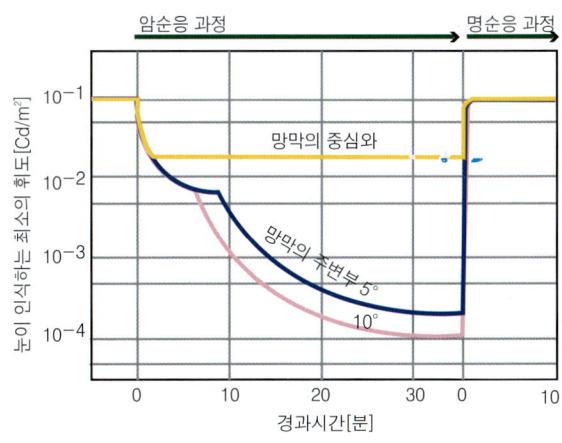

▲ 그림 1 망막의 부위별 순응 시간

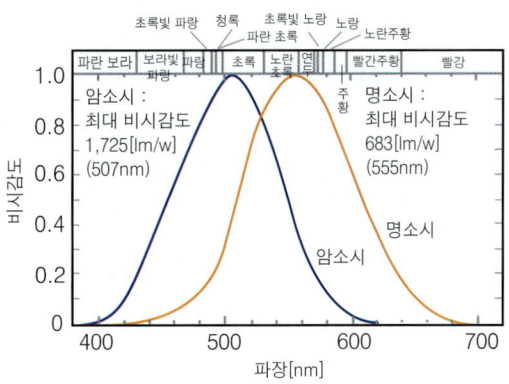

▲ 그림 2 표준 비시감도 곡선

지 않는다. 이어서 간상체의 감도가 올라가 30분 정도에 최대 감도에 도달한다. 암순응이 끝난 시점에서의 눈의 작용을 암소시라고 한다.

이 때의 시각은 간상체만 기능을 하고 있기 때문에 사물의 상세한 형태와 색채는 느낄 수 없고, 어슴푸레한 명암만 느낄 수 있다. 또한 간상체는 망막의 중심보다 주변에 분포하고 있기 때문에 관찰 대상을 정면에서 보기보다는 시선을 비껴서 보는 것이 좀더 쉽게 지각할 수 있다. 또한 명순응되어 사물의 모양과 색을 분명하게 알 수 있는 상태를 명소시라고 한다. 명소시와 암소시 사이에서 사물의 형태나 색을 겨우 알 수 있는 상태를 박명시라고 한다.

■ 암순응과 색지각의 관계

태양의 빛을 프리즘에 통과시키면 알 수 있듯이 빛은 다양한 파장의 빛으로 구성되어 있는 전자파의 일종이다. 인간의 눈이 지각할 수 있는 빛의 파장 영역은 380~780nm의 자외선 영역과 적외선 영역으로 한정된다. 전자파로서의 빛에너지는 와트로 나타내는데, 에너지의 크기가 같아도 파장에 따라서 눈에서 느끼는 밝기가 다르다. 이렇게 각 파장의 단색광에 의해 생긴 밝기의 감각을 시감도(視感度)라고 하고, 그 크기를 가장 감도가 높은 파장의 시감도와 비교한 비율을 비시감도라고 한다. 그림 2는 비시감도를 그래프로 나타낸 것이다.

이 곡선은 추상체와 간상체에서 서로 다르다. 명소시의 경우는 추상체에 의해 빛을 느끼며, 555nm(연두)의 파장의 빛에 가장 감도가 높다. 암소시에서는 507nm(초록)의 파장의 빛에 가장 감도가 높고, 붉은 빛에 대한 감도는 거의 없어진다. 또한 암소시일 때에는 색 그 자체는 느낄 수 없다. 두 시세포에서 빛의 파장에 대한 감도에 차이가 있다는 것은 밝은 곳과 어두운 곳에서 지각되는 색에 영향을 미친다는 것을 의미한다.

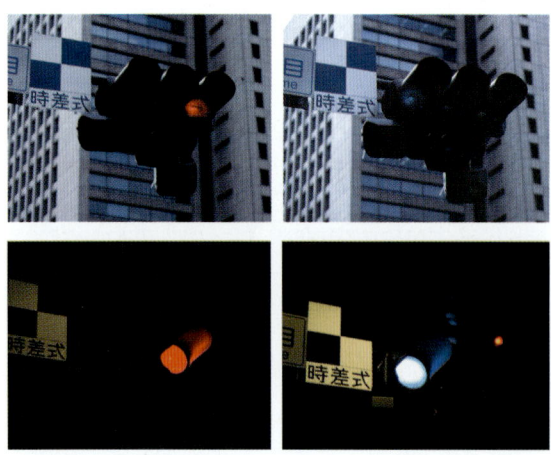

▲ 그림 3 푸르키녜 현상
박명시가 되면 빨간 신호는 낮 동안보다 어둡게 보이고, 파란 신호는 낮 동안보다 선명하게 느껴진다. 단, 실제 이 사진 그대로 보이는 것은 아니다.

예를 들어, 낮에 선명하게 느껴졌던 빨간 신호등의 색이 밤이 되어 박명시의 상태가 되면 상대적으로 어둡게 느껴지고, 반대로 파란 신호등의 색은 보다 선명하게 느껴진다. 이 현상은 박명시에서 비시감도가 왼쪽, 즉 파란색 쪽으로 이행했기 때문이며, 이러한 현상을 '푸르키네 현상'이라고 한다.

암순응시 붉은 빛에 대한 눈의 감도가 저하되는 것은 여러 장소에서 이용된다. 선박에서 야간 해상 경비를 할 경우에는 암소시의 상태가 지속되는 것이 바람직하다. 해도를 보아야 할 때 만약 보통의 조명을 켜면 명소시로 돌아가게 되어 다시 암소시로 되돌아오는데 시간이 걸리고 만다. 그래서 이럴 때는 암소시에서 필요로 하는 간상체가 느낄 수 없는 붉은 조명 아래에서 해도를 보게 되면, 간상체는 암순응 상태를 그대로 유지하게 된다. 또한 암순응이 신속하게 이루어져야 할 경우에는 붉은 색으로 둘러싸여 있으면 간상체의 순응을 재촉하게 된다고 한다.

■ 순응과 공간 설계

주위의 밝기에 따라 눈이 순응한다는 것은 안전성과 쾌적성에 크게 관계된다. 고속도로의 터널에서는 터널 입구 전후에 극단적으로 조도 차이가 있으면 운전에 지장을 받게 된다. 낮의 밝기에 익숙해진 눈이 터널로 들어가도 안전하게 볼 수 있도록 터널 입구 부근에는 어느 정도의 길이만큼 조명을 촘촘하게 배치해서 조도를 확보할 필요가 있다. 눈이 순응해 갈 즈음부터 조명의 배치를 줄여가면 에너지를 절약할 수 있다. 출구 부근에서는 다시 조명을 증가시켜서 터널을 나온 직후의 주위의 밝기에 대처할 수 있게 한다. 야간에도 터널 입구 전후에서 외부의 어둠과 극단적인 차이가 있으면 마찬가지의 위험이 있기 때문에 낮 동안과는 다른 조명의 점등 배치가 필요하다.

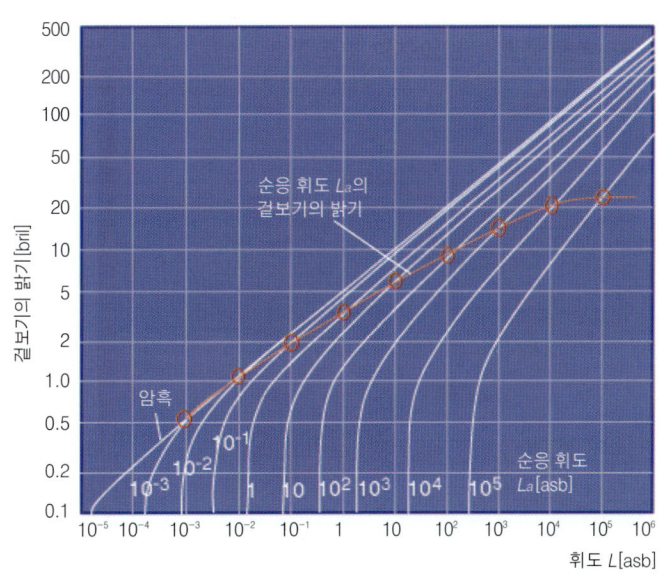

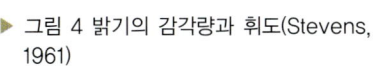
▶ 그림 4 밝기의 감각량과 휘도(Stevens, 1961)
그림 안의 곡선은 모두 감각의 크기가 자극의 물리적인 크기의 제곱에 비례한다는 것을 나타내고 있다. 빨간 선은 휘도와 순응 휘도가 같은 때를 가리키며, 자극에 완전히 순응되었을 때의 밝기를 나타낸다.

■ 글레어

우리가 사물을 보고 있을 때 시각은 어느 밝기 레벨에 순응하고 있다. 이때 시야 안에 극단적으로 휘도비가 다른 대상물이나 광원이 들어오면 눈에 불쾌감을 느끼거나, 명시성이 손상되거나 하는 경우가 있다. 이러한 현상을 '글레어'라고 부른다. 글레어는 광원과의 위치 관계에 따라 직접 글레어와 반사 글레어로 분류되고, 기능에 따라 불쾌 글레어와 감능 글레어로 분류된다.

■ 밝기의 감각 척도

빛의 강도를 조절하여 조명의 강도를 2배, 10배로 변화시킨 경우, 조도는 그에 대응하여 10[lx]에서 20[lx], 100[lx]로 변화하는데도, 눈에 느끼는 밝기에는 거의 변화가 없다. 태양광 아래에서 새까맣게 보이는 물체의 휘도와 같은 휘도가 달빛 아래에서는 눈부신 하이라이트로 보이는 것처럼 대상의 휘도가 일정해도 눈이 순응되어 있는 휘도에 따라 심리적인 밝기는 변화한다. 같은 휘도의 물체라도 순응 휘도가 낮을 때는 밝게 보이고, 순응 휘도가 높아지면 어둡게 보인다. 이와 같이 어느 시 대상물의 밝기를 평가하는 경우, 조명량의 절대량 뿐만 아니라 빛환경의 분포를 고려한 척도화가 필요하다. 그림 4는 Stevens가 구한 밝기의 감각량(겉보기의 밝기)과 자극 휘도, 순응 휘도와의 관계를 보여준다. 척도화 된 밝기는 미술관에서 그림의 색지각을 검토할 경우 등에 활용된다.

6.9 시각의 연령 변화

 고령자의 시각

종래의 건축 환경이나 도시 환경 디자인은 건강한 약년층을 대상으로 하였다. 그러나 최근 고령화 사회로 접어들면서 고령자를 대상으로 한 환경 정비의 문제가 급선무로 떠오르고 있다. 빛환경의 디자인에 있어서는 먼저 고령자의 시각 특성을 이해하고, 명시 조건과의 관계를 고려하는 것이 중요하다.

■ 시력 저하와 조도

나이가 들어서 오는 시각의 변화 중에서 가장 일반적인 것이 '노안'이라고 불리는 근점에서의 초점 조절 능력의 저하이다(그림 1). 이 현상은 빠르게도 40대부터 자각된다. 또한 백탁화나 황변화에 의해 수정체의 투과율이 감소하는데다, 어두운 곳에서는 동공 축소로 인해 안구 내에 입사하는 빛의 양이 감소하게 된다.

이로 인해 일반적으로 문자의 시인(視認)과 같은 세세한 시작업의 경우, 고령자는 청년보다도 높은 조도가 필요하다고 한다. 관찰 거리 1미터에서 사인의 문자를 알아보기에 적당한 조도에 관한 회답 결과를 보면, 고령자가 청년보다 높은 조도를 요구하고 있는 것으로 나타나, 작은 관찰 대상을 판별하려면 높은 조도가 필요하다는 것을 알 수 있다(그림 2). 또한 어두운 조명 환경에서 랜돌트 링의 시인 역치를 나타내는 등시력선도(그림 3)를 보아도 고령자는 청년과 비교하여 매우 높은 조도를 필요로 한다. 한편, 완만하게 진하기가 변하는 줄무늬에서 선의 강도(콘트라스트)가 보이지 않게 되는 최저한의 콘트라스트를 구해 그 역수를 콘트라스트 감도라고 할 경우, 일반적인 밝기에서는 줄무늬의 간격이 촘촘한 것일수록 고령자는 감도가 낮고, 줄무늬의 간격이 클수록 고령자와 청년 사이에 감도의 차가 없다(그림 4).

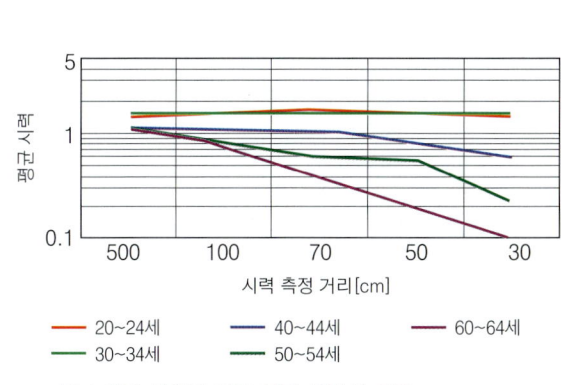

▲ 그림 1 연령 변화에 따른 근점 시력의 저하

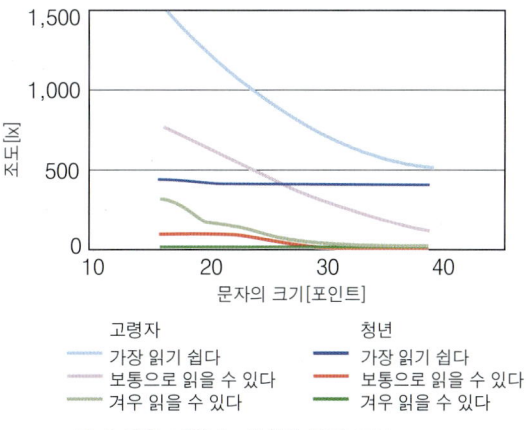

▲ 그림 2 관찰 거리 1m에서의 적정 조도

주택에서의 쾌적 조도 실험에 있어(그림 5) 고령자가 청년보다도 쾌적 조도를 낮게(중앙치) 보고한 결과를 포함하면 높은 분해능을 필요로 하지 않는 일상생활의 시작업의 경우, 고령자가 특별히 높은 조도를 필요로 하는 것은 아니다.

■ 색각의 연령 변화

고령자는 오랫동안 자외선을 받아왔기 때문에 수정체 농도가 증가하게 된다. 특히 500nm 이하의 단파장인 청색광 영역의 투과율이 현저하게 저하되는데, 이것이 소위 말하는 수정체의 황변화에 의한 것이다. 또한 고령자는 황변화에 더하여 백탁화가 진행되면서 백내장 질환을 보이게 된다.

백내장을 앓는 비율은 65~69세에 약 70%, 70~79세에 약 90%라고 하는데, 백내장의 정도가 진행되면 빛의 투과가 저지되어 안경으로 시력을 교정하는 것도 불가능해진다. 주로 이 수정체의 투과율 변화가 망막 투영상의 색에 영향을 미쳐, 그 결과 고령자의 색각 특성은 저조도 조건에서 특히 색

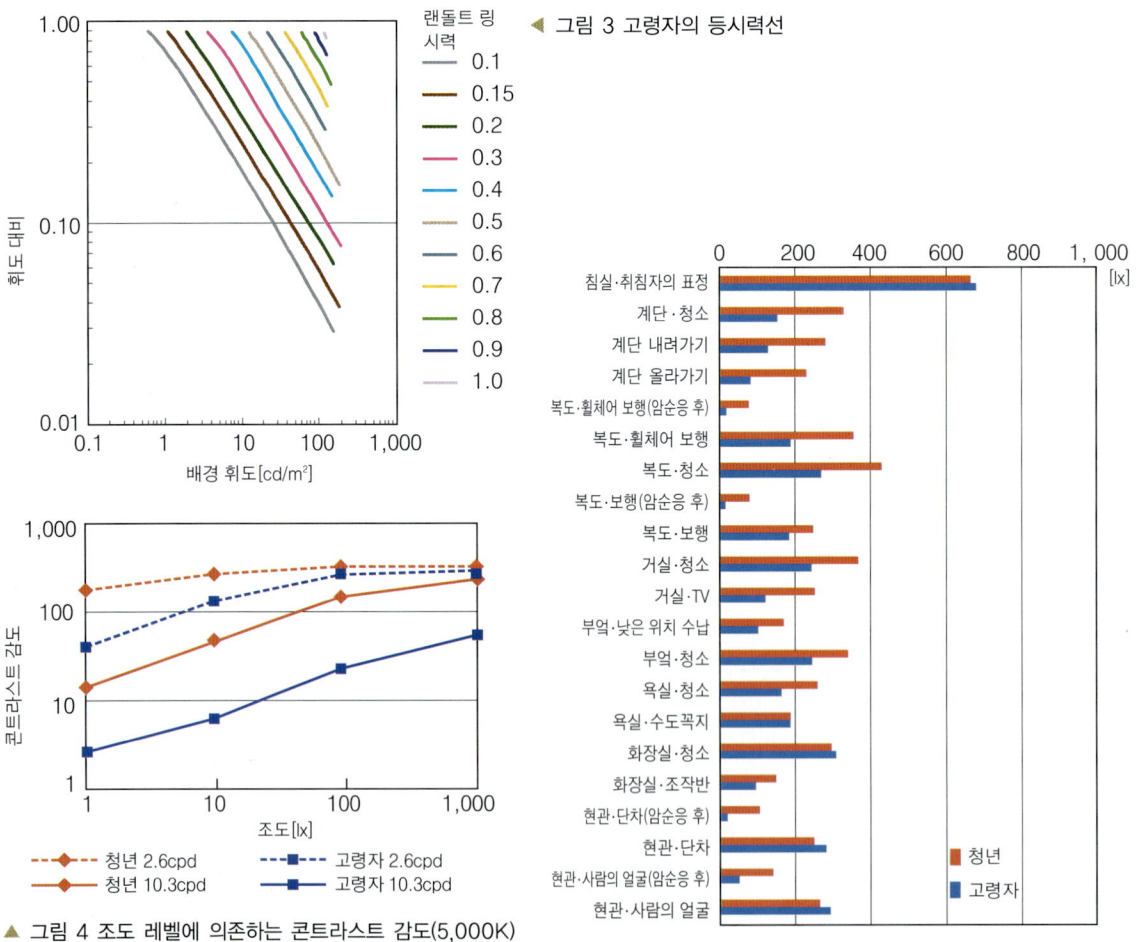

◀ 그림 3 고령자의 등시력선

▲ 그림 4 조도 레벨에 의존하는 콘트라스트 감도(5,000K)
(주) cpd : cycle per degree 시각 1°당 줄무늬의 수

▲ 그림 5 실험 주택에서의 쾌적 조도 중앙치

변별 능력이 저하하는 것으로 알려져 있다.

　고령자의 생활 환경을 계획하거나 고령자가 쓸 제품을 보급하는 경우에 있어 이와 관련된 사람이 고령자의 시각 특성을 쉽게 이해할 수 있도록 분광 특성을 조절하는 필터를 사용해서 고령자의 시각을 체험할 수 있도록 하였다. Two-factor 가령(加齡) 모델에서 얻은 수정체 분광 투과율(그림 6)을 기초로 제작한 20세용의 70세 시뮬레이션 필터를 사용해서 빨강, 파랑, 노랑, 녹색의 색종이를 사진 촬영한 것이 그림 7이다.

　그림을 보면 가령에 따른 시각 변화는 인정하지만, 충분한 기술 정비 없이 시뮬레이션한 결과만으로 고령자는 파랑이 검정으로 보인다든지, 흰색이 노랑으로 보인다는 식의 견해가 잘못되었다는 것을 알 수 있다. 또한 이 사진을 보고 있는 사람은 이미 어느 정도 황변화한 수정체를 갖고 있거나, 고령자는 오랜 시간의 경과 속에서 수용체 이후의 메커니즘이 가령에 의한 감도의 감소량을 보완해서 항상성에 관여하고 있다는 점에서 가령에 의한 지각색의 변화는 필터를 통해 본 경우보다 실제로는 차이가 적다. 단, 고령자는 채도의 평가에 약간의 저하가 보이므로 빛환경 디자인에서는 이를 고령자의 색변별 능력 저하로서 고려해야 한다. 미묘한 색의 차이나 작은 휘도차를 이용한 디자인은 고령자에게는 효과적으로 작용하지 않을 수 있으므로 주의하도록 한다.

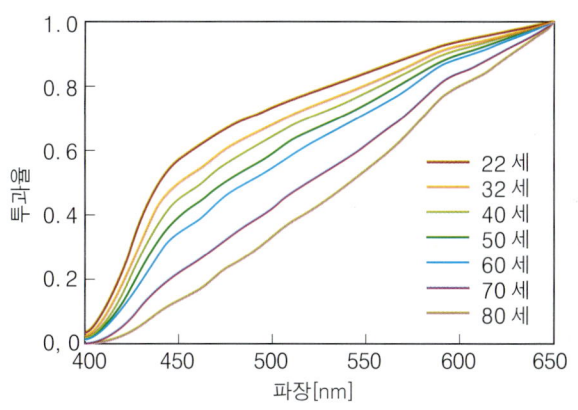

▲ 그림 6 Two-factor 가령(加齡) 모델에서 얻은 수정체 분광 투과율
(650nm의 값을 투과율 1로 하여 환산한 값)

▲ 그림 7 20세용 필터에 의한 70세 고령자 시뮬레이션
(아래쪽 사진이 필터에 의한 시뮬레이션)

≫ 색의 스케일

색을 객관적으로 표시하지 않으면 다른 사람에게 정확하게 전달되지 않아서 여러 가지 폐해를 불러일으키기도 한다. 여기서는 그렇게 되지 않도록 하기 위한 도구, 즉 표색계 중에서 주요한 몇 가지를 소개하기로 한다.

표색계는 크게 둘로 나눌 수 있다. 특정한 관찰 조건 아래에서는 어떤 색과 그 색광의 분광 에너지 분포와의 사이에 일정한 대응 관계가 있고, 일반적으로 3가지 색광의 혼합으로 어떠한 색이라도 만들 수 있다는 개념에 기초한 혼색계와, 색표를 작성하여 이들을 지각에 기초해서 체계적으로 배열하고 기호·번호 등을 붙여 표면색 등을 나타내는 현색계가 그것이다.

■ CIE-XYZ 표색계

이 표색계는 혼색계의 대표라고 할 수 있다. CIE의 RGB 표색계에 기반을 두고 있는데, RGB 표색계가 현실에서 특정지을 수 있는 정해진 파장의 삼원색에 기초하는 것인데 비해, XYZ 표색계는 개념상의 삼원색 X, Y, Z라는 점이 직감적인 이해를 어렵게 하고 있다. 일반적으로

$$x = X/(X+Y+Z), \quad y = Y/(X+Y+Z)$$

로 나타내어지는 색도 좌표(x, y)와 밝기의 개념을 갖는 Y의 세 개의 수치에 의해 빛의 색을 표현한다. 그림 1이 xy 색도도(色度圖)이다.

색도도의 주변부로 갈수록 색의 순도가 증가해 선명해지고, 백색점(1/3, 1/3)에 가까워질수록 색

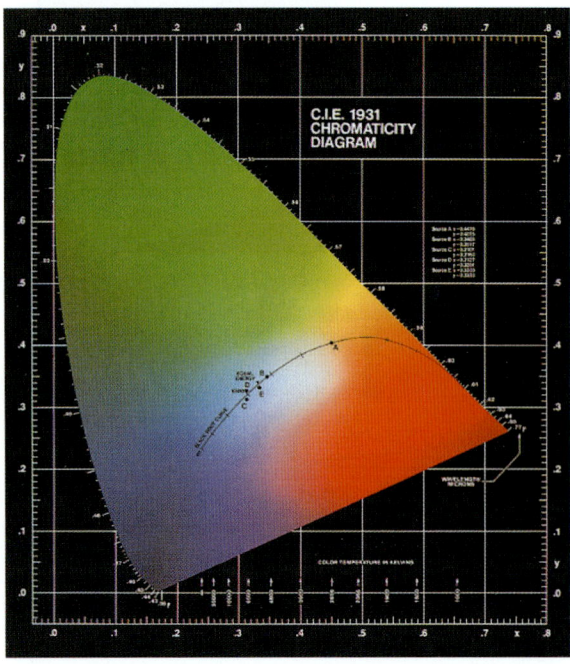

◀ 그림 1 xy 색도도

감이 희미해진다.

이 표색계는 물체의 표면색을 나타낼 수도 있는데 그 경우에도 색도 좌표와 Y로 색채를 표현할 수 있다. 단, 여기서 Y가 나타내는 것은 시감 반사율이다.

■ 먼셀 표색계

먼셀 표색계는 건축 마감면의 색채와 같은 물체의 표면색을 나타내는 표색계 중에서 현재 전 세계적으로 가장 많이 사용되고 있으며, 우리나라에서도 한국산업규격(KS A0062)에 채용되어 있다. 삼속성인 색상, 명도, 채도를 각각 휴(Hue), 밸류(Value), 크로마(Chroma)라고 부르며, 이들은 원통형의 좌표계를 구성한다. 휴는 그림 2와 같이 10색상을 다시 4분할한 40색상을 사용하는 것이 일반적인데, 건축물의 색채 등을 취급하는 경우에는 R에서 Y에 걸친 난색계가 좀 더 세분화되었으면 하는 요구도 있다.

먼셀 표색계의 강점은 무엇보다도 CIE 표색계로 변환할 수 있다는 점이며, 이때 밸류는 시감 반사율과 대응한다. 밸류(V)의 5차식으로 나타낼 수 있는 시감 반사율(Y)은 $2 < V < 8$의 범위에서 $Y ≒ V(V-1)$의 근사식이 비교적 높은 정밀도로 통용된다(그림 3). 또한 그림 1의 색도도를 가득히 채울 정도의 색채를 만들 수 있는 것은 아니라 그림 4와 같이 밸류에 의한 한계가 정해져 있다. Y계열의 색채를 제외하고 선명한 색채를 만들려면 어느 정도 명도를 낮추지 않으면 안 된다는 것을 이 그림을 통해 알 수 있다.

크로마는 흰색에서 검정까지의 회색축으로부터의 거리로 생각하면 되는데, 일반적으로는 선명함,

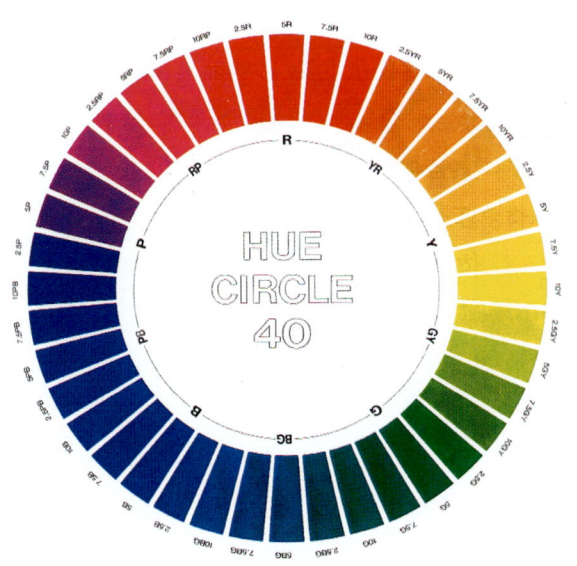

▲ 그림 2 먼셀 색상환

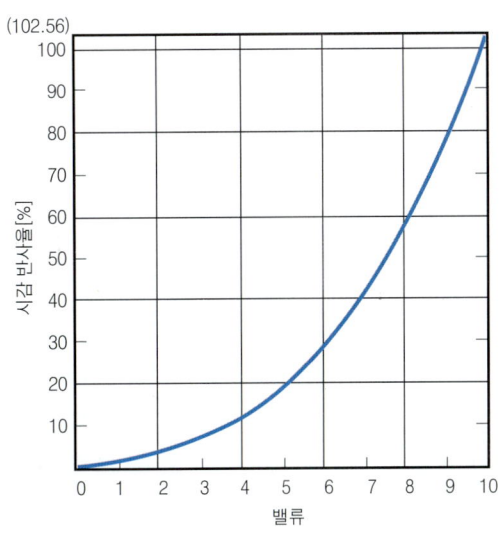

▲ 그림 3 밸류와 시감 반사율의 관계

순도와 같은 용어로 바꾸어 표현된다. 초기의 먼셀 표색계에서는 크로마 두 단계 분량의 색차가 밸류 한 단계 분량의 색차와 동등한 것으로 해서 구성되었는데, 현재 사용되고 있는 수정 먼셀 표색계에서는 CIE 표색계에 대한 대응에 맞추어 수정되어 있다.

먼셀 표색계의 가장 큰 특징은 크로마의 최대값이 색상, 명도에 따라 일정하지 않다는 것이다. 그 이유는 CIE 표색계에 의해서 이론적으로 제약이 된다는 점과 안료에 의한 제약 때문이다. 그림 5에서 보는 바와 같이 5Y에서 고채도의 색은 명도를 높게 하지 않으면 얻기 어렵고, 이와 달리 반대 색상에 위치하는 5PB에서는 명도를 낮게 설정하지 않으면 높은 채도의 색을 만들 수 없다. 이 두 그림을 통해 먼셀 표색계의 색입체가 불규칙한 형태를 갖는 이유를 쉽게 이해할 수 있을 것이다.

먼셀 표색계의 색 표기법은 색감을 갖는 유채색의 경우 휴, 밸류, 크로마의 순서대로 예를 들어, 5R 4/12와 같이 표기하며, 무채색의 경우에는 밸류값만으로 예를 들어 N 5.5와 같이 표기한다.

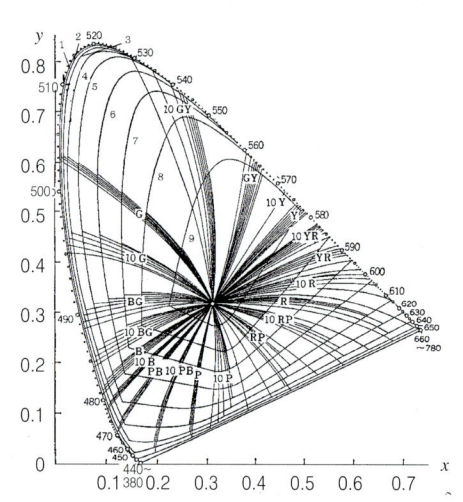

▲ 그림 4 각 밸류에서의 색도의 한계

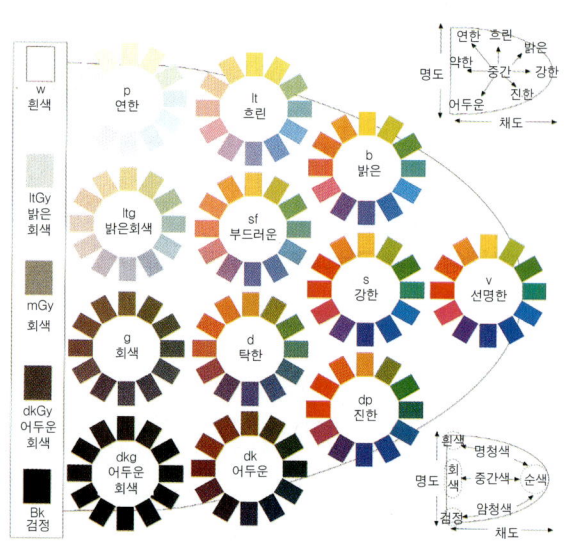

▲ 그림 6 톤에 의한 분류

(a) 5Y   (b) 5PB

▲ 그림 5 밸류와 크로마의 관계

■ 톤을 이용한 표색계

톤이란 한마디로 명도와 채도를 합친 복합 개념이며, 일반적인 대화에 사용되는 어구를 사용해서 어느 정도 명도와 채도를 추측할 수 있다. 밸류 8, 크로마 2와 같은 표현은 사실 직감적으로 이해하기가 어렵다. 톤은 설득력 있는 개념이므로 건축물의 색채를 취급하는 경우에도 장점이 많다. 톤을 이용한 표색계로는 PCCS 표색계가 대표적이다. 톤의 분류와 먼셀 표색계와의 대응을 그림 6에 나타내었다.

■ 측색의 과정

측색에는 인간의 시감각에 의존하는 시감 측색과 기기에 의한 물리 측색이 있다. 광원색은 대부분 물리 측색에 의하지만 표면색에 대해서는 조건에 따라 어느 한 쪽을 선택하게 된다. 시감 측색은 숙련되지 않으면 매우 어려운 작업이 될 수 있지만, 익숙해지면 측색의 속도나 정밀도 모두 상당히 향상된다. 단, 광원에 대한 주의(주광의 경우, 북측 채광창을 이용한다)나 색채의 면적 효과를 배제하기 위해 측색 부분을 색표의 면적과 같도록 마스크를 씌우는 등의 조건을 갖추어야 한다. 물리 측색의 경우, 측색하는 재료의 표면 성상에 따라서는 측정이 어려워지는 경우도 있는데, 기기가 고가라는 점을 세외한다면 측정이 매우 손쉽고, 최근에는 휴대히기 편리한 소형의 기기도 시판되고 있다.

6.11 색의 지각

≫ 색표의 색과 환경의 색

색은 물체 표면의 색이면 먼셀 값 등으로, 광원이나 빛의 색이면 색도 좌표나 상관 색온도 등에 의해 객관적으로 표현할 수 있다. 그런데 이들 값이 같다고 해서 그 색이 반드시 같아 보이는 것은 아니다. 반대로 똑같아 보이는 색을 측정해서 이러한 값을 얻었다고 해도 그 값이 반드시 같다고는 할 수 없다. 이러한 이유는 지각되는 색이 그 색을 보는 상황에 의해 크게 영향을 받기 때문이다.

■ 색의 양상

파란 하늘의 색과 벽에 칠해진 파란 페인트의 색은 같은 파랑이라고 해도 그 인상이 전혀 다르다. 파란 하늘은 부드럽고 두께감이 있으며 마치 뚫고 들어갈 수 있을 것 같은 느낌이 드는 파랑(면색)인데 비해, 파란 페인트는 면의 존재감이 강하고 딱딱한 인상을 주어 마치 거기에 부딪힐 것 같은 느낌이 드는 파랑(표면색)이다. 또한 병에 들어 있는 파란 액체에서 받은 파랑(용적색)의 인상과 파란 셀로판을 통해서 사물을 보았을 때 받는 파랑(투명색)의 인상은 이들과 또 달라서, 용적감이나 투명감 등을 느낀다. 이들 색은 보통 같은 색으로 느껴지지 않지만, 눈에 들어오는 빛의 색의 속성을 측정하면 그 값이 매우 가깝다. 이러한 지각색의 차이를 색의 양상이 다르다고 표현하며, 현실의 빛환경에서는 양상이 다른 색이 병존하는 것이 일반적이다.

■ 색과 빛

책상 위에 놓인 여러 종류의 색표를 보고 있을 때, 거기에 닿는 빛이 조금 달라져도 색표의 색은

▲ 그림 1 표면색
페인트를 칠한 건물 표면의 파란색은 전형적인 표면색으로 존재감을 느끼게 하는 파랑이다.

▲ 그림 2 용적색
파란 액체가 들어있는 병에서 느끼는 파랑은 용적색이라고 불리며, 투명감과 용적감을 느낄 수 있다.

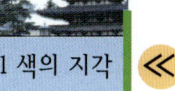

같은 색으로 보인다. 이를 색의 항상성이라고 하는데, 이는 닿는 빛이 조금 변화해도 빛이 균일하게 닿기만 하면 색과 색의 상대적인 관계가 거의 달라지지 않기 때문인 것으로 설명되고 있다. 그러나 천장, 벽, 바닥 등과 같이 공간적인 위치나 방향이 다르기 때문에 거기에 닿은 빛이 변화하는 경우에는 각각의 색마다 닿는 빛이 다르기 때문에 이러한 항상성이 성립하지 않게 되는 경우가 많다. 예를 들어, 천장면에 거의 빛이 닿지 않는 루버 부착 조명 기구를 사용한 실내에서는 실제로는 먼셀 밸류 8~9 정도의 밝은 색을 사용한 천장의 표면이 명도가 낮은 마감재를 쓴 것처럼 보인다(그림 5). 또한 옥외에서는 천공으로부터의 균일한 빛과 방향성이 강하고 시각이나 날씨에 따라 크게 변화하는 태양으로부터의 직사광이 함께 비추어지고 있으므로 색이 있는 면이 어떤 방향을 향하고 있는가에 따라 지각되는 색이 크게 달라진다(그림 6).

▶ 그림 3 광원색
신호기의 파란색은 빛이 반사되어 느끼는 파랑과 인상이 다르다. 빛나는 물체의 색은 광원색이라고 하며, 반짝이는 인상을 받는다.

▲ 그림 4 면색
하늘의 파란색은 마치 뚫고 지나갈 수 있을 것 같은 느낌이 드는 면색의 파랑이며, 구멍으로 들여다 볼 때 보이는 파랑과 동일한 인상을 주므로 개구색이라고도 불린다.

▲ 그림 5 실내 공간에서의 색의 지각
천장으로 거의 빛이 새어 나가지 않는 조명 기구를 사용한 공간에서는 천장에 사용한 색이 실제보다 어두운 색으로 느껴진다.

■ 물체의 색과 빛의 색

디지털 카메라 등을 이용하여 컬러 화상을 촬영하면 화상의 각 픽셀에 RGB값을 얻을 수 있다(그림 7). RGB값은 물론 색을 나타내므로 이러한 방법으로 우수한 색채 계획의 예를 대량으로 촬영하면 그 데이터를 직접 색채 설계에 이용할 수 있을 것으로 생각할 수 있다. 그러나 이런 방법으로 얻어진 색의 데이터는 먼셀 색표를 사용하여 시감 측색을 하거나 접촉형 측색계를 사용하여 측색한 것과는 전혀 다르다. 후자는 물체의 반사 특성을 측정하는 것인데 비해, 전자는 카메라에 입사하는 빛의 색의 속성을 측정하는 것이다. 카메라에 입사하는 빛은 물체 표면에 빛이 닿아 그것이 반사된 결과이며, 같은 카메라에 대해서도 입사광을 발생시키는 빛과 물체 표면의 반사율의 조합이 무수히 존재할 수 있으므로 반사의 특성, 즉 물체의 색을 특정지울 수 없다. 이러한 이유로 인해 노출이나 색온도 설정을 고정한다고 해도 디지털 카메라로 촬영한 컬러 화상은 배색에 있어서 참고 자료 정도라고 할 수 있다.

▶ 그림 6 옥외 공간에서의 색의 지각
채색된 면에 닿는 빛이 다르면 눈에서 느끼는 색은 변화한다. 그림과 같이 여러 방향을 향하고 있는 복수의 면으로 구성된 지붕을 보면, 정말 모두 같은 색으로 구성되어 있는지 분명히 대답하기가 망설여진다.

화상의 RGB값

	R	G	B
A	(151,	142,	147)
B	(234,	222,	224)

반사광의 색속성 ≒ 물체의 색

▲ 그림 7 물체의 색과 빛의 색
표면색이 같아도 사진이나 화상에서는 양지와 음지에서 같은 값으로 찍히지 않는다. 디지털 카메라가 기록할 수 있는 것은 물체로부터 반사된 빛의 상대적인 분포이다. A와 B의 표면색은 같은데, 입사하는 조도와 색온도가 다르기 때문에 화상의 RGB값이 달라진다.

6.12 색의 인식

 면적 효과와 유목성

색채 효과에 대해서는 여러 가지 견해가 있을 수 있는데, 여기서는 색채가 갖고 있는 지각적 효과에 초점을 맞춰 설명하고자 한다. 단, 색채 효과에 관한 경험적인 메커니즘에 대해서는 여러 설이 있지만 아직 결정적인 것은 없다.

■ 색의 온도감

따뜻한 인상을 주는 색을 난색이라고 하며, 일반적으로는 빨강, 주황, 노랑 등의 장파장 색상을 가리킨다. 난색은 교감 신경을 자극하여 생리적인 촉진 작용이나 흥분 작용을 일으킨다고 하여, 흥분색이라고도 불린다. 이와는 반대로 차가움이나 시원한 인상을 주는 색을 한색이라고 하며 청록, 파랑, 남색 등 단파장의 색상을 가리킨다. 한색은 진정색이라고도 한다. 무채색에서는 저명도색이 따뜻하게 느껴지고, 고명도색은 시원하게 느껴진다.

■ 진출과 후퇴

주위보다 튀어나와 보이는 색을 진출색이라고 한다. 난색, 고명도색이 이에 해당한다. 빨강과 같

▲ 그림 1 진출색 · 팽창색과 후퇴색 · 수축색
빨강·노랑·흰색은 진출색과 팽창색에, 검정·파랑·녹색은 후퇴색과 수축색에 해당된다.

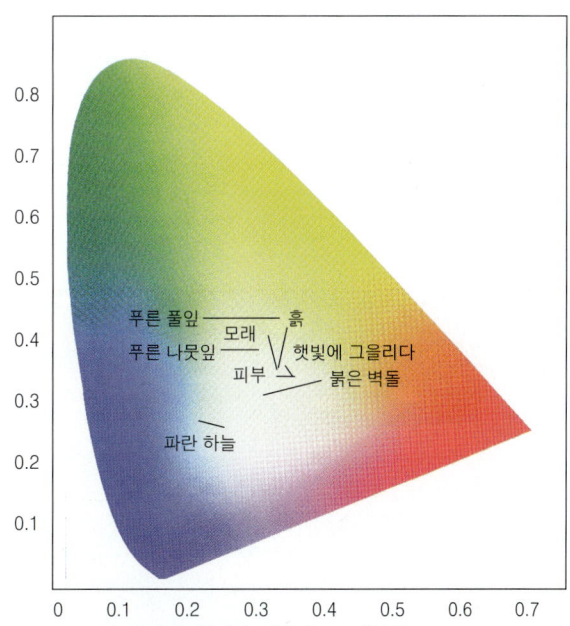

▲ 그림 2 각종 물체의 색채와 그 기억색
색도도 상에서는 기억색이 실제 색에 비해 주변 방향을 향해 있어 채도가 높아졌음을 나타낸다.

은 장파장의 색은 색수차로 인해 망막보다 뒤에 상이 맺히고 이에 대한 대응으로 수정체의 굴절률을 높인다는 것이 가까이에 있는 것을 보는 것과 기능이 동일하기 때문에 색이 앞으로 나와 보인다는 설이 있다. 그러나 이것만으로는 설명할 수 없는 부분도 많다. 반면, 주위보다도 멀어 보이는 색을 후 퇴색이라고 하는데, 파랑과 같은 단파장의 색이나 검정을 대표로 하는 저명도색이 이에 해당한다.

■ 팽창과 수축

실제 도형보다도 크게 판단되는 색을 팽창색이라고 하고, 난색·고명도색 등의 진출색이 이에 해당한다. 이것은 진출색에서 겉보기 면적이 커짐으로써 팽창하여 보이는 것이다. 이에 비해 실제 도형보다도 작게 판단되는 색을 축소색이라고 하는데, 한색이나 저채도색인 후퇴색이 이에 해당한다.

■ 색의 중량감

주로 명도의 영향을 받아 고명도색은 가볍게 느껴지고, 저명도색은 무겁게 느껴진다. 따라서 경쾌한 인상을 주려면 고명도색을, 중후한 인상을 주려면 저명도색을 사용한다. 또한 실내에 안정된 느낌을 주려면 공간적으로 밝은 색이 위, 어두운 색이 아래가 되도록 배색한다. 한편, 난색은 가볍고 한색은 무겁게 느껴진다.

■ 색의 면적 효과

넓은 면적으로 채색된 부분의 색이 실제 색채보다도 명도, 채도가 높아 보이는 효과를 색의 면적 효과라 한다. 이는 건축 공간의 색채 문제로서 가장 중요한 효과 중의 하나다. 넓은 면적 부분의 색을 작은 색견본으로 선택하는 일은 흔히 있는 일인데, 이런 경우 그 색을 넓은 면적에 실제 적용해 보면 예상보다도 밝고 선명해질 수 있으므로 주의가 필요하다.

▲ 그림 3 난색으로 구성된 초등학교의 내부 장식(덴마크)

▲ 그림 4 기억색의 예(그리스 미코노스 섬)
기억에 남는 하늘·바다의 색은 더 선명한 파랑이다.

■ 시인성

시인성이란 주의가 어떤 방향으로 향해 있는 경우에 분명하게 보이는지, 읽을 수 있는지에 관한 속성이다. 주시하는 도형의 색과 바탕의 색 사이에 색상, 명도, 채도의 차이가 커지면 시인성이 향상된다. 특히 명도차의 영향이 큰데, 반대로 빨강과 녹색처럼 색상의 차이가 커도 명도 차이가 작으면 색의 차이가 쉽게 인식되지 않는다. 이를 특히 '리프만 효과'라고 부른다.

■ 유목성

유목성이란 특별히 주의를 기울이지 않는 경우라도 시선을 끌기 쉬운지, 눈에 잘 띄는지에 관련된 속성이다. 일반적으로 고채도색은 유목성이 높다. 색상에서는 빨강이 가장 높고, 파랑이 그 다음, 녹색이 가장 낮다. 노랑과 보라는 조건에 따라 다르다. 특히 주시점에서 멀어지는 경우에 노랑의 유목성이 높다. 그래서 아동의 교통 안전을 위한 모자, 가방 등에는 노랑이 많이 사용된다. 시인성과 유목성 모두 바탕보다는 도형의 명도가 높은 쪽이 그 반대의 경우보다 높다.

■ 기억색

기억상의 색채를 기억색이라고 한다. 실제 색과 비교하면 일반적으로 기억색이 채도가 더 높다. 또한 명도도 높아지는 경향이 있으며, 난색은 한색보다 정확히 기억된다고 한다.

▲ 그림 5 시인성이 높은 배색, 낮은 배색(도형과 바탕의 관계)
빨강, 주황, 노랑, 초록, 파랑, 보라, 흰색, 회색, 검정 합계 9색을 도형과 바탕으로 해서 조합한 관계.
塚田敢「色彩の美學」(紀伊國屋書店, 1979)의 실험 결과를 참고로 작성하였다.

배색의 시각적 효과

색의 상호 작용에 의한 효과, 특히 대비는 여러 색채 조화론과 배색의 구성 원리 중에서도 중요한 요인으로 지적되는 경우가 많으며, 건축의 색채 환경에서도 그 역할이 크다.

■ 대비

두 색이 상호 영향을 미쳐 그 차이가 강조되어 보이는 현상을 대비라고 한다. 시계열상의 개념으로서, 두 색을 시간적으로 동시에 보았을 때의 동시 대비와 연속적으로 보았을 때의 계시 대비로 나누어진다.

또한 색의 속성에 의한 것으로서 명도가 다른 두 색으로 명도차를 강조하는 명도 대비와 채도가 다른 두 색으로 채도차를 강조하는 채도 대비, 색상이 다른 두 색으로 색상차를 강조하는 색상 대비, 보색 관계에 있는 두 색으로 각각의 채도가 높아 보이는 보색 대비가 있다.

특히 대비는 콘트라스트(contrast)라고도 불리는데, 대상의 속성을 서로 강조하는 효과를 가지고 있으므로 배색에서 뿐 아니라 디자인 전반에서도 중요한 원리이다. 다만, 고채도 색의 대비는 강렬한 인상을 주는 경우가 있으므로 함부로 사용해서는 안 된다.

■ 동화

대비와는 반대로 둘러싸인 색, 사이에 있는 색 등이 주위의 색에 가까워 보이는 현상을 동화라고

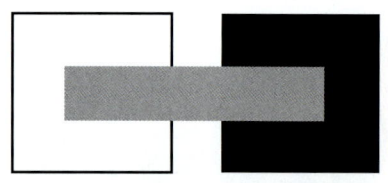

▲ 그림 1 명도 대비
왼쪽의 회색은 어둡고, 오른쪽의 회색은 밝아 보인다.

▲ 그림 2 색상 대비
왼쪽의 주황색은 노란빛을, 오른쪽의 주황색은 붉은빛을 띠어 보인다.

▲ 그림 3 채도 대비
왼쪽에 비해 오른쪽의 파랑이 더 선명하게 보인다.

▲ 그림 4 보색 대비
오른쪽에 비해 왼쪽의 녹색이 더 선명해 보인다.

▲ 그림 5 명도 대비의 예
(라 투레트 수도원, 프랑스)
밝은 부분과 어두운 부분의 명도 대비를 효과적으로 살리고 있다.

▲ 그림 6 동화 현상
바탕의 흰색 부분이 왼쪽은 붉게, 오른쪽은 푸르게 보인다.

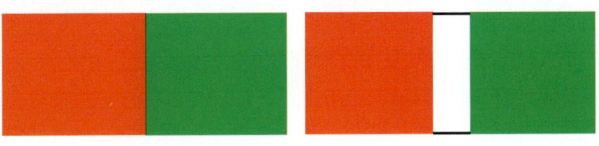

▲ 그림 7 세퍼레이션 효과
명도가 같은 빨강과 녹색 사이에 명도차가 있는 흰색을 삽입하면 애매한 관계가 없어진다.

▲ 그림 8 색상 대비의 예(카이유칸(海遊館), 오사카)
고채도의 빨강·노랑·파랑의 3색상이 강한 대비를 나타내고 있다.

▲ 그림 9 색상 대비의 예(마쿠하리(幕張) 베이타운, 치바)
저채도 색에 의한 약한 대비 속에서 정면 6층 부분의 기둥이 액센트를 주고 있다.

▲ 그림 10 채도 대비의 예(캐널 시티 하카타(博多), 후쿠오카)
왼쪽 부분에는 빨강, 녹색의 고채도 색이, 오른쪽 부분에는 주황색 계열의 저채도 색이 사용되었다.

▲ 그림 11 보색 대비의 예(야쿠시지(藥師寺), 나라)
빨강과 녹색의 보색이 대비적으로 사용되어, 건립 당시의 배색은 상당히 강렬했을 것이다.

▲ 그림 12 액센트 컬러의 예(파리, 프랑스)
무기질적인 건물 앞에 고채도의 빨간 옥외 조각이 액센트로서 설치되어 있다.

한다. 대비와 동화는 반대 현상인데, 도형의 패턴이 세밀하거나 또는 두 색이 유사할 때는 동화 현상이 나타난다고 하며, 이를 '베졸트의 동화 현상'이라고도 한다.

　내부 장식재, 특히 벽지나 커튼 등에 작은 무늬가 있는 경우에 동화 현상이 나타나기도 하지만, 부재 단위의 배색인 경우에는 대비가 일어나는 것으로 생각해도 된다.

■ 세퍼레이션 효과

　조화하기 어려운 색끼리 인접하는 경우나 명도가 같은 정도의 색이 인접하여 경계선이 불명료해지는 경우 등에 있어, 이들 색과 명도차가 있는 색이나 금속적인 광택이 있는 색을 중간에 삽입하여 두 색의 애매한 관계를 없애주는 것을 세퍼레이션 효과라고 한다. 대비의 응용 예로 볼 수 있다.

■ 액센트 효과

　좁은 면적이지만 전체에 변화를 주고 인상적인 포인트가 되는 색을 액센트 컬러라고 하고, 그 효과를 액센트 효과라 한다. 일반적으로 건축 공간에서는 액센트 컬러를 좁은 면적의 고채도 색으로 하여 넓은 면적의 저채도 색과 대비적으로 사용한다. 실내 공간에서는 이동 가능하고 일상적인 접촉이 많은 요소에 액센트 컬러를 사용한다.

빌딩의 외벽에 미러 글라스의 커튼 월을 사용한 디자인은 이제 도시 경관의 일부로서 정착되었다는 느낌이 든다. 도시를 그대로 보는 것이 아니라 거울에 비친 상태로 보는 것도 나름대로 흥미로울 수는 있다.

　미러 글라스는 그 형태가 다양하다. 평면으로 파사드 전면을 덮는 디자인인 경우, 주위 건물이 그대로 비추어진다. 이런 경우, 가로의 폭은 허상 속에서 배로 넓어지게 되어 개방감을 증가시키는 효과가 있다. 그러나 미러 글라스라고 해도 한 장의 판이 아니므로 완전하게 평면으로 만들기는 쉽지 않다. 이 때문에 미묘하게 일그러진 거울 속 도시는 원래의 도시와는 표정이 크게 다르다. 또한 미러 글라스의 평면이 복잡하게 조합된 건물의 경우에는 거울 자체가 서로 반사되어 마치 만화경 속에 있는 듯하다. 이렇게 미러 글라스의 건물은 허상의 도시를 찾고 있는 무리들에게는 멋진 피사체가 되기도 한다.

그런데 미러 글라스를 시환경의 관점에서 볼 때 도시 가로에 과연 어떠한 영향을 미치고 있을까? 먼저 이점을 들면, 하늘이 크게 보이므로 개방감이 커지고 천공률이 증가해서 거리가 밝아진다는 점을 들 수 있다. 결점으로는 태양이 생각지 않은 방향으로 반사해서 예기치 않은 글레어가 발생할 가능성이 있다는 점이다. 태양 이외에도 반사되는 것의 방위와 위치 관계에 따라 의도하지 않은 것이 의도하지 않은 위치에서 보일 수 있다.

폐해와는 관계없지만, 거울 본래의 효과를 내기 위해서는 비춰진 사물의 밝기가 거울 자체의 밝기보다 충분히 밝아야 하기 때문에 설치 상황에 따라서는 거울이 갖는 효과를 그다지 기대할 수 없는 경우도 있다.

Chapter 07

빛과 색의 활용

7.1 밝음과 어둠

>> 빛의 심리·생리적 반응

자연계의 조도 범위는 직사일광 아래의 120,000[lx] 정도로부터 달이 없는 별밤의 0.0003[lx] 정도에 이른다. 우리가 생활 속에서 체험하는 이러한 다양한 밝기의 레벨은 단순히 시각 기능에만 관련된 것은 아니다. 밝음이나 어둠은 인간 심리 깊은 곳에서 작용하여 생활의 리듬과 행동에 영향을 준다.

■ 빛과 서커디안 리듬

인간은 원래 주광성이므로 밝은 낮에 활동하고 어두운 밤에는 휴식이나 수면을 취하는 습성을 지니고 있다. 태양빛의 변화에 따라 활동과 휴식을 반복하고, 하루 24시간을 1주기로 하는 이러한 신체의 변화를 서커디안 리듬(circadian rhythm)이라고 한다. 흔히 볼 수 있는 체온의 서커디안 리듬은 이른 아침부터 오전에 걸쳐 상승하고, 저녁 무렵에 가장 높아진다. 야간에는 급격히 떨어져 새벽 3시경에는 최저치를 나타낸다(그림 1). 이와 달리 연속해서 야근을 하고 있는 경우의 체온은 전체적으로 변화가 없다. 한편, 지하나 심야 근무 등 24시간 동안 일정한 밝기 아래서 생활하게 되면 올바른 생체리듬에서 벗어날 수 있다.

인간 이외의 동물의 생체리듬은 환경의 명암 주기에 단순히 동조하는 경우가 많지만, 인간의 생체

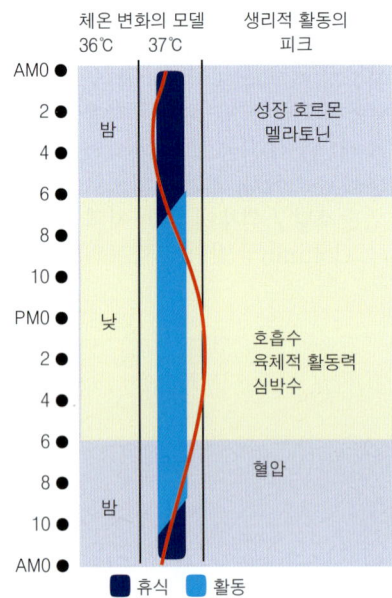

▲ 그림 1 인간의 체내의 생리적 변화 모델
체온을 비롯한 다양한 생리적 기구는 체내 시계에 의해 하루의 활동 패턴이 정해져 있다.

▲ 그림 2 광치료실(일본의 국립 정신·신경센터 무사시(武藏) 병원)
수면·각성 리듬 장애 등의 치료로서 3,000[lx] 이상의 고조도의 빛을 쏘이는 시설. 망막을 통해 체내 시계와 관계된 뇌의 시상하부에 빛의 자극을 주어 각성과 수면의 리듬을 조절한다.

리듬의 동조의 요인은 지금까지 빛의 작용보다는 식사나 생활 주기 등의 사회적 요인이 가장 중요한 것으로 여겨졌다. 그런데 최근에 들어 사람에게 있어서도 고조도의 빛이 강력한 동조의 요인으로 작용하고 있다는 것이 밝혀졌다. 예를 들어, 성숙을 억제하는 작용이 있는 멜라토닌이라는 호르몬은 하루 중의 변동이 현저해서 야간에는 분비가 많아지고 주간에는 낮다. 그 분비 기능은 빛에 민감하게 반응하여 야간에 조명을 켜면 혈중 레벨이 급격하게 기초값까지 떨어진다.

한편, 자폐증이나 수면 장애, 우울증 등의 치료나 시차 적응 등으로 인해 흐트러진 신체리듬을 원래대로 돌리기 위해 강한 빛을 쐬는 광치료법이 시도되는 경우도 있다. 이는 하루 중 어느 시간대에 1~2시간 정도 환자를 안구 위치에서 3,000~5,000[lx] 이상의 고조도의 빛에 노출시키는 것이다 (그림 2).

■ 밝기와 인간의 심리

아기는 태어나면 바로 밝은 곳이나 움직이는 것에 흥미를 느끼고, 또 자고 있을 때에도 자연스럽게 밝은 창 쪽으로 고개를 돌리려고 한다. 인간은 원래 빛에 대한 지향성을 갖고 있어 성장해서도 자연과 빛이 있는 장소로 주의가 기울어지기 마련이다. 이처럼 우리들은 밝기에 이끌리는 습성을 가지고 있으며, 이러한 습성을 이용하면 사람들을 자연스럽게 유도하는 조명 계획도 가능하다. 밝기는 눈을 자극할 뿐만 아니라 신체의 활동을 촉진시켜 기분을 쉽게 고양시킨다. 맑게 갠 푸른 하늘 아래서는 몸을 움직이고 싶은 기분이 드는 것은 그 밝기의 상태가 시각적으로 분명하게 보인다는 것뿐만 아니라 빛을 받음으로써 기분이 고조되기 때문이다(그림 3).

한편, 어두운 장소라는 것은 밤에 잠을 잘 때나 피곤해서 조용히 쉬고 싶을 때와 같이 활동을 절제하고자 할 때 요구된다. 어둠은 운동 신경을 진정시켜 긴장을 풀고 깊은 수면을 취할 수 있게 한다. 즉, 어두운 장소는 사람의 심신을 회복시키는 힘을 지니고 있다. 또한 어두운 장소는 혼자서 생각할 일이 있다거나 기분이 가라앉을 때, 연인과 단 둘이만 있고 싶을 때도 선호된다(그림 4). 분위기가 좋은 레스토랑은 대부분 조명을 어둡게 해 놓은 곳이 많고, 전체적으로 낮은 조도에 테이블 위의 작은 조명이 사적이고, 친밀한 분위기를 만드는데 도움을 주기도 한다.

▲ 그림 3 눈부시게 빛나는 햇빛 아래서 노는 아이들
밝은 빛은 기분을 고양시킨다. 여름 하늘의 눈부신 태양의 빛은 활발한 행동에 흥을 돋구어준다.

▲ 그림 4 해질녘의 강변에 멈추어 선 사람들
어둠 속의 부드러운 빛은 기분을 안정시킨다. 물가에 펼쳐지는 아름다운 야경은 친구나 연인 사이의 친근감을 키우고 서로의 거리를 좁히는 작용을 한다.

일본의 음영의 아름다움을 예찬한 타니자키 준이치로(谷崎潤一郎)의 「음예예찬(陰翳禮讚)」에서는 음영이 만들어 내는 매력을 "미(美)란 물체에 있는 것이 아니라 물체와 물체가 만들어내는 음영의 무늬, 명암에 있다. 야광 구슬도 어둠 속에 두면 광채를 발하지만 햇빛 아래서는 보석의 매력을 잃고마는 것과 같이 음영의 작용을 떠난 미란 없다."고 표현하고 있다. 어둠과 음영 속에는 일상적이지 않은 묘한 매력을 느낄 수 있어, 아름다움을 불러일으키는 역할을 하게 된다. 밝게 하는 것은 어둠에 의해 만들어진 이러한 매력을 희생시킬 수도 있다는 점을 알아두었으면 한다.

■ 어둠을 살린 조명 디자인

실내를 밝게 하려면 그만큼 실내의 어둠을 희생시키게 된다. 균질한 조명 환경에서는 밝음과 어둠을 공존시키기 어렵다. 실내를 어떠한 밝기 수준으로 조명할지는 공간의 기능이나 행위의 명시성, 요구되는 분위기 등 다양한 측면과 관계되지만, 대부분의 경우에는 명시성이 무엇보다도 우선된다. 즉, 조도가 높고 밝은 공간일수록 질이 높다고 여겨진다. 그러나 레스토랑 등 분위기가 중시되는 장소에서는 명시성을 희생해서라도 조명을 어둡게 하는 경우가 많다. 어둠을 적극적으로 받아들임으로써 조명된 부분의 밝은 인상은 두드러지고, 어두운 부분도 보다 깊이 있게 느껴지게 된다(그림 5).

밝음과 어둠을 공존시키는 조명 계획에는 실내의 기본 조도를 낮게 억제할 필요가 있다. 이렇게 해야 작은 빛에 의한 고급스러운 밝음을 연출한다거나 미묘한 밝기의 그러데이션을 보여줄 수 있다. 공간 속에 밝음과 어둠을 어떻게 배분할지는 평면도 등에 의해 2차원적으로 검토할 뿐만 아니라 3차원적인 분포에 의해 고려하는 것이 좋다. 이때 재실자의 시점의 위치나 시선의 중심, 동반자의 위치와 바닥과 천장의 배치를 고려하여 시야에 들어오는 빛의 분포를 설정한다. 다른 사람의 시점에서 본 밝기의 디자인이 심리에 대응한 조명 환경을 실현하는 지름길이라 할 수 있다.

▲ 그림 5 레스토랑의 조명 변화
실내 조명의 밝기 분포에 따라 재실자의 기분은 크게 좌우된다. 주위의 어둠을 살린 조명은 친밀하고 조용한 커뮤니케이션을, 전체적으로 희고 밝은 조명은 즐겁고 활기찬 커뮤니케이션을 촉진시킨다.

>> 얼굴의 입체감

모델링이라는 용어는 원래 조각가가 점토 등으로 살을 붙이는 것을 말하지만, 조명에서 말하는 모델링은 조명광으로 물체에 입체감을 주는 것이다.

모델링은 일반적으로 사람의 표정이 어떻게 보이는지에 대해 논하는 경우가 많지만, 위의 정의를 따르자면 반드시 사람의 표정만이 아니라 미술관 등에서 조각이 어떻게 보이는지도 모델링의 범주에 속한다고 할 수 있다.

■ 모델링에 대한 배려가 요구되는 장소

모델링은 공간 속을 흐르고 있는 빛의 방향과 빛의 양에 따라 변화한다. 빛의 방향은 벡터 조도(빛의 방향과 강도)로 표시하고, 빛의 양은 스칼라 조도(어떤 한 점에 모이는 빛의 총량)로 표시한다.

모델링은 조도나 휘도와 마찬가지로 조명 계획을 하는데 있어 중요한 요소이다. 모델링에 대해서는 조도나 휘도에 비해 충분히 검토되는 기회가 적다.

조명 계획에서 모델링이 충분히 검토되는 것은 미술관인 경우가 많다. 그러나 그 외의 공간에서도 모델링(공간 속을 흐르는 빛)이 고려되어야 한다. 미술품 전시에서는 조명의 대상이 움직이지 않는

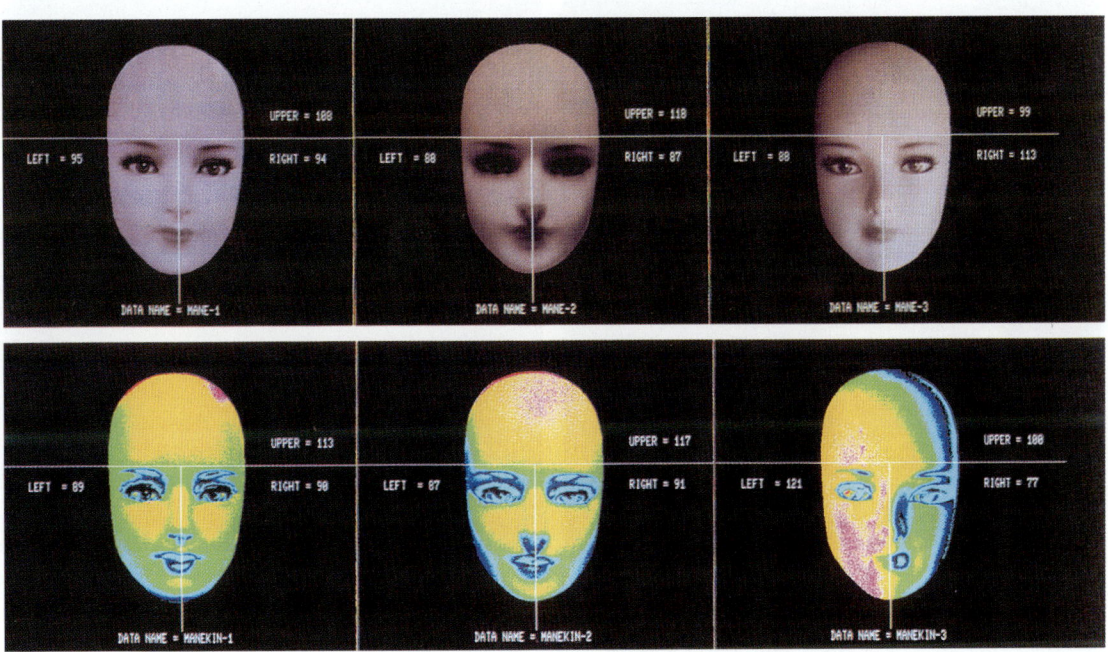

▲ 그림 1 사람 얼굴의 모델링

사람 얼굴의 모델링을 나타낸다. 왼쪽은 정면으로부터, 중앙은 위에서부터, 오른쪽은 왼쪽 아래에서부터 빛이 닿아 있는 경우이다. 빛이 닿는 방향에 따라 얼굴의 표정이 변화한다.

것이고, 이를 감상하는 시점도 어느 정도 한정되는데 비해, 행동하는 「사람」을 대상으로 한 모델링 계획은 곤란스러운 경우가 적지 않다.

모델링에 대한 배려가 특히 요구되는 경우는 식별이나 커뮤니케이션을 위해 사람의 얼굴이 어떻게 보이는지가 중시되는 경우인데, 모델링 계획을 위해서는 그 장소에서의 사람의 행동이나 있는 지점이 어느 정도 한정적일 필요가 있다. 이러한 공간의 대표적인 것으로는 음식점이나 다이닝룸, 통로, 호텔의 로비 등이 있다.

예를 들어, 고급 레스토랑 등에서는 고급스러움을 연출하기 위해서 풍경으로서 빛(휘도 분포)을 중심으로 계획되는 경우가 많으며, 테이블에 앉아 있는 사람들의 표정이 어떻게 보이는지를 고려하는 경우는 그다지 많지 않다. 그러나 식사의 즐거움은 표정이 어떻게 보이는지에 의해서도 크게 영향을 받는다.

▲ 그림 2.

▲ 그림 3.

▲ 그림 4.

▲ 그림 5.

▲ 그림 2~5 모델링의 시점에서 본 조명 계획의 실례
▲ 그림 2~4는 브래킷을 모델링을 위한 빛으로 사용하고 있다. 그림 3과 그림 4는 풍경으로도 우수한 조명 계획이라고 할 수 있다.
▲ 그림 5는 다운라이트가 아닌 브래킷을 사용한 호텔의 복도이다. 풍경으로서는 다운라이트 쪽이 차분한 느낌을 주지만, 서로 스치는 사람의 표정을 확인한다는 의미에서는 브래킷이 더 바람직하다.

■ 모델링에 의한 조명 계획

종래의 조도나 휘도와 같은 관점에다 모델링이라는 시점까지 고려해서 다양한 공간을 보게 되면, 지금까지 알지 못했던 조명 계획의 의도가 보이는 경우가 있다. 풍경으로서의 빛(휘도 분포)이라는 시점으로만 보면 고개를 갸웃거리게 되는 공간이 모델링이라는 시점으로 보면 고개를 끄덕이게 한다. 또 이와는 반대로 풍경으로서는 좋지만, 모델링은 과연 어떨지 하는 걱정이 되는 공간도 있다. 물론 풍경으로서의 빛과 모델링이 균형을 이루도록 해서 양쪽 모두 뛰어난 공간도 있다. 이처럼 보는 시점이 한 가지 늘어나면 갑자기 지금까지는 보이지 않았던 것이 보이고, 이해할 수 없었던 것이 이해되게 된다.

조명 계획은 다양한 용어나 측광량을 모르면 불가능한 작업이라고 생각하지 말고, 빛환경을 다음과 같은 세 가지 시점에서 평가하고 설계하면, 조명 계획에 좀더 가까이 다가설 수 있을 것이다.

(1) 조도 = 작업을 위한 빛

(2) 휘도 = 풍경을 위한 빛

(3) 모델링 = 입체감을 위한 빛

7.3 문자의 가독성 (1)

> ≫ 환경의 조건과 관찰자의 조건

인간은 생활하는데 필요한 정보의 대부분을 시각을 통해서 얻는다고 한다. 그러므로 쾌적하고 안전한 생활을 영위하려면 시각을 통해서 주변의 정보를 쉽고도 정확하게 파악할 수 있어야 한다. 또한, 명시성을 확보하는 것은 작업 능률의 향상이나 사고와 피로의 방지로 이어진다.

빛환경의 평가는 시각 자극 및 정보 센서인 눈의 감도에 따라 결정되는데, 명시성에는 다음의 네 가지 물리적 조건이 크게 영향을 준다. 조명 등의 환경 조건, 관찰자의 조건, 관찰 대상의 크기, 관찰 대상과 배경과의 휘도 대비, 관찰 대상을 보는 시간의 4가지로서, 이를 명시의 4조건이라고 한다.

■ 환경 조건

공간의 크기와 내부 장식, 창의 크기와 위치, 인공 조명 등의 환경 조건은 시야의 휘도(밝기)와 그 분포, 관찰 대상과 배경과의 대비나 겉보기의 색을 결정하고, 관찰자의 눈의 감도의 결정에도 관여한다(그림 1).

명시 환경의 조건으로는 작업에 필요한 밝기가 인공 조명이나 주광에 의해 적절하게 공급되는 것이 무엇보다 중요하다. 시야에 충분히 순응하고 눈부심이 없는 경우라면 밝을수록 작고 대비가 낮은 것을 인지할 수 있게 된다. 또한 밝기 변화에 따라 눈은 감도가 변하기 때문에 (순응), 동일한 시야 조건과 관찰 대상이라도 순응 휘도의 차이에 따라 다르게 보인다. 휘도와 조도의 공간적 변화와 시간적 변동은 순응에 혼란을 주어 시력 저하나 피로의 원인이 되므로 명시성의 관점에서는 피해야 한다.

한편, 밝기는 그 양뿐 아니라 질도 중요하다. 주광선의 방향과 강도를 적정 상태로 해서

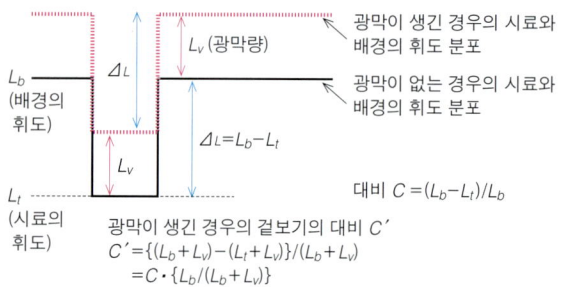

광막이 생긴 경우의 시료와 배경의 휘도 분포

광막이 없는 경우의 시료와 배경의 휘도 분포

L_b (배경의 휘도)

L_v (광막량)

Δ_L

$\Delta_L = L_b - L_t$

L_v

L_t (시료의 휘도)

대비 $C = (L_b - L_t)/L_b$

광막이 생긴 경우의 겉보기의 대비 C'
$C' = \{(L_b + L_v) - (L_t + L_v)\}/(L_b + L_v)$
$= C \cdot \{L_b/(L_b + L_v)\}$

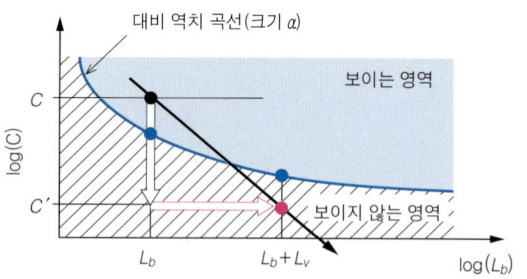

대비 역치 곡선(크기 α)

보이는 영역

C

$\log(C)$

C'

보이지 않는 영역

L_b $L_b + L_v$ $\log(L_b)$

광막량 L_v에 의해 휘도 대비와 배경 휘도의 관계는 기울기 -1의 직선을 따라 변화한다(화살표). 대비가 당해 배경 휘도에 있어서의 대비 역치보다 클수록 관찰 대상은 잘 보인다. 광막 L_v가 크면 겉보기의 대비 C'가 대비 역치보다 작아지게 되고, 그 경우에는 관찰 대상을 인지할 수 없다.

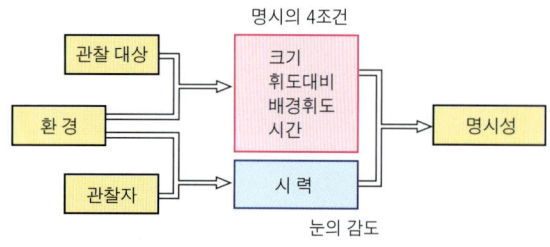

명시의 4조건

관찰 대상

환경

관찰자

크기
휘도대비
배경휘도
시간

시력

명시성

눈의 감도

▲ 그림 1 명시성의 평가 구조

▲ 그림 2 광막에 의한 대비 저하에 따른 시지각의 변화(개념도)

관찰 대상의 입체감과 음영을 적절하게 해야 하고, 손 그늘이 생기지 않게 하는 것도 중요하다. 또 눈부심 등의 불쾌감을 초래하거나 대상의 보임에 손상을 주는 글레어의 원인이 없어야 하는 것도 중요하다. 글레어에 의한 시지각의 저하란 시선 근처에 광원이 있어 안구 내에 산란광이 증가한다거나, 광택 있는 관찰 대상 표면에서 광원이 반사한다거나, 유리 케이스에 광원이 비쳐 잘 보이지 않게 되는 현상을 말하며, 광막(光幕) 현상에 의한 겉보기의 대비의 저하가 원인이다. 그림 2에 광막 현상이 발생한 경우에 있어서의 명시성의 저하에 대해 개략적으로 설명하였다. 그림 3은 반사 광막에 의해 시지각이 저하한 사례이다. 반사 광막은 시선의 정반사 방향에 광원이나 창을 설치하지 않으면 피할 수 있는데(그림 4), 이를 위해서는 관찰 대상의 위치와 관찰자의 관찰 방향을 정할 필요가 있다.

■ 관찰자의 조건

명시성 평가는 시자극에 대한 반응이므로 센서로서의 눈의 감도, 즉 시인(視認) 능력을 고려하지

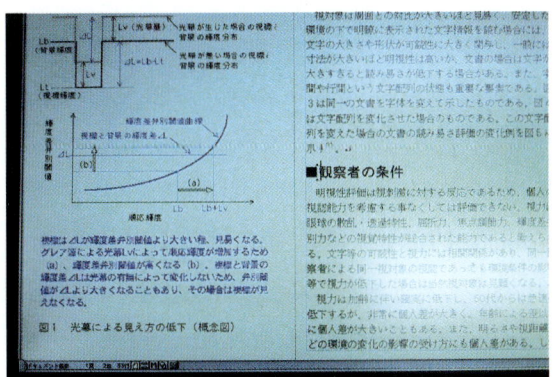

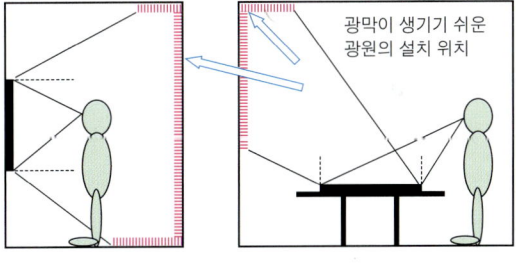

▲ 그림 4 광막이 생길 우려가 있는 광원의 설치 위치
(시선에 대해 정반사 위치 : 붉은 선 부분)

(a) 반사상은 명확하지 않다고 해도 고휘도면인 화면에 비침으로써(오른쪽 위아래) 문자와 배경의 대비가 저하되어 문자를 읽기 어려워진다.

(b) 유리문에 비친 창과 광원의 상으로 인해 책꽂이 안에 있는 책의 표지 문자와 색의 보임에 장애를 받는다.

▲ 그림 3 광막에 의한 시지각의 저하(반사 광막의 실례)

않고서는 평가할 수 없다.

시인 능력의 지표로는 휘도차 변별 능력과 시력이 있다. 시력은 안구의 산란·투과 특성·굴절력·초점 조절 능력 등의 시각 특성이 종합된 능력이라고 할 수 있다. 시력과 휘도차 변별 능력은 종속 관계이며 지표로서는 어느 한쪽만 있으면 되는데, 시력은 이미 잘 알고 있는 개념이고 측정 방법도 확립되어 있으므로 빛환경 계획시 시인 능력의 지표로서는 시력이 실용적이다. 문자 등의 가독성과 시력에는 상관 관계가 있다.

시력은 사람에 따라 다른데, 최대 시력의 차이가 각 조건에서의 시지각의 차이가 된다. 최대 시력이란 충분히 밝은 곳에서 측정한 시력을 말하는데, 200~800cd/m² 부근에서 얻을 수 있고, 1,000cd/m²를 넘으면 시력은 저하된다. 시력은 나이가 듦에 따라 확실히 저하되고, 50대부터는 급속하게 저하되지만 개인차가 매우 커서 연령에 따른 차이 이상으로 개인차가 큰 경우도 있다. 연령 등에 관계없이 시력이 같다면 동일한 시인성을 갖고 있다고 생각할 수 있다.

같은 관찰자에 의해 같은 관찰 대상을 인지한다고 해도 환경 조건의 변화에 의해 시력이 저하한 경우에는 당연히 관찰 대상이 잘 보이지 않게 된다. 밝기나 관찰 거리 등의 환경 변화에 의해 영향을 받는 정도에는 개인차가 있다. 그러나 환경 변화에 동반되는 시력 변동을 개인의 최대 시력에 대한 비(比)로 보면 연령차나 개인차가 제거되는 경우가 많다. 그림 5의 (a)는 연령에 따라 각 휘도 조건에서 얻을 수 있는 시력의 차이를 나타낸 것이다. 휘도의 저하에 따른 시력의 저하는 연령층에 따라 크게 달라지는데(그림 5 (b) : 최대 시력을 1.0으로 한 경우), 이 변화를 최대 시력에 대한 비(그림 5 (c) : 시력비)로 보면 연령에 따른 휘도의 영향이 차이가 거의 없는 것으로 나타난다. 즉 최대 시력을 파악함으로써 관찰자의 시인 능력을 고려한 명시성을 평가할 수 있게 된다.

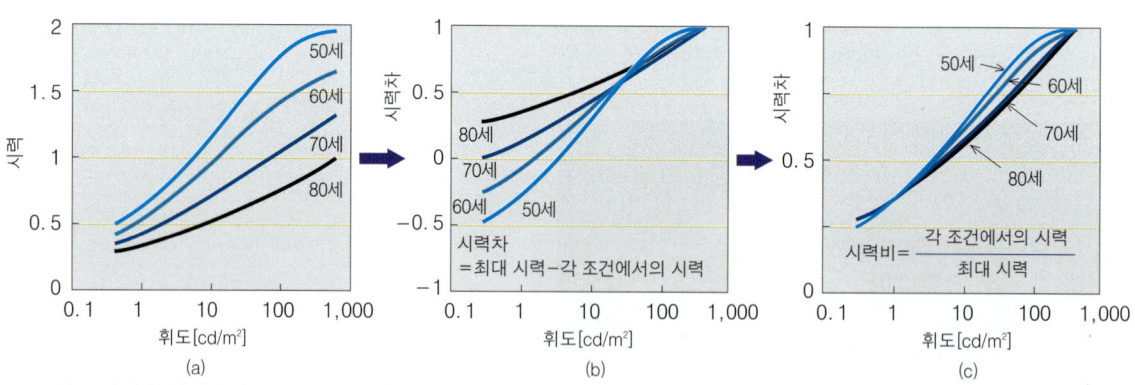

▲ 그림 5 밝기와 연령에 따른 시력의 변화[2]와 최대 시력에 대한 시력비(視力比)

≫ 관찰 대상의 조건과 명시성의 검토 방법

배경 휘도, 관찰 대상의 크기, 휘도 대비, 시간이라고 하는 명시의 네 가지 조건 중에서 뒤의 세 조건이 관찰 대상에 관련된 조건으로, 이러한 관찰 대상의 설정이 명시성을 크게 좌우한다. 또한 같은 관찰 대상이라 해도 관찰자의 시각 특성에 의해 대상의 보임이 크게 달라지기 때문에 관찰자의 조건을 고려한 명시성의 검토가 요구된다.

■ 관찰 대상의 조건

관찰 대상의 조건에는 크기, 형상, 배열, 배경과의 휘도 대비, 색 대비라고 하는 공간적 요소 및 관찰 대상이 정지해 있는지 움직이는지, 상시 출현해 있는지 나타났다 사라졌다 하는지 하는 시간적 요소가 있다.

관찰 대상의 공간적 요소 중에서 크기와 배경과의 휘도 대비는 명시성에 큰 영향을 준다. 겉보기의 크기와 겉보기의 휘도 대비가 같으면 대상의 보기 쉬운 정도도 같을 것으로 생각할 수 있다. 겉보기의 크기는 관찰자와 관찰 대상의 위치 관계로 결정되고, 겉보기의 휘도 대비는 관찰자, 관찰 대상, 광원의 3가지의 위치 관계로 결정된다. 따라서 관찰자나 관찰 대상의 위치가 변화하면 같은 관찰 대상이라도 겉보기의 크기나 대비가 변화해서 그 결과, 명시성이 달라질 가능성이 있다는 점에 유의해야 한다.

유채색은 무채색보다 눈에 잘 띄고 유목성이 높은 경우가 많지만, 휘도 대비가 충분히 확보되지 못하는 경우도 많아, 유목성이 있어도 반드시 명시성이 높다고는 할 수 없다. 또한 정지한 것보다는 움직임이 있는 편이 유목성이 높아 존재를 쉽게 인식할 수 있지만, 세부적인 것을 식별하기는 어렵다. 따라서 관찰 대상에 색이나 움직임을 부여하는 것은 충분한 명시성이 확보되어 있는 경우에 그 효과를 발휘한다고 하겠다.

관찰 대상은 주위와의 대비가 클수록 잘 보이며, 안정된 환경에서 명료하게 표시된 문자 정보를 읽은 경우에는 문자의 크기와 형상이 가독성에 크게 관여한다. 일반적으로는 선이 굵고 크기가 클수록 명시성이 높지만, 문서의 경우에는 선이 굵거나 문자의 크기가 너무 크면 오히

(a) 고딕체

> 유채색은 무채색보다 눈에 잘 띄고 유목성이 높은 경우가 많지만, 휘도 대비가 충분히 확보되지 못하는 경우도 많아, 유목성이 있어도 반드시 명시성이 높다고는 할 수 없다. 또한 정지한 것보다는 움직임이 있

(b) 명조체

> 유채색은 무채색보다 눈에 잘 띄고 유목성이 높은 경우가 많지만, 휘도 대비가 충분히 확보되지 못하는 경우도 많아, 유목성이 있어도 반드시 명시성이 높다고는 할 수 없다. 또한 정지한 것보다는 움직임이 있

(c) 교과서체

> 유채색은 무채색보다 눈에 잘 띄고 유목성이 높은 경우가 많지만, 휘도 대비가 충분히 확보되지 못하는 경우도 많아, 유목성이 있어도 반드시 명시성이 높다고는 할 수 없다. 또한 정지한 것보다는 움직임이 있는

▲ 그림 1 문서의 글자체

려 가독성이 저하되는 경우도 있다.

자간이나 행간과 같은 문자의 배열 상태도 중요한 요소이다. 그림 2는 문자 배열을 변화시킨 예이다. 동일한 크기의 문자라도 자간과 행간을 크게 하면(그림 2 (c)) 촘촘하게 배열된 경우(그림 2 (a))보다 문자가 크게 느껴진다. 그림 3에 문자 배열을 바꾼 경우 문서의 가독성 평가가 어떻게 변화하는지를 나타내었다. 이를 보면 자간과 행간이 너무 좁거나 너무 넓어도 가독성이 저하된다는 것을 알 수 있다.

■ 명시성의 검토 방법

명시성은 주어진 조건이 역치 조건을 어느 정도 상회하는지에 의해 결정된다. 명시성의 검토 방법에는 보증 시력(역치)에 의한 방법, 역치에 대한 배율에 의한 방법, 가독성의 평가도에 의한 방법, 샘

(a) 자간비 0.9, 행간비 1.0

> 자간이나 행간과 같은 문자의 배열 상태도 중요한 요소이다. 그림 2는 문자 배열을 변화시킨 예이다. 동일한 크기의 문자라도 자간과 행간을 크게 하면(그림 2 (c)) 촘촘하게 배열된 경우(그림 2 (a))보다 문자가 크게 느껴진다. 그림 3에 문자 배열을 바꾼 경우 문서의 가독성 평가가 어떻게 변화하는지를 나타내었다. 이를 보면 자간과 행간이 너무 좁거나 너무 넓어도 가독성이 저하된다는 것을 알 수 있다. 자간이나 행간과 같은 문자의 배열 상태도 중요한 요소이다. 그림 2는 문자 배열을 변화시킨 예이다. 동일한 크기의 문자라도 자간과 행간을 크게 하면(그림 2 (c)) 촘촘하게 배열된 경우(그림 2 (a))보다 문자가 크게 느껴진다. 이러한

(b) 자간비 1.0, 행간비 2.0

> 자간이나 행간과 같은 문자의 배열 상태도 중요한 요소이다. 그림 2는 문자 배열을 변화시킨 예이다. 동일한 크기의 문자라도 자간과 행간을 크게 하면(그림 2 (c)) 촘촘하게 배열된 경우(그림 2 (a))보다 문자가 크게 느껴진다. 그림 3에 문자 배열을 바꾼 경우 문서의 가독성 평가가 어떻게 변화하는지를 나타내었다. 이를 보면 자간과 행간이

(c) 자간비 1.5, 행간비 3.0

> 자간이나 행간과 같은 문자의 배열 상태도 중요한 요소이다. 그림 2는 문자 배열을 변화시킨 예이다. 동일한 크기의 문자라도 자간과 행간을 크게 하면(그림 2 (c)) 촘촘하게 배열된 경우(그림 2 (a))보다 문자가 크

• 자간비 = (자간 스페이스 + 문자폭) / 문자폭, 행간비 = (행간 스페이스 + 문자의 높이) / 문자의 높이

자간비 1.0, 행간비 2.0 정도가 문서로서 가장 읽기 쉬우며, 자간이나 행간이 너무 좁거나 넓으면 문서로서의 가독성이 떨어진다. 자간과 행간의 균형 또한 중요하다.

▲ 그림 2 문자의 자간 · 행간

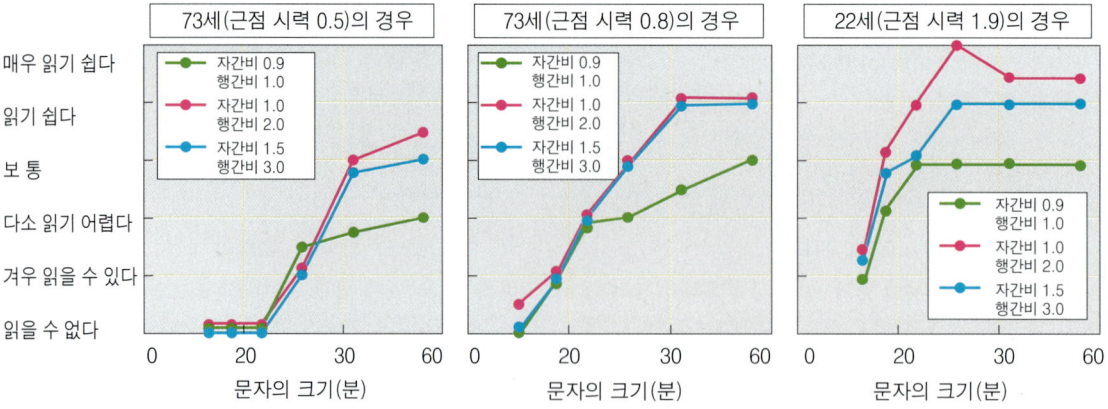

▲ 그림 3 자간 · 행간이 문서의 가독성에 미치는 영향의 예(문서면 조도 30[lx]의 경우)

플 시료에 의한 현장에서의 직접 평가 방법 등이 있다.

역치에 대한 배율에 의한 방법으로는 크기, 휘도 대비, 배경 휘도 중 어느 하나에 의해서 평가할 수 있다. 예를 들어, 크기에 의한 경우라면 관찰 대상의 크기와 해당 조건에서의 시인(視認)의 역치가 되는 크기의 비, 즉 문서를 읽는데 필요한 시력보다도 해당 조건에서의 시력이 어느 정도 좋은가에 의해 가독성이 결정된다.

관찰할 때의 시력에 의해 관찰 대상의 명시성은 달라지며 같은 환경 조건에서도 개인의 최대 시력에 의해 얻을 수 있는 시력은 달라지므로, 시야의 밝기나 관찰 거리 등의 환경 조건이 시력에 미치는 영향의 차이는 개인의 최대 시력에 의해 파악될 수 있다. 즉 문서를 읽기 위한 적정 조건은 개인의 최대 시력에 의해 결정된다.

관찰자의 조건이 반영된 가독성 평가도의 예를 그림 4에 나타내었다. 그림 4(a)는 개인의 최대 시력과 연령을 변수로 가독성을 구한 결과이며, 최대 시력 1.0용의 평가도이다. 최대 시력이 다른 경우에는 그림 4의 (b)에 의해 문자 크기를 보정한다. 개인의 최대 시력이 적정 조건에 대해 주는 영향은 문자 크기의 효과와 거의 같다고 할 수 있다.

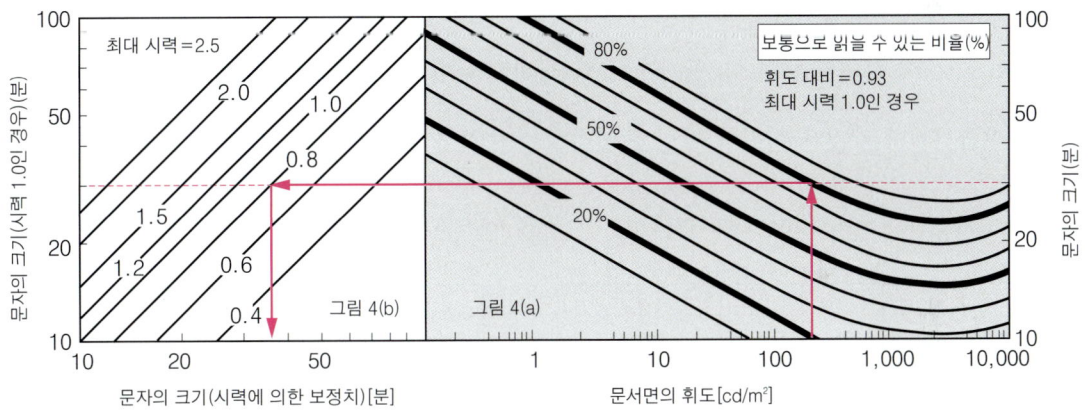

- 피험자 : 약령자 15명(23±3세, 근점 시력 1.7±0.2), 고령자 31명(69±5세, 근점 시력 0.9±0.3)
- 시 료 : 명조체의 문서(자간비=1.0, 행간비=2.0)

화살표는 200cd/m²(흰색 상질의 종이에 인쇄된 문서를 약 750[lx]에서 읽는 상태)에서 근점 시력 1.0인 사람들의 80%가 문서를 보통으로 읽을 수 있으려면 크기가 30분인 문자(관찰 거리 40cm에서 약 10포인트)가 필요하고, 시력이 0.8이라면 37분(약 12포인트)인 문자가 필요하다는 것을 나타낸다.

▲ 그림 4 문서의 가독성 평가도

색을 바꾸면 분위기가 확연히 달라지는 경우가 있다. 이렇게 색은 감정이나 심리 등에 큰 영향력을 지니고 있다. 또한 색은 이미지를 환기시켜 의미를 부여하기도 한다. 색이 인상에 미치는 효과와 색이 지닌 의미를 알아 디자인에 색을 활용하도록 하자.

■ 감정 효과

난색·한색이라는 말에서 알 수 있듯이 색에는 따뜻함·차가움을 느끼게 하는 효과가 있다. 빨강과 노랑은 따뜻하고, 청록과 파랑은 차갑게 느껴진다. 이와 같이 색의 온도감은 주로 색상과 관계된다.

색이 감정에 미치는 효과는 온도감을 포함해 3차원에 가깝게 표현할 수 있다. 이를 대략적으로 표현하면 다음과 같다(그림 1).

- clear − grayish : 흰빛을 띤 색, 파랑 계통의 색 ↔ 검은빛을 띤 색, 저채도의 색
- warm − cool : 빨강이나 노랑 계통의 색 ↔ 녹색, 파랑, 보라 계통의 색
- hard − soft : 검은빛을 띤 색, 한색계의 색 ↔ 흰빛을 띤 색, 난색계의 색

색을 변화시킨다는 것은 이러한 인상을 변화시키는 것이기도 하다. 따라서 「따뜻한 느낌이 드는

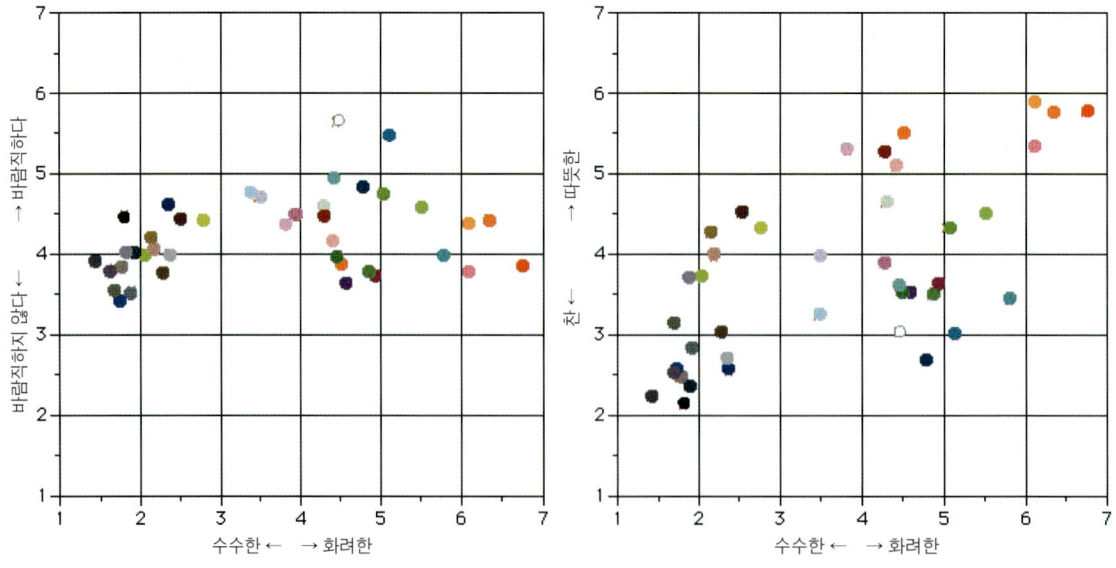

▲ 그림 1 평정 실험에 의해 얻어진 색의 인상 3차원(7단계 평정의 평균치)

방으로 꾸미고 싶다」거나 「차분한 느낌의 방으로 꾸미고 싶다」라는 요구에 대해서는 색채를 조정하는 것이 중요하다.

또한 현대적인 감각의 거실에는 흰색 벽에 검은색 소파와 같은 딱딱한 느낌의 색을 사용하고, 컨트리 스타일에는 나무의 풍미를 살린 따뜻한 색조를 사용하듯이 색과 분위기는 밀접하게 관련되어 있다.

■ 색의 기호

색의 기호를 조사하면 파랑과 흰색이 선호되고, 탁한 색이나 어두운 색을 싫어하는 경향이 나타난다. 즉 색의 기호는 「clear-grayish」와 관계가 깊다.

그러나 좋고 싫음에 대한 평가는 불안정하다. 「warm-cool」을 대표하는 「따뜻하다-차갑다」, 「hard-soft」를 대표하는 「딱딱하다-부드럽다」, 「clear-grayish」를 대표하는 「맑다-탁하다」 등과 비교하면 평가의 개인차가 압도적으로 크다. 즉 어떤 사람들이 좋아하는 색이라도 다른 사람들은 싫어할 수 있는 가능성은 충분하다고 할 수 있다.

따라서 색의 기호를 활용하고자 한다면 평균적인 색의 기호에 대한 조사 결과를 이용해서 색채를 설계하는 것이 아니라, 그 공산을 사용할 사람의 기호를 조사한 후에 색채를 설계하는 것이 바람직하다.

■ 색의 기호를 디자인에 적용

좋아하는 색을 파악하고 이를 사용한다고 해도 반드시 좋은 디자인이 되는 것은 아니다. 파랑을 좋아한다고 해서 벽도, 소파도 모두 파랑인 공간을 좋아할지는 생각해 보면 알 수 있다. 이는 사물과

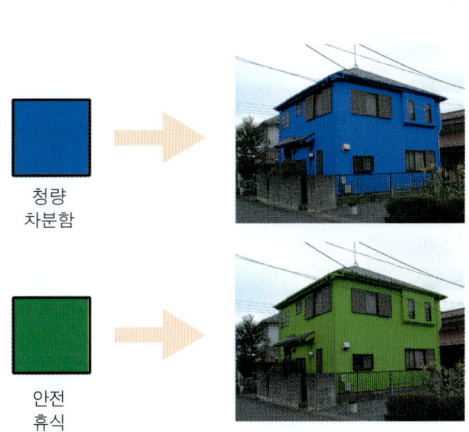

청량
차분함

안전
휴식

▲ 그림 2 추상적인 색과 구체물의 색

▲ 그림 3 나뭇결의 채색
나뭇결이라는 바탕 무늬에서 연상되는 색 이외의 다른 색에서는 위화감이 느껴진다.

연결된 색의 기호가 추상적인 색의 기호와는 다르기 때문이다. 또한 좁은 면적의 색의 기호와 벽과 같이 넓은 면적의 색의 기호도 다르기 때문에 면적 효과에서도 실수를 초래하기 쉽다.

채색되어 있는 물체의 의미도 중요하다. 파랑에서 차분함을 느끼고, 녹색에서 안정감을 느낀다고 해도 이는 추상적인 색의 이미지에 관한 것이며, 만약 건물 벽면에 이들 색을 적용한다면 도저히 그런 느낌을 받을 수 없을 것이다(그림 2). 이렇게 색의 기호를 단순하게 디자인에 적용하는 것은 곤란하다.

■ 연상과 상징

흰색을 보고 눈을 떠올리거나 파랑을 보고 하늘을 떠올리는 것이 연상이며, 정열의 붉은색, 청결의 흰색 같은 것이 상징이다. 양쪽 모두 디자인과 관계가 깊다.

예를 들어, 변기에 갈색을 사용하면 배설물을 연상시켜 좋지 않다는 식의 사고는 연상과 디자인이 관련된 것이다. 반대로 흰색을 변기에 사용하는 것은 청결함이라는 상징을 이용한 것이다.

형태와 텍스처를 고려한 색의 사용은 디자인에서는 중요한 요소이다. 예를 들어, 나뭇결에 파랑이나 녹색을 칠하면 위화감이 드는 것은 나무의 무늬에서 갈색 계통의 색채가 연상되기 때문이다(그림 3).

■ 안전 색채와 상징

색채의 상징을 이용한 것으로 안전 색채가 있다(KS A3501). 빨강은 위험, 노랑은 주의, 녹색은 안전과 같이 색채의 상징을 효과적으로 이용해서 색을 규정했다.

안전 색채는 우리나라 뿐 아니라 외국에서도 유사한 색이 선택되는 경우가 많다. 색의 상징은 민족이나 문화에 의한 차이가 작기 때문이다.

(빨강)
「7.5R 4/15」
(1) 방화
(2) 금지
(3) 정지
(4) 고도 위험

(파랑)
「2.5PB 3.5/10」
(1) 의무적 행동
(2) 지시

(노랑)
「2.5Y 8/14」
(1) 주의

(녹색)
「10G 4/10」
(1) 안전
(2) 피난
(3) 위생·구호·보호
(4) 진행

※ 왼쪽의 먼셀 표시는 색의 참고값으로서 KS A 0062와 같다.

▲ 그림 4 안전 색채의 의미와 실제 사용의 예

7.6 배색

>> 쾌적한 느낌의 색의 조합

공간을 둘러보면 한 가지 색으로만 이루어진 공간은 거의 찾을 수 없다. 공간은 몇 가지 색이 조합되어 구성되므로 색채 디자인에서 배색의 문제는 반드시 해결해야 하는 것이다. 배색에 관한 고유의 문제 중 여기서는 색채 조화를 중심으로 설명하고자 한다.

■ 유사 조화

누구라도 실패가 적은 무난한 배색 원리로서「유사 조화」를 들 수 있다. 이는 비슷한 색의 그룹은 쉽게 조화한다는 원리이다.

유사성을 부여하는 방법에는 톤을 일치시키거나, 색상을 일치시키는 두 가지 방법이 효과적이다 (그림 1, 2).

톤(색조)은 명도와 채도의 복합 개념으로 규정되며, 같은 톤의 색은 비슷한 인상을 주며 잘 어울린다. 예를 들어 선명한 순색은 색상이 달라도 모두 화려한 인상을 주므로 하나의 톤에 속한다. 파스텔 컬러는 모두 연한 인상을 주므로 이것 역시 하나의 톤이다. 톤을 일치시킨 배색은 쉽게 조화한다.

그러나 건축 공간의 경우에는 색상을 일치시킨 배색이 이용되는 경우가 많다. 이는 나무로 만든 공간이나 돌로 만든 공간처럼 같은 소재를 사용해 건축 공간을 구성하다 보면 색상이 유사해지기 때

▲ 그림 1 톤을 일치시킨 배색의 예

▲ 그림 2 색상을 일치시킨 배색의 예

문이다.

색상은 온도감과 연관이 크므로 색상을 일치시키는 것은 따뜻한 느낌의 공간과 차가운 느낌의 공간을 선택하게 되는 것이기도 하다.

■ 기조색과 액센트색

면적이 넓은 색은 전체의 인상을 지배하는 힘이 강한데, 이러한 색을 기조색이라고 한다. 실내에서도 거리에서도 벽면의 색이 기조색이 되는 경우가 많다. 그 밖에 바닥이나 천장이 넓은 면적을 차지하는 공간이라면 이들도 기조색이 될 수 있다. 자극이 적은 기조색과 유사한 색채로 구성하면 차분한 느낌의 공간이 된다.

그림 3 기조색과 액센트색
액센트가 없으면 밋밋하고, 액센트가 너무 강하면 조화를 깬다.

이와 반대로 공간에 긴장감을 주고자 할 경우에는 액센트색을 이용한다. 액센트라는 말에서 알 수 있듯이 원색과 같은 강한 색을 어디까지나 강조의 의미로 소량 첨가해서 사용한다. 액센트색을 지나치게 사용하면 조화를 깨뜨리게 된다. 실제로는 차분한 느낌의 기조색 가운데 액센트적인 요소를 도입하는 것이 효과적인 경우가 많다(그림 3).

■ 색채 조화의 4가지 원리

색채 조화론은 그리스 시대부터 다양한 논의가 전개되어 왔다. 이를 총괄한 저드는 색채 조화의 원리로서 다음과 같은 4가지를 들고 있다.

(1) 질서의 원리 : 색입체 중에서 규칙적으로 선택된 색은 조화한다.

(2) 친근성의 원리 : 눈에 익숙한 배색은 조화한다.

(3) 공통성의 원리 : 배색에 사용되는 색채 상호간에 공통되는 성질이 있으면 조화한다.

(4) 명백성의 원리 : 배색의 선택 지침에 애매함이 없고, 명확한 색의 배색은 조화한다.

이 중 건축 공간에 있어서 효과적인 배색의 원리는 공통성의 원리라고 할 수 있다. 가로 경관의 컬러 시뮬레이션에 대한 평정 결과는 거리의 조화감이 공통성의 감각과 밀접하게 관련되어 있다는 것을 보여준다(그림 4). 이와 같이 색에 공통성을 부여하거나, 유사한 색을 사용하는 것은 건축 공간의 색채 계획에 기본이 된다.

■ 배색의 묘미

지금까지의 설명은 배색의 기본에 관한 것이었다. 그러나 응용면을 보게 되면 조화를 이루지 못하는 테이블과 꽃병 사이에 한 장의 천을 까는 것만으로도 부조화를 완화시킬 수 있으며, 커튼이나 블라인드 등으로 분위기를 조절할 수도 있다.

건축에서는 여러 가지 요인으로 인해 흰색에 가까운 색을 벽면의 색으로 선택하는 경우가 많지만, 가구, 소품, 전자제품 등의 색채를 이용해서 배색의 토털 코디네이션을 즐길 수도 있다.

(a) 질서의 원리

(b) 친근성의 원리

(c) 공통성의 원리

(d) 명백성의 원리

▲ 그림 4 색채 조화의 4원리
빨강, 노랑, 녹색, 파랑과 같은 식으로 규칙적으로 색을 고르거나, 명도에 분명한 차이를 둔다거나 해도 그것만으로는 조화를 이룰 수 없다.

7.7 합리적인 색채 계획

>> 색채 조절에서 색채 계획으로 전환

색채의 생리적·심리적 효과를 적극적으로 활용하여 색채를 살린 디자인을 하는 것을 색채 조절(color conditioning)이라고 한다. 이 개념은 제2차 세계 대전 후 미국의 도료 회사의 맹렬한 선전에 의해 확산되었다. 일본의 경우 1950년대에 색채 조절 붐이 일었지만 그 이후에는 그다지 활발하지 못했다. 이는 색채 조절이 효과를 설명하기 쉬운 기능에만 지나치게 집착한 결과이다. 하지만 이것이 색채조절의 의의를 상실한 것은 아니다.

여기서는 색채 조절의 전형적인 사례를 통해 그 개념을 소개하고, 색채 조절 그 이후의 발자취에 대해서도 언급하기로 한다.

■ 병원

1920년대 뉴욕의 어느 수술실에서 일어난 다음과 같은 사건은 색채 조절과 관련된 에피소드로 자주 인용되고 있다.

어느 의사가 수술 중에 벽을 보았더니 녹색 얼룩이 희미하게 보여 불쾌감을 느꼈다고 한다. 조사 결과, 그것이 피의 빨강색의 잔상 현상이라는 것을 알게 되었고 이 때문에 벽을 피의 보색인 옅은 청록색으로 칠했다. 그 후 녹색 얼룩을 보는 일은 없어졌다고 한다. 더욱이 청록색은 진정색이기도 해서 수술실의 분위기를 차분하게 만드는데도 적절했다(그림 1).

이렇게 잔상이라는 생리 현상과 진정색이라는 심리적 효과를 잘 연결시켜 쾌적한 공간으로 만들었다는 점에서 색채 조절의 전형적인 예로 쓰이고 있다.

병원의 벽의 색은 색채 조절의 개념이 보급되기까지는 흰색이 이용되는 경우가 일반적이었는데, 색채조절가는 베이지 등 약간 색감이 있는 벽을 추천하고 있다. 이는 더러움을 눈에 띄게 해서 청결함을 유지할 수 있다는 기능 이외에도 병원의 분위기를 부드럽게 해서 심리적인 압박감을 줄인다는

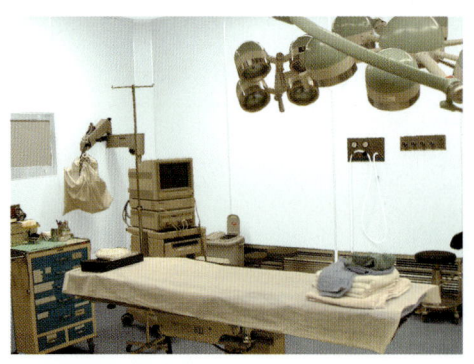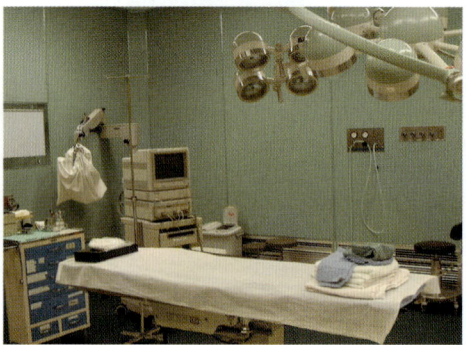

▲ 그림 1 수술실의 잔상 현상
중앙의 빨강을 본 후 흰색 벽을 보면 보색인 녹색이 느껴진다. 벽이 청록색인 경우에는 이것이 느껴지지 않는다.

측면을 고려했기 때문이다.

■ 공장

제2차 대전 후 숙련공이 많이 사라졌을 때, 생산 효율의 향상을 위해 색채의 힘을 이용한 것이 공장에 있어서의 본격적인 색채 조절의 시작이라고 한다.

예를 들면, 공장의 계기류와 핸들의 색을 주변색과 다르게 함으로써 실수와 오류를 줄인다. 위험 개소는 주황색으로 명시하고, 통로는 흰색 선으로 표시한다. 이런 것을 실시함으로써 실제로 사고와 재해를 감소시켰다고 한다.

공장의 색채는 초점색, 기계색, 환경색으로 나누어 고려하는 경우가 많다(그림 2).

- 초점색 : 핸들이나 레버 등 조작의 중심이 되는 부분의 색(특별히 의식하지 않는 상태에서도 주의를 환기시키는 색을 선택한다.)
- 기계색 : 기계 본체의 색(초점색과의 대비 및 환경색과의 조화 등을 고려하여 선택한다.)
- 환경색 : 기계를 둘러싼 건축 공간의 색(정밀 기계 공장이라면 차분한 느낌의 색, 고온에서 작업하는 곳은 한색으로 하는 등 기능을 고려하여 선택한다.)

공장에서는 현재도 색채 조절의 개념이 깅하게 님아 쾌적성과 생신성 향상에 흔 몫을 하고 있다.

■ 색채 조절을 위한 기타 고려 사항

안전 색채나 조닝(zoning) 등은 색채 조절이 남긴 개념이다. 정확한 색의 판단이 요구되는 과학실험실의 작업대에는 무채색을 사용하는 것이 권장된다.

그 밖에 조명의 효율 등도 고려해야 하는데 이는 벽면의 반사광이 밝기감에 기여하기 때문이다.

초점색

기계색

환경색

▲ 그림 2 초점색, 기계색, 환경색

명도가 5일 때 시감 반사율은 20%이므로 중명도라고 해도 방은 어둡게 느껴진다. 조명 효율을 고려하면 흰색에 가까운 명도 8 이상의 벽면을 권장한다(그림 3).

■ 색채 조절에서 색채 계획으로의 전환

병원의 사례에서 수술실의 벽면은 연한 청록색을 사용하면 효과적이라는 개념을 소개했다. 그런데 만약 이것을 바닥 · 벽 · 천장 모두에 적용시킨다면 청록색 일색의 부자연스러운 공간이 되고 만다. 이처럼 지금까지 설명한 색채 조절은 하나 또는 두 가지 기능에 너무 집착하는 경향이 있어, 색채조절가가 제안한 사항만으로는 실제로 색채를 결정할 수 없는 경우가 많다. 이러한 결점으로 인해 색채 조절이라는 용어는 결국 1960년대 이후 그다지 활발하게 사용되지 않게 되었다. 그러나 양식에 얽매인 전통적인 색 사용에서 탈피하여 색채 결정에 있어서 합리성을 추구하게 된 것은 이 색채 조절의 개념에서 비롯된 것이 많다.

실제로 색채를 결정할 때는 소재와의 조화, 광택과의 관련, 쉽게 오염되거나 퇴색되는지의 문제, 고령자의 가령에 따른 색인식의 기능 저하 등 합리적으로 고려해야 하는 사항은 많고도 다양하다.

앞으로는 이러한 사항을 적극 고려하여 종합적인 색채 계획 방법으로 발전시켜 나가야 한다.

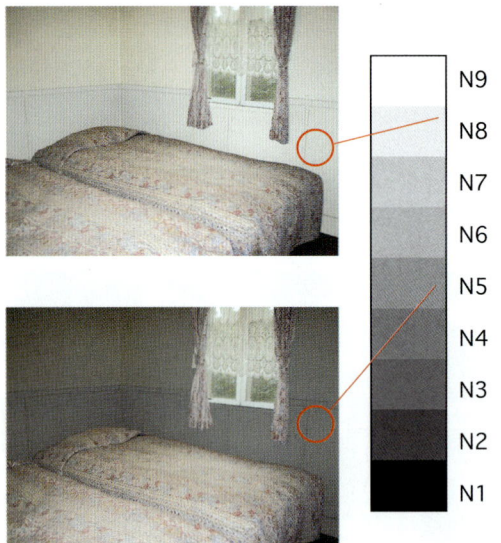

▲ 그림 3 벽면 명도와 밝기감

● 표 1. 색채 계획의 고려사항

색채 선택의 고려사항	
항목	고려사항
색의 인상	• 색의 기호 • 한색 · 난색
색의 효과	• 면적 효과 • 유목성 · 시인성 · 가독성 • 연상 · 상징
생활을 둘러싼 색	• 차분함을 기준으로 선택 • 생활재는 허용 가능한 색으로
색채조화론	• 톤의 공통성 • 색상과의 공통성
색채 이외의 요소와의 관련	• 소재와의 조화 • 광택
생활 행위와의 관련	• 색 보임의 정확성 • 요구되는 분위기 • 개인의 기호를 살릴 것인가 또는 평균적인 기호를 살릴 것인가 (사적 공간 vs 공공 공간)
시간적인 변화	• 오염, 퇴색 • 가령에 의한 눈의 기능 저하 • 기호의 시간 변화

>> 색채에 의한 지역 구분

건축 계획에서는 건물이나 지역을 그 기능과 특색에 따라 구획하는 것을 조닝이라고 부르는데, 색채 계획은 조닝에도 적용될 수 있다.
색채 계획의 조닝에서는 개개의 공간과 구역의 기능과 분위기에 맞는 주요색을 정하고 나서, 이들 전체의 조화가 이루어지도록 조정해간다.
구체적인 계획의 예를 통해 색채에 의한 조닝의 요점과 효과를 알아보도록 하자.

■ 조닝의 적용 장면

대규모 쇼핑센터나 테마파크에서 현위치나 목적지를 몰라 곤란해 할 때, 다양한 색채로 구분해서 칠해진 안내도를 보면 쉽게 찾을 수 있다. 더욱이 이들 색채가 천장이나 바닥에 부착되어 있는 사인이나 표식의 색과 같다거나, 바닥과 벽·천장 등의 실내 부분이나 문 등의 색과도 일치한다면 목적하는 장소를 보다 쉽게 알 수 있고, 멀리서도 비교적 신속하게 찾을 수 있다.

이러한 방법은 색채에 의한 조닝의 예로서, 상업 시설과 같이 색채가 많이 사용되는 건물뿐만 아니라 집합 주택 각 층의 문이나 단지의 주동의 외벽 색을 구분해서 칠함으로써, 비슷한 외관에 변화를 주어 거주자나 방문자의 이해를 돕는 역할을 하기도 한다.

색채는 단시간에 그 차이를 인식할 수 있다는 편리한 성질을 지니고 있으므로, 복잡한 기능을 갖는 건축의 조닝에 응용하면 그 효과를 높일 수 있다.

■ 조닝 계획상의 유의점

색채의 식별성을 최대한 활용하려면 동일 색상으로 명도나 채도에 변화를 주기보다는 다른 색상

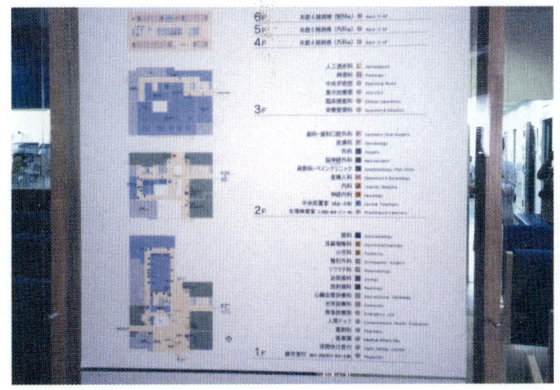

▲ 그림 1 병동·진료과별로 주요색이 표시된 게시판

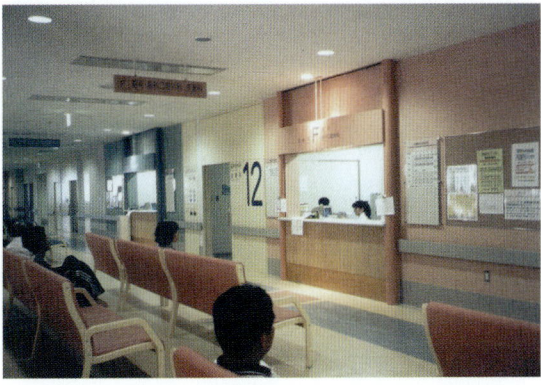

▲ 그림 2 각 진료과의 주요색이 접수 카운터와 천장의 사인에 사용되어 멀리서도 쉽게 찾을 수 있다.

으로 배색하는 것이 효과적이다.

3색, 4색으로 색상이 늘어나게 되면 전체적인 인상은 변화하고 활기찬 분위기가 되는 반면, 조화를 이루기 어렵고 잡다해 보일 우려도 있다. 만약 색을 구분하고자 하는 영역의 수가 너무 많은 경우라면 기능적으로 반드시 색채를 바꾸어야 하는지를 검토한 후에, 사용할 색채의 명도와 채도의 조합(톤)을 일치시킨다거나 하는 노력이 필요하다.

또한 가능한 한 색채 이외의 수단을 병용해서 표현해야 한다는 점도 중요하다. 색각이상자나 고령자 등은 색채만으로 표현된 차이를 파악하기 어려울 수 있고, 불특정 다수의 이용자가 있는 시설에서는 문자와 픽토그램(그림 문자·기호)을 병용하는 등의 배려가 필요하다.

■ 색채에 의한 조닝 – 두 가지 사례

(1) 병원

여러 기능이 혼재하는 병원 건축은 병동이나 진료과 등의 기능 구분은 물론, 환자와 의료진의 동선 계획 등 복잡한 조건을 고려한 배치 계획이 요구되는 공간이다.

그림 1~3은 「친절」을 컨셉트로 환자에게 알기 쉬운 병원을 목표로 설계된 사례로서, 색채에 의한 조닝을 채용하였다. 외래 진료부, 병동, 청결도에 따라 주요색을 정하고, 카운터 주위의 벽과 바닥의 일부, 문 등에 이용하는 것은 물론, 사인이나 게시판과 연동시킴으로써 환자와 의료진이 한눈에 현재 위치를 인식할 수 있도록 되어 있다.

이렇듯 병원의 내부 위치를 인식하기 쉬운 이유는 말로 설명하기 쉬운 색채를 주요색으로 선정해서 각 존을 환자에게 안내할 때 색명이 사용되도록 의도했기 때문이다.

구분해야 하는 기능이 다양한 만큼 사용되는 주요색의 수가 많아지므로 채도를 일치시켜 연한 색

(a) 4층 외과

(b) 5층 내과

▲ 그림 3 병동에서는 각 층별로 주요색이 다르다.

을 선택하였다. 이것이 종래의 '병원＝흰색'이라는 이미지를 버리고 따뜻한 분위기를 만드는데 효과를 발휘하고 있다.

(2) 통조림 공장

식품 가공 공장에서는 위생 관리의 관점에서 그곳에서 일하는 직원의 동선 계획을 매우 중요시한다. 이 통조림 공장에서는 교차 오염을 막기 위해서 탈의실에서 옷을 갈아입은 직원은 샤워를 한 후에 위생 관리 레벨이 엄격한 「청결 존」에 들어가도록 계획되었으며, 인접한 「준 청결 존」, 「오염 존」으로부터는 들어갈 수 없도록 했다.

이 순서를 보다 알기 쉽도록 또한 자칫 실수를 범하는 일이 없도록 각 존에 주요색이 정해져 있다. 「청결 존」은 물색, 「준 청결 존」은 노란색, 「오염 존」은 녹색으로 하고, 그 색을 바닥과 문에 칠했다 (그림 4).

인접하는 서로 다른 존 사이에 있는 문에서는 청결 레벨이 높은 쪽의 문 상부에 인접하는 낮은 청결 레벨 존의 주요색을 삼각형으로 표시함으로써 미리 작업자에게 주의를 주고 있다(그림 5). 청결 레벨이 낮은 쪽에서는 잘못해서 그냥 지나가 버리지 않도록 존의 주요색이 아닌 회색 페인트를 칠하고, 눈높이 부분에는 「통행금지」 마크를 그려 직업자의 억행을 막는다.

이렇게 배치와 동선, 사인 등을 조합해서 계획함으로써 보다 알기 쉬운 공간을 실현할 수 있다. 색채는 단순한 변화나 즐거움의 연출뿐만 아니라 기능적으로도 중요한 역할을 하기 때문이다.

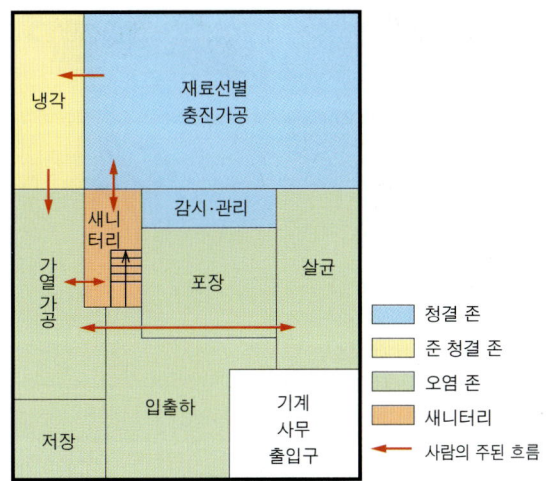

▲ 그림 4 공장 내부의 레이아웃과 위생 존의 개략도

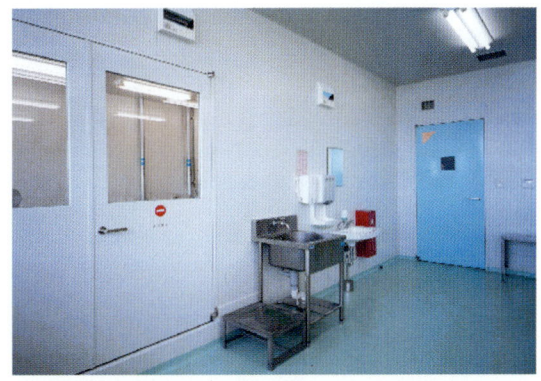

▲ 그림 5 파란색으로 칠해진 청결 존의 바닥과 문
문 상부의 노란색 삼각형은 인접한 준 청결 존을 나타낸다.
(촬영 : (주)SB)

빛과 그림자의 표정

경관을 촬영한 슬라이드를 평가 받고나서 건물의 색과 형태, 가로수의 유무 이외에도 평가에 큰 영향을 미치는 요인이 있다는 것을 알았다. 바로 빛이었다. 맑은 날에 촬영한 것이 흐린 날에 촬영한 것보다 압도적으로 높은 평가를 받았던 것이다.

여기에 나타낸 사진은 빛의 환경을 달리해서 촬영한 것이다. 같은 물체라도 빛의 상태에 따라 색과 그림자가 달라져서 그에 따른 인상도 변화한다는 것을 알 수 있다.

예술가는 이런 변화에 민감했다.

예를 들어, 같은 색이 밝을 때는 빨강과 녹색 쪽으로, 어두울 때는 노랑과 파랑 쪽으로 변화해 보인다는 베졸트 브뤼케 현상같은 것에 말이다.

인상파 화가의 그림을 볼 기회가 있다면 한번 주의해서 봐주기 바란다. 빛이 닿아 있는 부분은 노란빛을 띠고, 잎의 그늘진 부분은 푸른빛을 띠도록 그려진 것을 알게 될 것이다.

| 맑은 날 실외 | 약간 흐린 날 실외 | 형광 램프 | 백열 전구 |

참고문헌

1) ライトアップマニュアルーその手法と實施例ー, 照明學會・照明普及會編

2) 環境照明のデザイン, 石井幹子著, 鹿島出版會

3) 稲垣卓造, 景觀要素の色度分布に關する研究, 大同工業大學紀要, Vol.29, p.265, 1993

4) 照明學會・技術規格 JIES-008(1999)「屋内照明基準」

5) CIE DS 008.2/E-2000 (屋內作業場の照明)

6) 資源エネルギー廳平成10年度「電力需要の概要」

7) (社)日本ビルエネルギー總合管理技術協會「平成10年度建築物エネルギー消費報告書(調査 A第 21報)」

8) 屋内照明基準, 社團法人照明學會, 2000

9) オフィスにおける行動と好まれる照明ータスク・アンビエント照明の問題点と可能性ー, 望月菜穗子他, 日本建築學會計畵系論文集, No.479, 1996/1.

10) 建築の色彩設計, 乾 正雄著, 鹿島出版社, 1988

11) Richard Kittler : A New Concept for Standardizing the Daylight Climate State, VIth LUX EUROPA, Vol. 1, pp. 303~312 (1989)

12) 古賀靖子ほか：平均天空に基づく晝光照明計算(その2室内晝光照度の予測と應用),日本建築學會大會學術講梗概集 (東北), D-1, pp.491~492 (2000)

13) リチャード・サクソン「アトリウム建築ー發展とデザイン」, 古瀬 敏・荒川豊彦共譯, 鹿島出版會, 1988

14) 日本色彩學會編, 新編色彩科學ハンドブック 第2版 東京大學出版會, 1998)

15) 日本人とすまい・あかり リビング・デザインセンター, 2000

16) インテリアコーディネーターハンドブック インテリア産業協會, 1994

17) Arnheim R. : Art and Visual Perception, University of California Press, 1974

18) Gibson J. J. : The Ecological Approach to Visual Perception, Houghton Mifflin Co., 1979

19) Neisser U. : The processes of vision, Scientific American, No.3, 1968

20) 日本建築學會編：採光設計, 設計計畵 パンフレット 16, 第2版, pp.26~28;52~55, 彰國社

21) 松浦邦男：建築照明(1971), pp.116~118, 共立出版

22) 松浦邦男, 高橋大貳：建築環境工學 I-日照・光・音-(1974), pp.86~96, 朝倉書店

23) 小原淸成編：新しい照明ノート, オーム社, 1996

24) 小泉實：繪とき照明デザイン實務學入門早わかり, オーム社, 2000

25) 川上元郎ほか編：色彩の辭典, 朝倉書店, 1987

26) Kruithof, A. A. 1941. Tubular luminescence lamps for general illumination. Philips Tech. Rev.6(3), pp.65~73

27) 한국산업규격(KS) A0075(1974), 광원의 연색성 평가 방법, 한국표준협회

28) 日本色彩學會編：新編色彩料學ハンドブック第2版, 東京大學出版會, 1998

29) 福田雅俊ほか2名：本邦人における調節力と年齢との關係について. 日眼, 66-3, 1974

30) 岩田三千子：高齢者のための視環境設計に關する基礎的研究―高齢者の視認閾値, 兵庫縣立福祉のまちづくり工學研究所報告集 1994

31) J. Pokorny, V. C. Smith and M. Lutze：Aging of the Human Lens. Applied Optics, 26, pp.1437~1440, 1987

32) 岡嶋克典, 岩田三千子：水晶體加齢モデルによる高齢者の照明シミュレーションと最適照度の檢討, 照明學會誌, 82, pp. 564~571, 1998

33) Kraft J. M. and Werner J. S. : Spectral Efficiency across the Life Span, Flicker Photometry and Brightness Matching. Journal of the Optical Society of Am., A11-4, 1994

34) HV/C 基準色票 20色相簡略版, 株式會社カラーアトラス, 1992

35) 乾 正雄：建築の色彩設計, p.21, 鹿島出版會, 1976

36) MUNSELL COLOR : MUNSELL BOOK OF COLOR GLOSSY FINISH COLLECTION, 1976

참고문헌

37) 大井義雄, 川崎秀昭：カラーコーディネーター入門色彩改訂版, p.15, 日本色研事業株式會社, 1996

38) 照明學會編, 室內照明基準, 照明學會·技術企畫 JIES-008, 1999

39) 照明學會編, 新時代に適合する照明環境の要件に關する調査研究報告書, pp.36(圖5.5年齡別の順應輝度と視力), 1985

40) 日本建築學會設計計畫パンフレット23, 照明計畫, 彰國社刊, 1975

41) Inoue, Y., Akizuki, Y. : The Optimal Illuminance for Reading, Effects of Age and Visual Acuity in Legibility and Brightness, Journal of Light & Visual Environment, Vol.22, No.1, 23-33, 1998

찾아보기

역자 윤혜림(尹惠林)

· 서울대학교 공과대학 건축학과 졸업
· 일본 교토대학 건축학 전공 공학석사
· 일본 교토대학 건축환경공학 전공 공학박사
· 현 서울대학교 공학연구소 객원연구원

· 저서   『컬러리스트』, 도서출판 국제
· 역서   『그림으로 해석한 건축환경공학』, 성안당
         『공조설비계·시공도의 체크포인트』, 성안당
         『그림으로 해설한 조명디자인 실무』, 성안당
         『실내디자인과 색채』, 도서출판 국제
         『패브릭과 커튼』, 도서출판 국제

빛과 색의 환경디자인

정가 : 20,000원

검인

지은이 : 일본건축학회
펴낸이 : 이 종 춘
펴낸곳 : BM 성안당
주 소 : 경기도 파주시 교하읍 문발리
         출판문화정보산업단지 536-3
전 화 : (031)955-0511
팩 스 : (031)955-0510
등 록 : 1973.2.1 제13-12호

2005. 5. 16   초판 1쇄 발행
2010. 2. 24   초판 2쇄 발행

ⓒ 2005~2010 BM 성안당

ISBN 978-89-315-6158-6

독자 상담 서비스 : 080-544-0511   홈페이지 : **www.cyber.co.kr**